U0238072

三峡水库
175m试验性蓄水以来
水文泥沙观测与研究

姚金忠　程海云　王海　许全喜　任实　袁晶　等 著

中国水利水电出版社
www.waterpub.com.cn
·北京·

内 容 提 要

　　三峡工程是国之重器，泥沙问题是关系到三峡工程成败和效益发挥的关键技术问题之一。三峡水库蓄水以来，受长江上游干支流水库群拦沙、水土保持工程、河道采砂及气候变化等因素的影响，三峡水库的入库水沙条件发生了明显变化，水库淤积也大为减轻。本书以三峡工程水文泥沙原型观测资料为基础，结合相关专题研究，系统阐述了三峡工程水文泥沙观测与研究布局，蓄水以来尤其是 2008 年 175m 试验性蓄水后三峡水库进出库水沙特性、水库淤积特性和坝下游河道冲刷特性，以及三峡水库"蓄清排浑"新技术的研究与实践。

　　本书资料翔实、内容丰富，可供从事泥沙运动力学、水库泥沙淤积控制与管理、河道演变与治理、水库优化调控等方面的研究、规划、设计、管理人员及高等院校相关专业的师生参考。

图书在版编目（ＣＩＰ）数据

三峡水库175m试验性蓄水以来水文泥沙观测与研究 /
姚金忠等著. -- 北京 ： 中国水利水电出版社，2021.12
　ISBN 978-7-5226-0318-6

　Ⅰ．①三… Ⅱ．①姚… Ⅲ．①三峡水利工程—水库蓄水—水库泥沙—水文观测 Ⅳ．①TV145②TV632.719

中国版本图书馆CIP数据核字(2021)第260995号

书　　名	三峡水库 175m 试验性蓄水以来水文泥沙观测与研究 SAN XIA SHUIKU 175m SHIYANXING XUSHUI YILAI SHUIWEN NISHA GUANCE YU YANJIU
作　　者	姚金忠　程海云　王海　许全喜　任实　袁晶　等著
出版发行	中国水利水电出版社 （北京市海淀区玉渊潭南路 1 号 D 座　100038） 网址：www. waterpub. com. cn E - mail：sales@waterpub. com. cn 电话：(010) 68367658 （营销中心）
经　　售	北京科水图书销售中心（零售） 电话：(010) 88383994、63202643、68545874 全国各地新华书店和相关出版物销售网点
排　　版	中国水利水电出版社微机排版中心
印　　刷	河北鑫彩博图印刷有限公司
规　　格	184mm×260mm　16 开本　21 印张　512 千字
版　　次	2021 年 12 月第 1 版　2021 年 12 月第 1 次印刷
定　　价	168.00 元

凡购买我社图书，如有缺页、倒页、脱页的，本社营销中心负责调换

序

　　三峡工程是世界上最大的水利枢纽工程，是长江治理和开发的关键性骨干工程。泥沙问题是贯穿三峡工程论证、设计、施工、运行的关键技术问题之一，关系到三峡工程设计的成败和安全高效运行。受自然演变、人类活动等客观因素不断变化的影响，三峡工程泥沙问题具有长期性、系统性、复杂性、偶然性等特点，需要进行长期的跟踪监测与研究。自2003年三峡水库蓄水运行以来，历经围堰发电期、初期运行期、175m试验性蓄水期，至2020年11月完成整体竣工验收，转入正常蓄水期运行。

　　三峡水库蓄水运行以来，由于上游干支流水库群建设运行等人类活动的影响与自然气候的变化，出现了入库水量尤其是蓄水期来水量偏少、入库沙量大幅度减少但来沙更为集中于场次洪水等新情况，与初步设计采用值相比，年来水量偏少10%，来沙量减少70%。同时，社会各界对三峡工程提出了拓展防洪补偿范围、优化蓄水进程、增加枯水期下游补水量、改善库区淤积分布等新需求。这些都迫切要求三峡水库突破原设计"蓄清排浑"运行方式的制约，充分发挥综合效益。

　　2008年汛后实施175m试验性蓄水以来，在遵循"保证长江防洪安全，控制水库泥沙淤积、减小生态环境影响"的水库调度运行理念下，坚持每年进行系统全面的三峡工程泥沙原型观测，围绕入库水沙条件变化、水库淤积与长期有效库容预测、泥沙实时监测预报技术、泥沙优化调度等方面开展了系列研究工作，推动了汛末提前蓄水、汛期沙峰调度、库尾减淤调度、汛期中小洪水调度等一系列水库优化调度措施的实施，为全面发挥三峡工程综合效益提供了基础资料和重要的技术支撑，取得了巨大的经济效益和社会效益。具体包括以下几个方面：

　　一是提高了泥沙监测效率。研发了长江上游梯级水库泥沙实时监测和预报技术，提高了泥沙监测效率和预报可靠性，突破了水库泥沙实时调度的技术瓶颈。基于通过浊度仪对长江上游干支流水流含沙量和浊度进行的10000余次比测试验，建立了多因子浊度测沙模型，研发了适用于长江低含沙、细颗粒的高精度泥沙实时监测技术，将含沙量测验时间由传统的 7 天缩短到 1 小时以内。建立了长江上游泥沙实时监测站网体系，在国内率先开展泥沙实时报汛工作，为泥沙实时预报和调度奠定了坚实的基础。

二是优化了"蓄清排浑"调度方式。积极探索 175m 试验性蓄水后的水库泥沙运动规律，分别针对"汛期沙峰传播时间与洪水传播异步""重庆主城区河段汛后的河床冲刷期相应后移至次年汛前库水位的消落期"等新情况，研究提出并实践了汛期沙峰调度、消落期库尾减淤调度等泥沙优化调度措施，减少了水库泥沙淤积，改善了库区淤积分布，优化三峡水库"蓄清排浑"调度方式。建立了泥沙优化调度综合指标体系，沙峰调度期间场次洪水排沙比最大可达 175m 试验性蓄水运行以来平均排沙比的 2.5 倍，蓄水以来重庆主城区河段由淤积转为冲刷，解除了累积性淤积对防洪和航运安全的威胁。

三是提高了水资源利用率。通过对蓄水以来泥沙冲淤规律的研究，提出了"防洪风险可控、泥沙淤积可许"的中小洪水调度原则，提高了三峡水库调度的灵活性，汛期提升了三峡水库对一般洪水的防洪作用，减轻了中下游防洪压力，避免下游地区水位超警造成的人员上堤巡查，降低了地方政府防汛成本。汛末利用洪水资源，与水库蓄水期相衔接，有效减轻了水库 10 月蓄水对坝下游的影响，保障了三峡水库蓄满率，截至竣工验收时已连续 11 年完成了 175m 蓄水目标，增加了枯水期水库下泄流量和补水时间。

2020 年，长江发生了中华人民共和国成立以来仅次于 1954 年、1998 年的流域性大洪水。三峡水库成功应对了 75000m³/s 的建库以来最大的洪峰流量，最大出库流量控制在 49400m³/s 以下，最大削峰率达 49.73%，开展了中小洪水调度及城陵矶防洪补偿调度，保证了上下游的防洪安全；开展了疏散船舶调度，疏散船舶 1400 余艘次，缓解了通航压力；沙峰入库期间适时开展了沙峰调度，沙峰过程排沙比高达 30%，减少了库区淤积近 2000 万 t。10 月 28日三峡水库蓄水至 175m，顺利蓄满水库，蓄水期间三峡水库平均出库流量为 21800m³/s，有力保障了下游用水需求。全年发电量 1118 亿 kW·h，创下单座水库年发电量世界纪录。实践证明，三峡水库在泥沙监测与研究成果基础上实施的水库优化调度是成功的。

本书系统地总结了三峡工程 175m 试验性蓄水期间泥沙监测与研究成果，展示了我国在大型水库泥沙监测技术、水库淤积与有效库容长期保持、泥沙优化调度等领域取得的突破性研究成果。基于对三峡工程泥沙问题系统监测与研究的成果，通过技术创新，针对面临的新情况和新需求，三峡水库实现了综合效益全面发挥。转入正常运行期后，我深信三峡工程必将在推动长江经济带发展国家战略中，为长江大保护和长江"黄金水道"建设发挥关键性骨干工程作用。本书集资料性、技术性与应用性于一体，是值得一读和收藏的好书。

三峡工程泥沙专家组组长
中国工程院院士　　胡春宏

2021 年 8 月

前言

　　三峡工程是国之重器，是治理和开发长江的关键性骨干工程，具有防洪、发电、航运、水资源利用和生态环境保护等巨大的综合效益。泥沙问题是三峡工程建设与运行中的关键技术问题之一，直接影响水库寿命，库区淹没，库尾段航道、港区的演变，坝区船闸、电站的正常运用，以及枢纽下游河床的演变及防洪和航运安全等。只有妥善处理好泥沙问题，才能保证三峡工程长期有效使用，维持三峡水库功能的全面发挥，促进长江流域健康可持续发展。

　　在三峡工程论证及设计阶段，泥沙问题直接关系到三峡工程建或不建、建设规模及水库运用方式，一直受到广泛关注。经过几十年的研究论证，得到"三峡工程可行性研究阶段的泥沙问题，经过研究已基本清楚，是可以解决的"的结论，确定了水库正常蓄水位175m，汛限水位145m，并提出了"蓄清排浑"的运行方式来保证水库的长期使用。在三峡工程建设阶段，通过对泥沙问题的观测与研究，确定了电站引水口和通航建筑物防沙方案、上引航道布置方案，先后实施了三峡水库变动回水区炸礁和葛洲坝下游胭脂坝河段护底加糙等工程，有效解决了水库变动回水区和坝下游航道的泥沙问题。

　　2003年6月，三峡水库成功蓄水至135m，按初步设计目标进入围堰发电期。2006年5月，国务院三峡工程建设委员会（以下简称"三峡建委"）第十五次会议批准三峡水库2006年汛后蓄水至156m方案，10月三峡水库成功蓄水至156m，提前一年进入初期运行期。2008年9月26日，经国务院批准，三峡建委印发了《关于开始三峡工程试验性蓄水的通知》，按照"安全、科学、稳妥、渐进"的原则，三峡水库从2008年开始进行175m试验性蓄水，较初步设计提前5年时间。2010年10月，三峡水库试验性蓄水首次达到175m水位，开始提前发挥最终规模的综合效益。截至2020年10月，三峡水库连续11年实现了175m蓄水目标。

　　2020年11月1日，水利部、国家发展和改革委员会宣布三峡工程完成整体竣工验收全部程序，表明三峡工程175m试验性蓄水取得全面成功，标志着三峡工程正式转入正常运行期。根据验收结论，三峡工程建设任务全面完成，工程质量满足规程规范和设计要求，总体优良，运行持续保持良好状态，防洪、发电、航运、水资源利用等综合效益全面发挥。

三峡水库蓄水运行以来，尤其是175m试验性蓄水以来，上游干支流水库蓄水拦沙作用增强，水土保持工程、天然林保护工程、退耕还林工程的持续实施，城乡居民能源利用方式的改变和农村劳动力的转移等导致三峡水库上游地区植被覆盖率提高、生态环境持续改善，加上气候（降水）变化以及河道采砂等的影响，三峡工程入库沙量大幅度减少，年均入库沙量仅为初步设计值的30%左右，为三峡水库长期使用和优化调度提供了有利条件。同时，随着经济社会的不断发展，社会对三峡工程各方面效益的需求更高，涵盖防洪、通航、补水、生态等各个方面。针对水库泥沙条件的变化和日益增长的社会需求，通过持续的泥沙原型观测和系统的泥沙研究，实现了泥沙实时监测与预报技术的创新，开创性地提出了三峡水库沙峰排沙调度、库尾减淤调度等"蓄清排浑"新技术，成功解锁了三峡水库实施优化调度的限制条件，有力促进了三峡水库提前5年进行175m试验性蓄水，推动了汛末提前蓄水、沙峰调度、减淤调度、中小洪水调度等一系列优化调度措施的实施。相关成果已经纳入三峡工程正常运行期调度规程，为长期全面发挥三峡工程综合效益提供了重要技术支撑。

本书系统地总结了三峡水库175m试验性蓄水以来的水文泥沙观测与研究成果，由中国长江三峡集团有限公司和长江水利委员会水文局相关研究人员共同编写，包括姚金忠、程海云、王海、许全喜、任实、袁晶、董炳江、周曼、朱玲玲、白亮、闫金波、郑亚慧、胡挺、高玉磊、李帅、张楠男、冯传勇、吕超楠、申赵勇、时玉龙、龚文婷、张亭、邓山、王伟、李雨、牛兰花、聂金华、冯国正、邹红梅、米博宇、赵汗青、张成潇、彭玉明、杨成刚、李思璇、简铁柱、赵明亮、李俊、陶冶、平妍容、朱文丽等。

全书共分7章内容，各章主要内容如下：

第1章三峡工程泥沙观测与研究的背景与意义，重点介绍了三峡工程基本情况，水库运行调度方式及优化措施，以及水文泥沙观测与分析研究的作用等。

第2章三峡工程水文泥沙观测与研究布局，主要介绍了三峡工程泥沙观测与研究实施原则、观测范围及内容、信息化建设，以及三峡工程泥沙问题研究进展等。

第3章三峡水库进出库及坝下游水沙特性，在原型观测资料的基础上系统地总结分析了三峡水库进出库水沙变化特性，荆江三口分流分沙变化特性，洞庭湖、鄱阳湖水沙变化特性，坝下游枯水位变化，长江中下游河道造床流量变化等。

第 4 章三峡水库泥沙淤积，重点分析了水库泥沙淤积特性，包括三峡水库泥沙淤积量及其分布、泥沙淤积形态、重点部位的淤积情况等。

第 5 章坝下游河道泥沙冲淤演变，重点分析了坝下游河床冲淤量特点、三峡水库 175m 试验性蓄水以来河道演变特性，以及长江中下游河道崩岸特点等。

第 6 章三峡水库"蓄清排浑"新技术研究与应用，内容包括泥沙实时监测和预报技术、三峡水库汛期沙峰调度和库尾减淤调度技术，以及"蓄清排浑"新技术带来的效益等。

第 7 章主要认识与展望，概述了三峡工程泥沙观测与研究的主要成果，并对今后的工作进行了展望。

三峡工程水文泥沙观测与研究是一项长期任务。多年以来，在三峡工程论证、设计、建设与运行阶段，有关单位、科研院所为三峡工程水文泥沙观测、泥沙问题研究和工程实践开展了大量卓有成效的工作，广大科研工作者付出了辛勤劳动和心血汗水，为三峡工程整体竣工验收做出了重要贡献，谨向他们致以崇高的敬意。

本书得到长江水科学研究联合基金"长江上游洪峰沙峰异步传播机理及水沙产输模型研究"（U2040218）的支持，特此感谢！

限于编写人员的水平，书中难免存在疏漏和不当之处，敬请广大读者指正。

作　者

2021 年 6 月

目录

第1章

三峡工程泥沙观测与研究的
背景与意义

1.1 长江流域概况

长江长度位居世界第三、中国第一，发源于青藏高原的唐古拉山主峰北麓各拉丹东冬峰（海拔 6621m）西南侧，流经 11 个省（自治区、直辖市）于上海市入海，干流全长 6300 余 km。长江流域西临芒康山、宁静山，与澜沧江水系为邻，北以巴颜喀拉山、秦岭、大别山为界，与黄河、淮河水系相接；南以南岭、武夷山、天目山为界，与珠江和闽浙诸水系相邻。长江流域水系如图 1.1 所示。

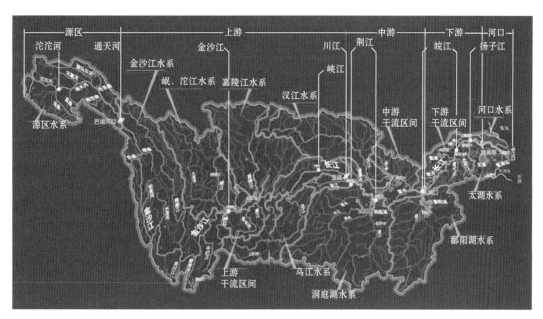

图 1.1　长江流域水系图

长江江源为沱沱河，与发源于唐古拉山东段、霞舍日阿巴山东麓的南支当曲汇合后为木鲁乌苏河，再与发源于可可西里山、黑积山南麓的北支楚玛尔河相汇后称通天河。长江干流沱沱河和通天河全长 1180km（其中沱沱河长 358km），落差 1863m，平均比降 1.59‰。长江干流青海省玉树的直门达至四川省岷江汇口的宜宾称金沙江，从直门达南流经西藏自治区和四川省至云南省丽江古城的石鼓，为金沙江上段，长 958km，平均比降 1.76‰，区间流域面积 7.6 万 km^2，为典型的深谷河段，相对高差 2500m 以上，除局部河段为宽谷外，大部分为峡谷。云南省石鼓至四川省宜宾为金沙江下段，全长 1326km，落差 1570m，平均比降 1.2‰，区间流域面积 26.8 km^2，水能理论蕴藏量为 42310MW，约占长江干流理论蕴藏量的 46%。

　　长江干流湖北省宜昌市以上为上游，长 4504km，流域面积约 100 万 km^2。四川省宜宾以上干流大多属峡谷河段，长 3464km，落差约 5100m，约占干流总落差的 95%，河床比降大，滩多流急，在四川省攀枝花市长江北岸渡口汇入主要支流雅砻江。宜宾至宜昌河段长约 1040km，沿江丘陵与阶地之间，汇入的主要支流，北岸有岷江、沱江、嘉陵江，南岸有横江、赤水河、綦江、乌江。重庆市奉节白帝城至湖北省宜昌南津关为雄伟的三峡（瞿塘峡、巫峡、西陵峡）河段，全长 192km，两岸悬崖峭壁，江面狭窄，由于峡谷深邃，支流十分短促，流域面积不大。

　　长江干流出南津关峡口进入中下游平原，两岸地势平坦，湖泊众多，江水坡降平缓。湖北省宜昌至江西省鄱阳湖湖口为中游，长 955km，流域面积 68 万 km^2。干流宜昌以下河道坡降变小、水流平缓，枝城以下沿江两岸均筑有堤防，并与众多大小湖泊相连。自湖北省枝城至洞庭湖出口湖南省岳阳城陵矶河段（全长约 347km）为著名的荆江，是长江中游防洪的险要江段。荆江以藕池口为界分为上荆江和下荆江。荆江两岸平原广阔，地势低洼，其中下荆江（藕池口至城陵矶）河道蜿蜒曲折，素有"九曲回肠"之称，南岸有松滋口、太平口、藕池口、调弦口（1958 年建闸）四口分流入洞庭湖，由洞庭湖汇集湖南省境内的湘江、资水、沅江、澧水四水调蓄后，在右岸城陵矶注入长江；在江西省境内鄱阳湖水系的赣江、抚江、信江、饶河、修水，经鄱阳湖调节后，从右岸湖口汇入长江，江湖关系复杂。城陵矶以下至湖口，主要为宽窄相间的藕节状分汊河道，总体河势比较稳定，呈顺直段主流摆动、分汊段主、支汊交替消长的河道演变特点。长江中游汇入的主要支流南岸有清江，北岸有汉江。

　　江西省鄱阳湖湖口至长江入海口为下游，长 938km，流域面积约 12 万 km^2，湖口以下河道进入平源水网区，比降平缓，江面展宽，近海口段宽度可达 5～7km。长江下游流经安徽省纳青衣江、水阳江并经江苏省在上海市汇入东海。干流湖口以下沿岸有堤防保护，汇入的水系南岸有青弋江、水阳江水系、太湖水系和黄浦江，北岸有巢湖水系，淮河部分水量通过入江水在江苏省扬州三江营汇入长江，南北大运河在扬州与镇江间穿越长江。下游河段水深江阔，水位变幅较小，大通水文站以下约 600km 河段受潮汐影响。

1.2　长江三峡水利枢纽工程概况

　　长江三峡水利枢纽工程（以下简称"三峡工程"）是治理、开发和保护长江的关键性骨干工程，具有防洪、发电、航运、水资源利用等综合效益。三峡水库于 2008 年汛后开始进行 175m 试验性蓄水，2010 年首次成功蓄水至 175m，标志着三峡工程进入全面发挥设计规模效益阶段，长江三峡水利枢纽工程如图 1.2 所示。

图 1.2 长江三峡水利枢纽工程图

三峡工程位于湖北省宜昌三斗坪长江三峡的西陵峡中,距下游葛洲坝水利枢纽约 40km,坝址以上流域面积约 100 万 km^2,坝址代表水文站为宜昌站。宜昌站 1878—1986 年多年平均流量为 $14300m^3/s$,1950—1986 年多年平均径流量为 4510 亿 m^3,1950—1986 年多年平均含沙量为 $1.19kg/m^3$,1950—1986 年多年平均输沙量为 5.3 亿 t。三峡水库正常蓄水位 175m,相应库容 393 亿 m^3,枯季消落低水位 155m,相应库容 228 亿 m^3;调节库容为 165 亿 m^3;汛期防洪限制水位 145m,相应库容为 171.5 亿 m^3,防洪库容 221.5 亿 m^3。

三峡工程主要建筑物由拦江大坝、水电站和通航建筑物三大部分组成,如图 1.3 所示。

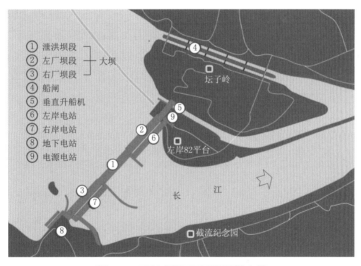

图 1.3 三峡枢纽工程平面示意图

拦江大坝为混凝土重力坝,坝顶全长 2309.47m,最大坝高 181m(坝顶高程 185m,坝基高程 4m)。大坝由非溢流坝段、厂房坝段和泄洪坝段组成,非溢流坝段用于挡水,厂房坝段用于发电,泄洪坝段用来泄洪。泄洪坝段位于原主河槽部位,前缘总长 483m,泄洪建筑物由深孔和堰顶表孔相间布置。共设有 23 个 7m×9m 的深孔,孔底高程 90m,兼排沙作用;堰顶表孔 22 个,堰顶高程 156m,净宽 8m,深孔和堰顶表孔设计总泄洪能力共达 10 万 m^3/s。

三峡水电站包括左岸、右岸2个坝后式水电站，1个地下水电站和1个电源电站。2个坝后式水电站分别位于左右两侧，厂房坝段紧靠大坝的下游，地下水电站位于河道右岸的山体中，电源电站位于河道左岸的山体中。坝后式水电站进水口底部高程为110m，在底部75m高程设有5个4m×5.5m的排沙孔。地下水电站进水口地下电站共6台机组，进水口底板高程113.0m，每2台机组之间布设1个排沙洞，3个排沙洞组成1个排沙孔，进口底板高程为102m。

通航建筑物全部布置在左岸，主要包括三峡船闸和垂直升船机，上游和下游水位的最大落差达113m。三峡船闸能够保证船舶安全顺畅地从上游驶向下游，或从下游驶向上游。垂直升船机是船舶来往于大坝上下游的快速通道。三峡船闸可通过万吨级船队，垂直升船机每次可通过一艘3000t级船舶。

1.3　三峡水库运行调度

三峡工程采取的是"一级开发、一次建成、分期蓄水、连续移民"的建设方案。根据初步设计安排，2003年蓄水至135m，进入围堰发电期；2007年蓄水至156m，进入初期运行期；蓄水位从156m升至175m正常蓄水位的时间，根据移民安置情况、库尾泥沙淤积实际观测成果、重庆港泥沙淤积影响处理等相机确定，初步定为6年。

三峡水库按照"分期蓄水"原则，于2003年6月进入围堰蓄水期，坝前水位按汛期135m、枯季139m运行；2006年汛后初期蓄水后，坝前水位按汛期144m、枯季156m运行；2008年汛末三峡水库正式启动175m试验性蓄水，工程进入175m试验性蓄水期。在十多年的蓄水进程中，由于水库运行环境的不断变化及水沙预测预报水平的不断提高，三峡水库调度运行方式适应性地进行了动态优化，综合效益因此得以显著发挥并实现进一步拓展，三峡水库蓄水运行以来坝前水位变化过程如图1.4所示。2020年11月，三峡工程正式竣工验收，进入正常运行期。

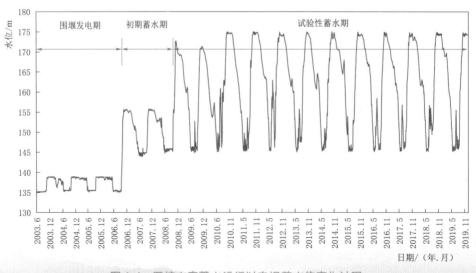

图1.4　三峡水库蓄水运行以来坝前水位变化过程

1.3.1　初步设计的水库调度方式

在三峡工程初步设计阶段，三峡水库调度的原则是：水库运行要兼顾防洪、发电、航运和排沙的要求，协调好除害与兴利、兴利各部门之间的关系，以发挥工程的最大综合效益。在汛期，发电与防洪、排沙存在着一定矛盾，应以防洪、排沙为主；在枯水期，发电与航运之间也存在一些矛盾，在拟定枯水期水库调度方式时要全面考虑，统筹兼顾。

（1）汛期：6月中旬至9月底，水库按防洪限制水位145m运用，在发生较大洪水需要对下游防洪调度运行期间，因拦蓄洪水允许库水位超过145m，洪水过后须复降至145m水位。

（2）蓄水期：水库采取"蓄清排浑"的调度原则，为有利于走沙，汛末10月初开始蓄水。蓄水期间，考虑下游航运和发电要求，下泄流量不低于葛洲坝下游（庙嘴）水位（39m）及电站保证出力（499万kW）相应的流量（约5500m³/s），使库水位逐步上升至175m，少数年份的蓄水过程可延续到11月。

（3）枯水期：11—12月，一般维持高水位运行。之后，根据来水情况，按发电、航运需求逐步降低库水位，5月底降至枯期消落低水位155m，6月10日降至防洪限制水位145m。消落期间，三峡水库下泄流量要满足葛洲坝下游（庙嘴）39m最低通航水位及电站保证出力499万kW对应的流量（约5500m³/s）要求。

1.3.2　水库运行方式优化

1.3.2.1　分期蓄水进程优化

三峡水库蓄水运行以后，在原国务院三峡工程建设委员会、原国土资源部、库区地方政府和参建各方的大力支持和共同努力下，三峡工程地质灾害治理、移民安置和枢纽工程建设进度总体较原计划有所提前。在对逐步抬升蓄水位进行充分研究和论证的基础上，三峡水库提前实现分期蓄水目标，为三峡工程提前发挥综合效益起到了重要作用。

（1）围堰发电期实现139m蓄水。2003年6月，三峡水库成功蓄水至135m，按初步设计目标进入围堰发电期。

围堰发电期内三峡水库无调节能力，考虑葛洲坝水利枢纽蓄水运行后下游河床存在一定的冲刷，虽未影响通航，但枯水期小流量时通航条件已较紧张。为此，2003年初，三峡集团组织长江勘测规划设计研究院（以下简称"长江设计院"）研究三峡水库围堰发电期枯水期提高蓄水位，以改善葛洲坝水利枢纽下游河道枯水期通航条件。研究内容包括枢纽建筑物、库区移民、基础设施调查和可行性研究。在此基础上，三峡集团于2003年8月向三峡建委正式提出关于三峡水库枯水期提前蓄水至139m的请示。9月5日，三峡建委第十三次会议原则同意围堰发电期汛后将水位提高到139m运行。同时，也要求二期工程验收委员会枢纽工程验收组对"三峡水库枯水期提高蓄水位至139m的枢纽工程安全问题"进行确定。9月12日，枢纽工程验收组对各建筑物运行情况进行了检查，听取了相关汇报。根据验收组意见，三峡集团组织实施了临时船闸浇筑和混凝土围堰上纵堰内段C块堰顶盖浇筑两个工程措施，同时对蓄水至139m涉及的移民、库区地质灾害治理、文物和环境保护等问题进行了研究论证和保障措施落实。在库区地方政府的大力支持下，三峡集团仅用 40 多天时间就组织完成了影响 139m 蓄水的关键项目——兴山县 312 省道改造加固工程。10 月 15 日,三峡集团就三峡水库汛后蓄水 139m 方案发函请示三峡建委。经三峡二期工程验收委员会检查确认,三峡建委正式批准实施 139m 蓄水方案。11 月,三峡水库成功蓄水至 139m。

三峡水库蓄水至 139m 运行期,通过实施枯水期航运补偿调度,三峡水库日均最小下泄流量由天然状态下的 2800m³/s 提高至 3590m³/s,改善了下游的通航条件。同时,三峡水库 135～139m 间 18 亿 m³ 的库容,为汛期应急防洪调度创造了条件。2004 年汛期,三峡水库最大入库洪峰流量达 60500m³/s,通过水库调蓄,最大下泄流量为 57500m³/s,避免了洪峰过坝时发电机组运行水头低于最低值 61m,保障了机组的运行安全。

(2)提前一年实现 156m 蓄水。2004 年,在综合分析工程建设、移民和泥沙等情况的基础上,三峡集团和长江设计院研究提出:在确保工程质量的前提下,通过增加投入,加快工程建设和移民进度,使三峡水库提前具备 156m 蓄水条件,有利于提前发挥三峡工程的综合效益。

2004 年 12 月,三峡建委第十四次会议原则同意三峡水库 2006 年汛后蓄水至 156m。以此为目标,湖北省、重庆市政府和三峡集团分别组织对移民进度和工程建设进度进行调整,2006 年汛后三峡水库及枢纽具备蓄水至 156m 的条件。

2006 年 5 月,三峡建委第十五次会议批准三峡水库 2006 年汛后蓄水至 156m 方案,10 月三峡水库成功蓄水至 156m,提前一年进入初期运行期,防洪库容提高至 68 亿 m³,枯水期葛洲坝下游庙嘴最低通航水位标准由 38m 提高至 38.5m,进一步改善了下游枯水期的通航条件。

(3)提前 5 年进行 175m 试验性蓄水。为尽快发挥工程最终规模的综合效益,三峡集团组织长江设计院和三峡工程泥沙专家组对蓄水位从 156m 逐步抬升至 175m 的相关问题进行了研究。

三峡工程泥沙专家组研究认为:①只有将蓄水位抬高至 172m 以上,才能实际观测到工程蓄水对重庆河段泥沙冲淤的影响,并验证初步设计对泥沙问题的结论;②进入 20 世纪 90 年代以后,在宜昌年输沙量明显减少的情况下,三峡工程泥沙问题不影响水库蓄水位抬升至 175m 运用。综合相关方面分析认为,在移民安置、地质灾害治理等控制因素满足蓄水位逐步抬升的条件下,2008 年蓄水位抬升至 175m 有利于全面观测泥沙、地质灾害治理等方面在水库调度运用中可能出现的问题。

在对试验性蓄水至 175m 的工程建设、泥沙观测、移民迁建、地灾治理、环境保护等各方面进行全面分析的基础上,2008 年 1 月,三峡集团向三峡建委请示三峡工程 2008 年试验性蓄水至正常蓄水位 175m。经过各方面的积极准备,2008 年 8 月,三峡工程移民安置、库区清理、地质灾害治理、环境保护、文物保护通过了专项验收,枢纽工程也具备了 175m 挡水条件。9 月 2 日,三峡集团向三峡建委报送了三峡枢纽 2008 年汛末 175m 试验性蓄水方案。9 月 5 日,三峡集团向长江防汛抗旱总指挥部(简称"长江防总")报送了 175m 试验性蓄水实施方案。9 月 8 日,三峡三期工程验收委员会召开会议,原则同意 2008 年汛末 175m 试验性蓄水方案。9 月 26 日,经国务院批准,三峡建委印发了《关于开始三峡工程试验性蓄水的通知》。按照"安全、科学、稳妥、渐进"的原则,三峡水库

2008 年开始进行 175m 试验性蓄水，较初步设计提前 5 年时间。

三峡水库 2008 年最高蓄水至 172.8m，2009 年最高蓄水位为 171.43m。2010 年 10 月，三峡水库试验性蓄水首次达到 175m 水位，开始提前发挥最终规模的综合效益。截至 2020 年 10 月，三峡水库连续 11 年实现了 175m 蓄水目标。

1.3.2.2 水库优化调度

2008 年汛后三峡水库进行 175m 试验性蓄水后，从维护生态环境、中下游供水安全和提高三峡综合利用效益等方面，对三峡水库调度运行提出了很高的要求，并从不同角度、不同层面对水库调度提出了优化建议。三峡建委第 16 次会议安排水利部组织各有关单位研究三峡水库优化调度方案，研究形成的水库优化调度方案在 2009 年 8 月由水利部报国务院批准实施。优化调度方案为三峡工程的科学调度运行提供了技术支撑，对推进三峡工程高效、全面发挥效益发挥了重要作用。三峡水库初步设计调度方案与优化调度方案如图 1.5 所示。

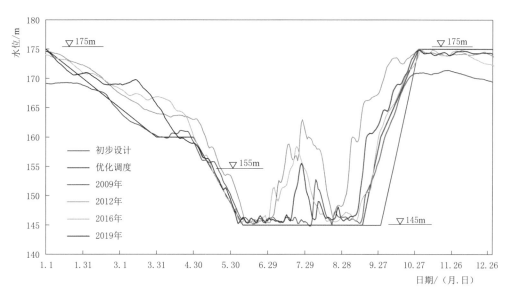

图 1.5 三峡水库初步设计调度方案与优化调度方案

（1）汛期优化调度。

1）汛期水位变幅。汛期在不需要拦洪蓄水时，库水位维持 145m 运行。在实际调度中，由于泄水设施的启闭时效、水情预报误差及电站日调节需要，使库水位难以稳定控制在汛限水位。运行期规程中考虑这些现实情况，允许防洪限制水位往下 0.1m 运行，往上最高上浮 3m，即库水位在 144.9～148m。

随着预报水平的提高和上游大型水库群的联合调度，在保证下游防洪安全的前提下，提高汛期水位浮动上限将更有利于洪水资源化利用，同时提高了调度的灵活性。

2）中小洪水调度。按照初步设计的防洪调度方式，三峡水库一般情况下对 $55000m^3/s$ 以下的洪水不拦蓄。实际调度过程中，防洪、航运、水资源利用等方面对三峡水库防洪调度提出了更高的需求：①若对 $55000m^3/s$ 以下的中小洪水一概不拦蓄，可能会出现长江中下游干、支流地区防洪压力和防汛成本过大，而上游水库群"晒太阳"的尴尬情况；②汛期大洪水期间，三峡—葛洲坝两坝间船舶实行分级流量通行，长时间大流量会出现船舶尤其是中小船舶滞留的情况，造成社会问题；③当汛期三峡水库下游突发公共事件，三峡水库也有必要及时控制水库的蓄泄进行应急调度；④根据宜昌站汛期日流量资料统计，55000m³/s 以上洪水平均每年出现天数仅为 1.3 天，而 30000～55000m³/s 区间的洪水平均每年出现天数多达 30 天以上，适时拦蓄中小洪水有利于践行洪水资源化理念。因此，三峡水库实施中小洪水滞洪调度是一个现实需求，尤其对发挥社会效益有益。

在大量研究和实践的基础上，总结提出了中小洪水调度的原则：当长江上游发生中小洪水时，根据实时雨沙情和预测预报，三峡水库尚不需要对荆江或城陵矶河段实施防洪补偿调度，且有充分把握保障防洪安全时，三峡水库可相机实施中小洪水调度。

3）城陵矶补偿调度。初步设计审查结论意见中，主要采用对荆江河段的补偿调度方式作为三峡水库的设计调度方式来计算防洪效益，并指出要继续研究城陵矶补偿调度方式。

三峡工程蓄水运行以后，围绕三峡工程的防洪任务，充分考虑长江中下游江湖关系的变化，并结合水库泥沙淤积和水库回水等的分析，对三峡工程在上游溪洛渡、向家坝等枢纽建成发挥防洪作用前的防洪调度方式作了进一步的优化研究。其中，对城陵矶防洪补偿调度方式，将三峡水库防洪库容进行了重新划分，自下而上划分的三部分库容及运用方式分别为：第一部分库容 56.5 亿 m³ 用于对荆江和城陵矶地区同时防洪补偿，相应库容蓄满的库水位即对城陵矶防洪补偿控制水位为 155.0m；第二部分库容 125.8 亿 m³ 用于对荆江地区防洪补偿，相应库容蓄满的库水位即对荆江防洪补偿控制水位为 171.0m；第三部分库容 39.2 亿 m³ 用于防御上游特大洪水。在此基础上拟定了对城陵矶防洪补偿调度方式，在溪洛渡、向家坝配合三峡水库联合防洪调度，三峡水库对城陵矶补偿水位最高可控制在 158m。

4）汛期沙峰排沙调度。为尽量减少水库淤积、延长水库使用寿命，三峡水库实施了沙峰排沙调度试验。主要调度思路：汛期大流量期间，利用库内洪峰传播速度远大于沙峰的特点，结合洪峰和沙峰预报，在预报洪峰到达坝前时拦蓄洪水储备水量并减轻下游的防洪压力，预报沙峰抵达坝前时，加大下泄流量，使泥沙随下泄水流排放出库，减少水库泥沙淤积，加大排沙比。

（2）蓄水期优化调度。随着水情形势变化，若仍按初步设计的蓄水方式，一方面水库在枯水年份难以蓄满，来年枯水期长江中下游水资源安全将难以保障；另一方面也难以满足蓄水期间中下游的供水需求。

2010 年以来，三峡水库实施汛期防洪运行与汛末蓄水相结合，提前蓄水，抬高 9 月底蓄水位的优化调度方式，连续 11 年实现了蓄水目标。近几年国家防总批复的三峡试验性蓄水实施计划中，三峡水库蓄水方式如下：

三峡水库 9 月上旬可在承接 8 月下旬防洪调度运用水位基础上逐渐上浮水位，上浮期间控制下泄流量应满足中下游各方用水需求。9 月 10 日起蓄水位按 150.0～155.0m 控制，9 月 30 日蓄水位按 162.0～165.0m 控制，10 月底或 11 月争取蓄至 175.0m。

三峡水库蓄水调度中高度重视下游用水需求。一般情况下，9 月 10 日至 9 月底，三峡水库下泄流量不小于 $10000m^3/s$，10 月下泄流量不小于 $8000m^3/s$，11—12 月下泄流量按葛洲坝下游（庙嘴）水位不低于 39.0m 和三峡电站保证出力对应的流量控制，次年 1—2 月下泄流量不小于 $6000m^3/s$，3—5 月要满足葛洲坝下游水位不低于 39.0m 的要求。未蓄满年份，根据水库蓄水和来水情况合理调配下泄流量。如遇枯水年份，实施水资源应急调度时，可不受以上流量限制。

（3）枯水期优化调度。

1）库尾减淤调度。自 2008 年三峡工程 175m 试验性蓄水以后，随着坝前水位的抬高，水库泥沙淤积逐步上移到库尾重庆河段。根据原型观测成果发现：重庆主城区主要走沙期从当年的 9—10 月逐步过渡到次年消落期的 4—6 月。目前，三峡水库变动回水区总体处于冲刷状态，冲淤不平衡，局部河段局部区域处于淤积状态，可通过调度方式进一步优化冲淤状态，改善局部淤积问题。

库尾减淤调度就是通过科学调控水库水位、流量将库尾泥沙拉到变动回水区以下，解决泥沙局部淤积问题。具体做法是：三峡水库坝前水位 162m 左右、寸滩流量达到 $6000m^3/s$ 以上时，三峡水库按日均降幅 $0.4\sim0.6m$ 进行 10 天左右的减淤调度试验。考虑到实际调度时来水来沙的随机性，坝前水位条件和寸滩流量条件往往难以同时满足。因此，可在坝前水位 160~162m、寸滩流量 6000~7000m³/s 时择机开展试验。

2）补水调度。三峡水库蓄水至 175m 后，兴利调节库容达到 165 亿 m^3。作为我国重要的淡水资源战略储备库，为枯水期长江中下游水资源安全提供了保障。2010 年以来，枯水期的 1—4 月日均下泄流量不小于 $6000m^3/s$，比初步设计的 $5500m^3/s$ 有所提高。

3）应急调度。除正常年份向长江中下游正常补水外，当突发水环境、水安全事件或海事危机时，三峡水库根据应急调度需求对下泄流量进行应急调控，相机实施了应急抗旱补水调度、压咸潮调度、应急救援调度等。

4）促进四大家鱼自然繁殖的生态调度。青鱼、草鱼、鲢鱼、鳙鱼（俗称"四大家鱼"）作为长江中下游江湖复合生态系统的典型物种，是衡量长江水生态系统健康的重要指标。"四大家鱼"产卵场一般位于急流弯道、江面狭窄、江心有沙洲的江段，自然繁殖期为 4—7 月，当水温达到 18℃后（最适宜的繁殖水温为 21~24℃），遇水位上涨、流量增大、流速增加，将刺激家鱼产卵，产卵规模与涨水过程的流量增加量和持续时间有关。

三峡水库通过采取持续增加下泄流量的"人造洪峰"调度方式，人工创造适合"四大家鱼"繁殖所需水文、水力学条件，当宜昌站水温达到 18℃以上时，根据流量预报调度三峡水库下泄流量维持 3 天以上的上涨过程。2011 年起，三峡水库连续 9 年开展了 13 次生态调度试验，并且每年安排了"四大家鱼"产卵同步监测，拓展了三峡水库生态效益。

5）防控支流水华的生态调度。三峡水库自 2003 年蓄水后，由于水动力及水环境条件的变化，库区支流藻类水华事件时有发生，成为三峡水库主要水环境问题之一。近年来，三峡水库已经开展了促进"四大家鱼"自然繁殖的生态调度试验，取得了良好效果。防控支流水华也是三峡水库的生态调度目标之一，利用水库的调节功能改善支流的水动力学条件，间接影响库湾的水环境状态，减少暴发水华的频率，甚至达到抑制的效果，从而在改善水生态水环境等方面发挥作用。

1.4 长江上中游水库群联合调度

近年来，随着以三峡工程为核心的长江上游水库群的逐步建成，水库群防洪与综合利用、梯级水库间的蓄泄矛盾也逐步显现。为统筹长江上游水库群防洪抗旱、发电、航运、供水、水生态与水环境保护等方面的需求，保障流域防洪和供水安全，2012 年 8 月国家防汛抗旱总指挥部（以下简称"国家防总"）首次批复了《2012 年度长江上游水库群联合调度方案》（国汛〔2012〕11 号），该方案对三峡水库、二滩水库、紫坪铺水库、构皮滩水库、碧口水库等 10 座纳入 2012 年调度范围水库的调度原则和目标、洪水调度、蓄水调度、应急调度、调度权限、信息报送和共享等方面进行了明确，为水库群联合统一调度提供了依据。

2013 年，长江上游又有一批控制性水库如亭子口、溪洛渡、向家坝等建成并投入运用，国家防总组织编制了《2013 年度长江上游水库群联合调度方案》（国汛〔2013〕10 号），将联合调度范围的水库由 10 座增加到 17 座。2015 年国家防总批复的《2015 年度长江上游水库群联合调度方案》（国汛〔2015〕13 号）中，将金沙江梨园水库、阿海水库、金安桥水库、龙开口水库、鲁地拉水库、观音岩水库、溪洛渡水库、向家坝水库、雅砻江锦屏一级水库、二滩水库、岷江紫坪铺水库、瀑布沟水库、嘉陵江碧口水库、宝珠寺水库、亭子口水库、草街水库、乌江构皮滩水库、思林水库、沙沱水库、彭水水库、长江干流三峡水库 21 座水库纳入联合调度范围。2017 年又将水库群联合调度的范围扩展到了城陵矶河段以上的长江上中游 28 座水库。2018 年国家防总批复的《2018 年度长江上中游水库群联合调度方案》（国汛〔2018〕6 号），将长江流域联合调度水库群增至 40 座，由 2017 年的洞庭湖、城陵矶以上的干支流控制性水库延展到湖口断面以上。长江上中游控制性水库分布示意图如图 1.6 所示。

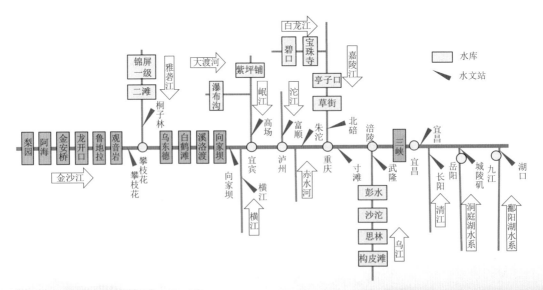

图 1.6 长江上中游控制性水库分布示意图

1.4.1 联合防洪调度

溪洛渡水库、向家坝水库合计防洪库容为 55.5 亿 m^3，单独或配合三峡水库可对川渝河段及长江中下游防洪发挥重要作用。溪洛渡水库-向家坝水库联合防洪调度，为四川省宜宾、泸州市防洪预留 14.6 亿 m^3 库容，可将下游宜宾、泸州的防洪标准由 20 年一遇分别提高到 50 年一遇；为重庆主城区防洪预留 29.6 亿 m^3 的防洪库容，当遭遇除嘉陵江来大水以外的洪水类型，可将重庆主城区防洪标准由 50 年一遇提高到 100 年一遇。当长江中下游发生洪水，溪洛渡水库、向家坝水库在留足川渝河段所需防洪库容的前提下，配合三峡水库承担长江中下游防洪任务。从目前已有的研究成果来看，实施三库联合调度后，最大的效益就是提高了对城陵矶的防洪补偿库容。溪洛渡水库、向家坝水库配合三峡水库防洪运用，对城陵矶补偿水位可从单库调度的 155m 提高至 158m。

自 2014 年汛期开始，三峡集团统一考虑溪洛渡水库、向家坝水库、三峡水库、葛洲坝水库汛期调度，编制四库汛期调度运行方案。自 2017 年汛期开始，统一考虑溪洛渡水库、向家坝水库、三峡水库、葛洲坝水库、水布垭水库、隔河岩水库、高坝洲水库汛期调度，编制七库的汛期调度运行方案。在近几年汛期洪水调度期间，梯级水库联合防洪调度效益得到初步实现。

1.4.2 联合蓄水调度

溪洛渡水库、向家坝水库、三峡水库汛后蓄水时间安排得较为接近，9 月集中蓄水量大。为合理安排三库蓄水，避免争水的不利局面，经研究，目前溪洛渡水库安排在 9 月初开始蓄水，向家坝水库 9 月上旬开始蓄水，三峡水库 9 月 10 日开始蓄水。2016 年，三峡集团首次编制了三库联合蓄水方案，蓄水过程中统筹兼顾水库蓄水与下游供水、上游防洪需求，在面临严峻的蓄水形势下，最大程度地减少了水库蓄水对下游的影响，圆满完成三库蓄水目标，为保障枯水期水资源和生态安全提供了保障。

1.4.3 联合消落调度

三库蓄满后，次年需合理安排消落进程，对长江中下游进行补水。联合消落次序为上游水库优先消落，三峡水库后消落，并视来水情况动态调整。近两年，由于上游溪洛渡水库、向家坝水库及其他水库的同步消落，三峡水库枯水期来水有所加大，对下游补水标准在现有的 6000m^3/s 基础上进一步增加，达到 7000m^3/s 左右，有助于更好地满足枯水期长江中下游的生产生活和生态用水。

1.5 水文泥沙观测与分析研究的作用

在三峡工程论证阶段与初步设计阶段，相关专家围绕三峡工程的防洪、发电、航运等问题进行了严谨的分析研究与科学论证。其中，泥沙问题是研究的重点，涉及水库寿命、库区淹没、库尾段航道及港区演变、坝区船闸和电站正常运行，以及枢纽下游河床冲刷、水位降低、河道演变对防洪和航运的影响等。泥沙问题是否妥善处置直接关系到三峡工程的成败和综合效益的发挥。

三峡工程水文泥沙观测与分析是泥沙问题研究、工程设计及数学模型验证的重要基础，是检验设计的重要标准，是工程运行调度的基本依据，对于保证工程运行安全、检验三峡工程水文泥沙设计成果、修正和完善水文泥沙监测与研究方法、优化水库调度运行等具有十分重要的意义。近 10 余年来，以三峡工程为核心的长江上游干支流水库群逐步建成，这些水库群的联合调度运行，将对三峡水库入库水沙条件、水库淤积、坝下游河道冲刷等带来深远的影响。开展三峡水库水文泥沙观测，及时、准确、系统地掌握最新的观测资料，进行水库运行调度、水库泥沙问题研究，对于水库长期使用、充分发挥三峡工程综合效益、回答社会关注的焦点、热点问题都是十分必要的。

1.5.1　为水库长期使用提供基础支撑

水库泥沙淤积是水库长期使用的关键问题之一。随着水库蓄水运行时间的增加，水库泥沙淤积逐渐增多，淤损有效库容，将直接影响水库综合效益的正常发挥。已有观测成果表明，2003—2019 年，三峡水库内淤积在防洪库容内的泥沙占总淤积量的 7.2%，占水库静防洪库容的 0.58%。目前三峡水库泥沙淤积对水库有效库容的影响较小。但随运行时间的增加，水库可能出现累积性淤积，水库泥沙淤积对水库有效库容的影响将逐渐增大。

开展三峡水库的进出库水沙以及库区地形监测，及时掌握长江上游水沙变化，明晰三峡水库淤积量的大小、分布、发展态势及其对水库调节（防洪）库容的影响，对制定科学、合理的水库群联合调度方案，减少水库淤积，改善淤积分布，延长水库使用寿命都是非常必要的。

1.5.2　为梯级水库正常运行与调度提供基础支撑

水库运行调度涉及防洪、发电、航运、供水、生态与环境保护等各方面工作，是长期的多目标的系统工程。10 余年来，以三峡水库为核心的长江上游干支流水库群逐步建成。为统筹长江上游水库群防洪抗旱、发电、航运、供水、水生态与水环境保护等方面的需求，保障流域防洪和供水安全。2019 年国家防总批复的《2019 年长江流域水工程联合调度运用计划》，将金沙江梨园水库、阿海水库、金安桥水库、龙开口水库、鲁地拉水库、观音岩水库、溪洛渡水库、向家坝水库，雅砻江锦屏一级水库、二滩水库，岷江紫坪铺水库、瀑布沟水库，嘉陵江碧口水库、宝珠寺水库、亭子口水库、草街水库，乌江构皮滩水库、思林水库、沙沱水库、彭水水库，长江干流三峡水库这 21 座水库纳入联合调度范围。

（1）通过制定金沙江下游梯级和三峡水库水文泥沙原型观测规划，科学安排观测内容，合理筹划观测时机，是水库群实施联合优化调度，实现梯级水电站综合效益最大化的重要前提。长江上游水库群联合调度运用，显著改变了金沙江下游梯级和三峡水库入库水沙条件。近年来，随着上游水库群陆续建成投入使用，特别是金沙江下游溪洛渡水库、向家坝水库投运后，三峡入库沙量明显减少，来沙地区组成发生了明显变化，将会直接影响水库淤积的大小及分布。与此同时，上游地区频发的泥石流、地震等地质灾害可能会导致入库泥沙增多，如 2008 年发生的汶川特大地震、2013 年 4 月四川雅安发生的 7.0 级地震、2014 年 8 月云南鲁甸的 6.5 级地震产生大量松散体，在遇强降雨时会逐渐向下游输移，导致入库泥沙增多。此外，上游地区大型水库虽拦沙明显，但一些支流上修建的低水头的中小型水库、航电枢纽近年来逐渐达到淤积平衡，拦沙作用明显减弱，2010 年 7 月嘉陵江的大水，就导致原来淤积在嘉陵江、渠江、涪江等河流上航电枢纽库区的泥沙部分被冲出库外。同时，水沙条件的变化也将导致金沙江下游梯级和三峡水库泥沙淤积量的大小、分布发生新的变化。科学安排观测内容，掌握新条件下梯级水库群水库水沙、地形监测的最新资料，可为水库群联合调度提供基础数据支持，对实现梯级水电站综合效益最大化至关重要。

（2）通过对库区重点河段的淤积监测，及时掌握不同调度运行方式下重点河段淤积的发展情况，是合理制定梯级水库调度运行方案的重要基础。监测表明，三峡水库常年回水区内的土脑子、兰竹坝、皇华城、凤尾坝等重点河段主槽明显淤积，河型向单一河道转化的现象也初步显现；变动回水区内的洛碛至长寿河段、青岩子、洛碛、铜锣峡等河段局部出现累积性淤积，其未来发展是否会带来主支汊易位、航道问题等都是水库正常运行调度需要研究解决的重要问题。水库修建后，坝下游局部冲刷带来的枢纽运行安全、防洪安全、航运安全是水库调度运行面临的重要问题。如三峡水库下游局部冲刷坑冲刷扩大，葛洲坝下游宜昌枯水位下降等。通过系统、连续的水文泥沙观测研究，有利于及时掌握和发现问题，并采取措施加以解决，以免对水库的正常运行产生影响。

（3）为减少三峡水库的泥沙淤积和提高水库排沙比，2012—2019 年三峡水库择机开展了库尾减淤调度试验和汛期沙峰排沙调度试验。但在新的水沙条件和上游水库联合调度条件下，需要继续通过长期监测分析，探索新水沙和上游水库群联合调度条件下三峡水库汛期沙峰过程排沙调度和库尾减淤调度等"蓄清排浑"新模式的研究，以进一步提高水库排沙比，改善水库淤积分布。这对于减少水库泥沙淤积、延长水库寿命、最大程度发挥工程综合效益等具有十分重要的实用价值。

此外，在三峡工程工程论证、设计、建设和运行过程中，已积累大量的水文、泥沙、河道地形（固定断面）观测数据和丰富的分析研究成果，基于上述成果研发了梯级水库水文泥沙信息分析管理系统，实现观测数据和成果的安全、科学、高效、统一管理，提高了信息化应用水平，有助于充分发挥其在梯级水电站调度运行、管理过程中的决策辅助支持作用。

1.5.3 为水库泥沙问题研究提供基础资料

水文泥沙原型观测工作一直贯穿于三峡工程论证、设计、建设运行等各个阶段，已为泥沙问题研究、工程设计、数学模型验证和工程运行调度等发挥了重要作用。1993 年以来，特别是三峡水库 135m 蓄水运行以来，针对进出库水沙条件、水库淤积、引航道泥沙淤积、变动回水区走沙规律及坝下游水文情势变化、河床冲淤与河势演变等方面进行了连续的水文泥沙观测。这些原型观测成果，不仅及时掌握了水库蓄水前后库区水文情势的变化与泥沙冲淤演变的第一手资料，而且对工程运行安全、验证工程泥沙研究预测成果、修正和完善泥沙研究方法等打下了重要基础。

但水库库区及坝下游泥沙的冲淤变化及其影响是一个逐步累积和长期的过程，随着时间的推移，一些泥沙问题的影响和后果会逐渐累积并加剧，同时可能逐步显现出新泥沙问题。已有的水文泥沙观测成果虽有助于对水库泥沙问题的研究,但受限于泥沙问题的复杂性、不确定性和当前泥沙学科的水平,特别是长江上游干支流水库群建成后,三峡水库入库水沙条件和水库淤积发生新的深刻变化,在工程论证、设计、建设和运行初期等不同阶段泥沙预测成果与实际相比出现了较大差异。如受上游水库拦沙、降雨(径流)变化、水土保持、河道采砂等因素的综合影响,三峡入库水沙条件发生了较大变化,2003—2012年,三峡入库径流量和输沙量较初步设计采用值分别减少了 12% 和 62%,含沙量减小了57%,库区年均淤积泥沙也仅为论证阶段的 40% 左右,但近坝段的淤积强度却较预测值偏大较多。同时坝下游河道冲刷强度明显大于论证阶段预测成果,发展速度也更快,波及的范围更广。

长江上游水库群的陆续建成运行,三峡水库入出库沙量在未来相当长时期内将维持在较小的水平,坝下游河床也将经历长时期的冲刷调整,一些控制节点河段河床的冲刷下切,可能会对枯水位下降有较大影响,坝下游河势变化也将导致局部河段河势发生新的变化,出现一些未曾预料的问题,如切滩撇弯、崩岸塌岸等现象。而这些泥沙问题的解决,有待于通过水文泥沙原型观测及时掌握情况,研究对策。

1.5.4　为回答社会关注的焦点、热点问题提供科学依据

三峡工程由于其规模之大、涉及范围之广、移民之多、影响之深、公众关注程度之高成为我国迄今为止唯一经全国人大审议通过的基本建设项目。历经 10 余年建设,乌东德水电站、白鹤滩水电站、溪洛渡水电站和向家坝水电站逐步投产,装机总容量相当于两个三峡工程,以三峡水库为核心的上游梯级水库对防洪、发电、航运、生态和水资源综合利用等带来的正面效益和积极作用受到了社会的广泛认可和高度评价。

但水库长期使用,水库淤积对防洪、航运的影响,坝下游河床冲刷对防洪、航运、生态的影响,坝下游河势和江湖关系调整,防洪安全、航运安全和用水安全等方面,仍然是社会各界高度关注的焦点和热点问题。为回答这些问题,一方面需继续开展长期、不间断的监测与分析,及时掌握第一手观测资料,通过客观、准确的监测分析成果来回应社会的关注;另一方面,借助信息社会化服务工作,及时向社会公布相关监测与分析信息,逐步消除社会各界对金沙江下游梯级水库和三峡工程的疑虑及担心。

1.5.5　促进大型水库水文泥沙监测技术进步

三峡水库泥沙观测的重点是密切配合工程的运行,及时、准确测定库区泥沙变化情况,及时预测泥沙变化趋势,满足三峡工程调度对水文泥沙原型观测精度与时效性的要求。随着社会各界对三峡水库调度需求的增加,三峡水库需不断实施优化调度,这对水文泥沙监测技术和仪器设备提出了更高的要求。观测速度更快、精度更高、适用性更好,才能更好地解决所面临的问题,为三峡水库正常蓄水运行提供强有力的技术支持。通过近十几年的试验观测与生产应用,解决了流量泥沙实时监测与整编、库区大水深测量、库岸复杂地形测量、海量水文泥沙数据科学管理等技术难题,无论是在技术创新还是观测应用范围的突破上,都获得了比较满意的效果,提高和完善了水文泥沙信息监测手段,促进了我国大型水库水文泥沙监测技术的进步。

参 考 文 献

［1］ 长江水利委员会. 长江三峡水利枢纽初步设计报告（枢纽工程）第九篇：工程泥沙问题研究 ［R］，1992.

［2］ 中国长江三峡集团公司. 长江三峡水利枢纽运行管理总结［M］. 北京：中国三峡出版社，2018.

［3］ 周曼，黄仁勇，徐涛. 三峡水库库尾泥沙减淤调度研究与实践［J］. 水力发电学报，2015，34（4）：98－104.

［4］ 董炳江，乔伟，许全喜. 三峡水库汛期沙峰排沙调度研究与初步实践［J］. 人民长江，2014，45（3）：7－11.

［5］ 董炳江，陈显维，许全喜. 三峡水库沙峰调度试验研究与思考［J］. 人民长江，2014（19）：1－5.

［6］ 李丹勋，毛继新，杨胜发，等. 三峡水库上游来水来沙变化趋势研究［M］. 北京：科学出版社，2010.

［7］ 王世平，王渺林，许全喜，等. 三峡入库站含沙量预报方法初探与试预报［J］. 水利水电快报，2015（5）：11－14.

［8］ 张曙光，王俊. 长江三峡工程水文泥沙年报（2019年）［M］. 北京：中国三峡出版社，2020.

［9］ 胡春宏，李丹勋，方春明，等. 三峡工程泥沙模拟与调控［M］. 北京：中国水利水电出版社，2017.

［10］ 胡春宏，方春明，陈绪坚，等. 三峡工程泥沙运动规律与模拟技术［M］. 北京：科学出版社，2017.

［11］ 陈桂亚. 长江上游控制性水库群联合调度初步研究［J］. 人民长江，2013，44（23）：1－6.

［12］ 赵文焕，冯宝飞，陈瑜彬. 上游水库群蓄水对三峡水库8—10月来水影响［J］. 人民长江，2013，44（13）：1－4.

第2章

三峡工程水文泥沙观测
与研究布局

由于泥沙问题的长期性、复杂性和不确定性，水库在不同运行阶段泥沙问题的重点不同，必须通过深入全面的研究逐步弄清。而泥沙研究必须基于长期系统的水文泥沙原型观测工作。因此，三峡工程水文泥沙观测与研究工作是三峡工程的重要组成部分，并贯穿于工程的论证期（1993年以前）、设计与施工期、蓄水运行期等各个阶段。

2.1 观测与研究原则

随着金沙江下游梯级水库的逐步运行，水文情势发生了较大变化，同时考虑到水库泥沙冲淤变化影响、未来联合调度运行需要及三峡工程对坝下游的综合影响，三峡水库175m试验性蓄水以来，水文泥沙观测与研究工作的主要原则如下。

2.1.1 总体一致，有效衔接

观测与研究工作以《长江三峡工程2002—2019年泥沙原型观测计划》为基础，充分结合三峡工程175m试验性蓄水期间的水文泥沙特性，对现有监测系统进行优化，适当调整监测内容、监测方法、监测因子与监测频次，加强实用性、可操作性和指导性，保持与工程建设阶段初期观测工作的延续性；同时观测项目考虑与"金沙江下游梯级水电站水文泥沙监测项目"及"长江三峡工程杨家脑以下至湖口观测项目"相衔接，在监测范围、监测项目、监测频次、监测方法、监测技术、质量控制等方面进行了总体性安排和考虑，保证了观测资料的连续性、系统性、一致性。

2.1.2 突出重点，适应需求

观测与研究工作以三峡水库运行调度及坝下游河段国民经济社会发展的需要为重点，在开展进出库水沙、库区及坝下游河道地形与固定断面等观测的基础上，针对三峡水库175m试验性蓄水以来三峡水库坝上下游泥沙冲淤的变化情况及对水库调度运行的影响做出针对性调整，如：增加了三峡水库上游干支流主要控制站泥沙实时监测、坝前段沙峰输移过程、过机泥沙等水库运行调度专题观测；对重庆主城区河段，向家坝下游河段观测做了调整和完善；针对三峡水库变动回水区冲淤变化复杂和可能出现的"翘尾巴"现象，开展变动回水区水流泥沙观测，并开展相应研究；针对输沙法与地形法计算水库淤积的匹配性问题，开展不平衡输沙观测和三峡水库泥沙冲淤观测关键技术与控制指标研究等。

2.1.3　整合资源，提高效能

紧紧围绕如何服务好三峡工程泥沙工作这个中心，充分利用现有水文站网，整合资源，避免与其他观测计划内容出现重复或者交叉，对已有的监测与研究成果进行信息共享，如进出库水沙和库区水位等共享到国家基本水文站网、三峡工程专用观测站，只在个别位置调整或增加水文泥沙监测与研究必需的站点；适当考虑兼顾上下游水文情势与泥沙冲淤及水力、泥沙因子测验，强化现有原型观测与研究的系统性、前瞻性和实用性，保证观测成果的完整性，为涉及三峡调度运行管理的相关决策提供参考，为水库联合调度运行方案及对库区和中下游泥沙的影响研究提供技术支撑。

2.1.4　及时分析，服务三峡工程

基于水情、沙情变化特点与趋势，严格按照观测时机要求开展工作，并及时整理分析。在资料整理方面，一般地形观测资料在外业结束15个工作日内完成整理，在实时、高效采集水文资料的基础上，资料整编已由原来的按年整编、按月整编逐步提高至"日清月结"和"实时智能"，大大提高了工作效率。对于水文泥沙原型观测资料的分析，一般包括简要分析、年度分析及综合性分析，如重庆主城区河段的演变观测资料一般于观测3日内提出简要分析报告，为水库运行调度及时提供基础数据，发挥重要的支撑作用。为保证年度成果运用的实效性，对全年的观测资料进行及时的深加工，于次年1月提出原型观测资料分析报告，并在年度分析报告的基础上进行资料的精加工，及时提出有针对性的综合性成果分析报告，为三峡工程建设、水库调度与运行等提供重要依据。

2.2　水文泥沙观测站网布设

2.2.1　水文站网

长江三峡工程地处湖北省宜昌市三斗坪，入库泥沙主要监测站点如下：朱沱站为上游干流控制站，长江干流寸滩站为干流入库站，嘉陵江的北碚站、乌江的武隆站为支流入库控制站，清溪场站、万县站、庙河站为库区的主要控制站；黄陵庙站位于三峡大坝下游约12km，为三峡水库的出库控制站，具体位置如图2.1所示，各站基本情况见表2.1。

2.2.2　基本控制网与固定断面布设

2.2.2.1　基本控制网布设

水文观测基本控制网是开展三峡工程水文泥沙观测的基础和基准，三峡库区基本控制网总体按照分段、分级进行布设，遵循从整体到局部，分级布网、逐级发展的原则。三峡

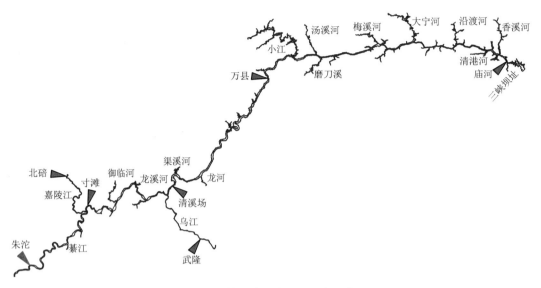

图 2.1　三峡入库水沙监测站点示意图

表 2.1　　　　　　　　　　　　　水 文 泥 沙 观 测 站 网

河名	站名	集水面积 /km²	距坝里程 /km	设站日期 /(年.月)	观 测 项 目
长江	朱沱	694725	756.93	1954.4	水位、水温、流量、悬沙、悬颗、卵推、降水
	寸滩	866559	605.71	1939.2	水位、水温、流量、悬沙、悬颗、卵推、 沙推、河床质、降水
	清溪场	965857	475.95	1939.3	水位、流量、悬沙、悬颗、降水
	万县	974881	280.00	1951.0	水位、流量、悬沙、悬颗、卵推、降水
	庙河	1002681	14.00	2003.4	水位、流量、悬沙、悬颗、床沙
	黄陵庙	1002756	−12.00	1995.1	水位、水温、流量、悬沙、悬颗、沙推、 河床质、降水、蒸发
	宜昌	1005500	−44.00	1877.4	水位、水温、流量、悬沙、悬颗、卵推、 沙推、河床质、降水
嘉陵江	北碚	156736	658.00	1939.4	水位、水温、流量、悬沙、悬颗、降水、水质
乌江	武隆	83035	582.00	1951.6	水位、水温、流量、悬沙、悬颗、卵推、 降水、水质

　　库区干流葛洲坝至奉节关刀峡河段水文观测基本控制网最早布设于 1979 年，高程采用
1956 年黄海高程系统，1994 年建立高程转换关系，启用了 1985 年国家高程基准，后因三
峡工程 1998 年大江截流，2003 年库区 135m 试验性蓄水，于 1996 年、2001 年分两次进
行了迁建；奉节关刀峡至朱沱河段控制网最早于 1996 年左右布设，2006 年进行了整顿和
复测；朱沱至宜宾河段控制网于 2012 年布设。

三峡水库蓄水以来，尤其在 175m 试验性蓄水后，库区基本控制网受地质灾害、人类活动及其他自然环境变化等影响损毁严重，给库区地形测量、水位接测带来很大困难。为满足库区河道测量的需要，2016 年增补恢复了部分平面为 D 级、高程为四等的库区控制网；为满足支流固定断面观测的需要，2017 年对库区内 18 个支流控制网进行了整顿和增补。

为满足水文泥沙观测的需要，在其他年份多次开展小规模的平面控制测量及高程控制测量，到目前为止三峡大坝至宜宾河段形成了以 D 级控制为基础、E 级控制为补充的基本平面控制网，以及以四等高程导线为基础的高程控制网，基本可以满足不同要求的水文泥沙观测任务。

2.2.2.2 固定断面布设

三峡大坝至宜宾河段固定断面分阶段布设，以能控制河段变化为原则，一般河段每 2km 布设一个，重要河段每 1km 布设一个，并在后期根据工程需要进行局部加密及微调。

1979 年布设葛洲坝至奉节关刀峡河段干流固定断面，共 118 个，断面编号为 G1～G118；1996 年布设奉节关刀峡至朱沱河段干流固定断面，共 282 个；因三峡工程截流于 G30 断面附近河道，2001 年 G31～G118 断面名称全部变更，"G" 改为 "S"，变为 S31～S118；2012 年布设朱沱至宜宾河段干流固定断面 122 个和支流岷江 6 个固定断面。

少数年份对局部河段进行了断面加密，例如，2003 年坝前断面增加了 S30+1、S30+2、S30+3、S31+1、S32+1、S33+1、S34+1 共 7 个断面；2017 年朱沱至宜宾河段加密 60 个断面。

三峡大坝至朱沱河段支流固定断面多在 1995—1997 年首次布设，2002 年在各支流尾部大规模增设断面，2003 年在三峡水库蓄水后又增设了部分断面，包括嘉陵江、乌江、香溪河、清港河、大宁河等。但沿渡河、梅溪河首次固定断面布设时间为 2000 年，其后增设、加密情况与其他支流相同。

2017 年，三峡库区增加了部分支流的固定断面观测，支流断面数量由原来的 15 条增加为 21 条，增加的支流有木洞河、长滩河、长河（朱衣河）、草堂河、胜利河、卜庄河；2017 年，在增加支流观测的同时，还对原有部分观测支流进行了断面加密。支流太洪河较为特殊，自 1996 年布设断面以来并未实施观测。

2.3 观测范围与内容

三峡工程水文泥沙观测范围主要包括：三峡库区大坝至朱沱河段，长约 757km；葛洲坝坝址至三峡大坝的两坝间河段，长约 40km；葛洲坝下游宜昌至杨家脑河段，长约 137km；库区 19 条主要支流，总长约 452km。2012—2013 年，溪洛渡、向家坝水电站相继蓄水投运后，为观测水电站蓄水后向家坝至朱沱河段河床冲刷及其对三峡水库的影响，从 2012 年开始将观测范围上延至宜宾，并与金沙江下游梯级水电站水文泥沙监测范围相衔接。

观测内容主要包括基础性观测和专题观测两大部分。基础性观测以常规观测为主，以全面性、系统性收集长系列水库水文泥沙资料，保证梯级水库正常运行与调度需要为目的。观测项目包括进出库水沙观测、库区及坝下游水位观测、库区固定断面测量、库区水道地形观测、重点河段河道演变观测、水库淤积物干容重观测、坝下游水沙测验、荆江三口分流分沙观测等。

专题观测是为解决水库运行调度中水文泥沙问题或回答社会关注的焦点问题而开展的观测工作，主要包括坝前河段洪水沙峰过程观测、含沙量实时信息采集及报汛、过机泥沙测验、消落期库尾减淤调度试验观测等。

2.3.1　基础性观测

2.3.1.1　进出库水沙观测

依托沿程水文控制站网对进库、出库的水沙变化情况进行观测，主要包括长江干流的朱沱、寸滩、清溪场、万县、庙河、黄陵庙、宜昌、枝城等水文站，支流嘉陵江的北碚水文站，乌江的武隆水文站。观测项目有水位、流量、悬移质含沙量、沙质推移质、卵石推移质、泥沙颗粒分析等。

2.3.1.2　库区固定断面观测

三峡库区大坝至朱沱河段干流共布设 401 个固定断面，19 条支流共布设 395 个固定断面，每年汛前、汛后按 1∶2000 比例对各断面进行 1 次施测，并间取床沙。

2.3.1.3　库区水道地形观测

在三峡库区大坝至朱沱河段干流，按 1∶5000 比例开展水道地形观测，观测频次为 5年 1 次。

2.3.1.4　重庆主城区河道演变观测

在长江干流大渡口至铜锣峡长约 37.7km 河段，共布设 45 个固定断面；在嘉陵江井口至朝天门长约 22.3km 河段，共布设 20 个固定断面。每年 6 月、10 月各观测 1 次固定断面，比例尺为 1∶2000，每年 12 月观测水下地形 1 次，比例尺为 1∶5000。

2.3.1.5　库区水位观测

按照"常年回水区 40km、变动回水区 10km 间距"的原则共布设 58 组水尺，并根据实际情况适当调整，使水尺分布更加合理，以能测得库区完整的水位变化过程，满足日平均水位计算。一般按枯水期 2 段制（08、20）、汛期 3 段制（08、14、20）观测，遇 45000m³/s（清溪场站）以上洪峰时，测出洪峰过程。2003 年三峡水库蓄水运用后，库区水位观测逐步实现自记，目前除重庆主城区千厮门水尺仍为人工观测外，其他均已实现自记。

2.3.1.6　宜宾至铜锣峡河段采砂调查

2003—2016 年，三峡上游及库尾河段河道采砂活动较为频繁。为准确评估采砂对河道地形和泥沙冲淤的影响，宜宾在宜宾至铜锣峡长约 397km 河段开展采砂调查。主要采取定期零星区域（采砂船舶、重点水域、敏感江段等）调查方式，采用 RTK 测量方式、照相等方法，估算开采砂石方量。每年安排 3 次。2016 年开始，四川省和重庆市不断加强河道采砂管理，采砂活动逐渐减少。

2.3.1.7 坝区河道演变观测

（1）地下电厂引水渠地形观测。在大坝至凤凰山长约 2.1km 河段，观测 1∶2000 比例尺水道地形。

（2）坝前流场观测。在三峡坝前水域布置 4 个横断面、2 个纵断面，每个断面一般布置 20 条垂线，采用 ADCP 动船法进行断面流速分布测验。

2.3.1.8 两坝间河道演变观测

在葛洲坝坝址至三峡大坝长约 40km 的干流河段，布设 38 个固定断面。固定断面与水道地形观测年份交替安排，即每两年按 1∶2000 比例尺观测固定断面 1 次，每两年按 1∶2000 比例尺观测水道地形 1 次。

2.3.1.9 宜昌至杨家脑河段演变观测

（1）宜昌至沙市河段采砂调查。根据长江中下游河道采砂管理规划，宜昌至沙市河段属于禁采区，但非法采砂活动屡禁不绝。主要采取定期零星区域（采砂船舶、重点水域、敏感江段等）调查方式，采用 RTK 测量方式、照相等方法，估算开采砂石方量。每年安排 6 次。

（2）宜昌至杨家脑比降及沿程枯水瞬时水面线观测。利用已有庙咀、宜昌、红花套、宜都、枝城、马家店、陈家湾等 7 个水位站，在虎牙滩、胭脂坝、宜都弯道、外河坝、关洲、芦家河、董市洲、柳条洲、杨家脑等 9 个节点河段内，按每个河段布置 3～6 个临时水位站，共计 47 个水位站。

（3）控制性节点局部水道地形测量。选取胭脂坝、宜都弯道、关洲、芦家河、董市洲、柳条洲、杨家脑等 7 个局部节点控制河段，每年汛前按 1∶2000 比例对水道地形进行 1 次观测。

（4）宜昌至杨家脑固定断面观测。在宜昌至杨家脑河段布设 83 个固定断面的基础上，在胭脂坝、宜都弯道、关洲、芦家河、董市洲、柳条洲、杨家脑 7 个关键节点河段增设 54 个固定断面，总计 137 个固定断面，每年汛后按 1∶2000 比例观测 1 次。

（5）流场观测。在虎牙滩、胭脂坝、宜都弯道、关洲、芦家河、董市洲、柳条洲、杨家脑 8 个节点进行流速场观测，每个节点布置 3 个流场断面，即进口、节点中部、出口断面，共布置 24 个断面，观测项目包括水位、流量、流速分布。每年按宜昌水文站流量 6000～8000m³/s（枯水）、20000m³/s（中水）、35000m³/s 以上（高水）3 个流量级观测 3 次。

（6）床沙取样。在胭脂坝段、宜都弯道、关洲、芦家河、董市洲、柳条洲、杨家脑 7 个关键节点河段的 54 个断面取床沙，每个断面设置 5 条测量垂线。每年汛前观测 1 次。

2.3.1.10 沿程水面线观测

在利用国家基本水位站基础上，按控制局部水面变化的原则，沿程布置葛洲坝 7 号、庙咀、李家河、宜昌、宝塔河、胭脂坝、艾家镇、磨盘溪、红花套、宜都、枝城、陈二口、芦家河董 5、芦家河荆 12、马家店、大埠街等专用水尺 16 组，进行沿程同步观测。

2.3.1.11　坝下游推移质泥沙测验

在宜昌、枝城水文站开展水位、流量、含沙量等测验项目的基础上，增加沙质推移质、卵石推移质的观测。

2.3.1.12　荆江三口分流分沙观测

利用新江口、沙道观（二）、弥陀寺（二）、藕池（管）、藕池（康三）等水文站，监测荆江三口分流分沙变化。观测项目有水位、流量、含沙量、悬移质颗粒级配等。

2.3.2　专题观测

2.3.2.1　坝前河段洪水沙峰过程观测

在庙河水文站至三峡大坝的 13km 长河段上布置监测断面 6 个，进行洪水过程水沙特性监测。每一个洪水过程从起涨到消退结束，根据水文泥沙预报布置测次，一个洪水过程布置 6~10 个测次，均匀布置在涨水和退水过程，每个测次在 4h 内完成。观测项目有水位、水温、流速、含沙量分布及泥沙颗粒级配。根据入库洪水情况，每年择机开展 1~2次，遇特殊年份可增加测次。

2.3.2.2　含沙量实时信息采集及报汛

在朱沱、北碚、寸滩、武隆、清溪场、巴东、庙河、黄陵庙、宜昌、枝城 10 个水文站开展汛期悬移质含沙量实时信息采集及报汛工作。三峡上游及入库站：当汛期含沙量较小时（0.2kg/m³ 以下），1~3 天测报 1 次；含沙量较大时（0.5kg/m³ 以上），每天测报 1 次，必要时加报至 2~4 次。三峡大坝下游：汛期含沙量较小时（0.2kg/m³ 以下），1~2 天测报 1 次；含沙量较大时，可适当加密。近年来，为满足三峡水库沙峰调度的需要，进一步提高泥沙预报的精度，延长预见期，三峡集团将白鹤滩站、横江站、高场站、富顺站、武胜站、罗渡溪站、小河坝站也纳入含沙量实时监测与报汛站网。

2.3.2.3　过机泥沙测验

在电厂选择有代表性机组的引水口、蜗壳取水口、蜗壳进门、尾水锥管进门进行取样，坝址流量达 30000m³/s、40000m³/s、50000m³/s 左右时开展，每次连续 3 天取样，取样后进行颗粒分析和岩性分析。

2.3.2.4　消落期库尾减淤调度试验观测

在变动回水区长江干流大渡口至涪陵长约 150km 河段，嘉陵江井口至朝天门长约 22.3km 河段，共布设 123 个固定断面。汛前水库实施库尾减淤调度前后，按 1:2000 比例各观测 1 次。

2.4　观测新技术与应用

三峡工程水文泥沙观测工作按照专业划分，主要包括河道地形测量和水文测验两大类。其中河道地形测量主要包括控制测量、陆上地形（断面）测量、水下地形（断面）测量等；水文测验主要包括雨量观测、水位观测、流量观测、泥沙测验、表面流速流向观测等。

三峡水库 175m 试验性蓄水以来，水文泥沙观测在主要观测仪器、方法、技术上与建设阶段基本保持一致，保证了观测资料的系统性、连续性、一致性。针对试验性蓄水后水库水深进一步加大，重点在大水深精密测深技术、基于多平台多 LIDAR 观测技术等方面开展了深入研究。同时，为满足三峡水库沙峰调度的需要，在悬移质泥沙实时监测技术研究方面也取得了长足的发展。

2.4.1 三峡库区测深系统误差控制与改正

三峡库区测深环境复杂，主要表现在水深大、地形坡度大、库区水体存在温跃层。目前单波束测深系统是测深的最主要设备，影响水深测量精度的因素很多，主要有测量仪器及仪器载体、水流条件、河床边界和气象条件等。第一，不同的测深仪由于功率、声波频率等不同，对不同底质河床的测深效果相差很大；第二，水体存在水温分层，它对测深精度有着不可忽视的影响，尤其三峡库区水体流动性较差且深度较大，当外界温度越高时表层水温和底层水温相差越明显，对测深精度的影响也更大；第三，由于测深系统间各仪器设备以及计算机间数据传输不同步造成数据呈锯齿状，通常被称为"时延效应"，通过理论研究发现，"时延效应"对平面定位的影响最为显著，其影响与船速成正比，具体表现在该效应可直接造成地形图等高线呈锯齿状，同一断面不同测向间数据发生整体错位；第四，测深仪开角效应对测深的影响在水体深度不大时一般被忽略，大水深环境下如果换能器不够垂直，此时换能器开角效应将对测深点平面位置产生较大影响，从而间接影响测深精度。

综上所述，多年来对三峡库区水深测量影响因素的研究和实践表明，声速改正、测深系统延迟效应及测深仪垂直度是影响测深精度的主要因素，另外，水体水位改正也是数据处理的关键环节，直接影响河底高程的测量精度。

2.4.1.1 声速改正

水下地形测量主要采用 GNSS 获取平面位置，配合水下测深仪器同步采集水深。水下测量仪器主要分为多波束测深系统和单波束测深仪两种。无论是多波束测深还是单波束测深，影响其测深精度的因素主要包括换能器吃水、声速改正、水位改正、测深仪器本身系统差等。其中声速改正是影响测深精度的重要因素之一，尤其在缺乏水体交换条件的深水条件下，水温变化的梯度通常较大，在静止的深水湖泊或水库中，这个特点越发明显。探讨如何进行测深的声速改正对于保证水下地形测量成果质量具有十分重要的意义。

（1）水下声速获取方法。声波在不同密度介质中的传播速度是不一样的，而水的密度随着含盐度和水温的变化而变化。一般在水深测量中，水下声速的获取方法包括直接法和间接法两种。

1）直接法是指通过测量声速在某一固定距离上的传播时间或相位，直接获得水体中声音传播的速度。具体的测量方法包括脉冲时间法、干涉法和脉冲循环法等。在实际生产中，通常采用声速剖面仪来获取水下声速，目前常用的声速剖面仪有加拿大 AML 公司的 SV-PLUS V2、海鹰 HY1500 系列（图 2.2）等，它们采用脉冲循环法声速测量原理，发射的声音信号被固定在已知距离的反射板反射，接收机在接收到反射信号以后触发下一次信号发射，如此周而复始，通过测量发射的重复周期或频率即可获得水体声速。当采用

图 2.2　海鹰 HY1500 系列声速剖面仪

声速剖面仪获取声速时，由于不同的位置、不同水深处水体密度也不相同，在实际生产中无法做到实时、实地进行声速剖面测量，获取声速数据，通常选取一天测量中测区水深最大区域进行声速剖面测量，或者在测区周围测量几个代表性的声速剖面，并记录剖面点平面位置，控制住整个测区，以此作为测区声速改正的依据。

采用直接法时，一般根据声速剖面仪观测的各水层声速按式（2.1）计算垂线平均声速：

$$C_m = \frac{\sum\limits_{j=1}^{N-1}\left(\dfrac{C_j + C_{j+1}}{2}\right)d_{j,j+1}}{\sum\limits_{j=1}^{N-1}d_{j,j+1}} \tag{2.1}$$

式中　C_j——按厚度 d_j 选取的声速仪测得的相应深度的声速；

　　　C_{j+1}——按厚度 d_{j+1} 选取的声速仪测得的相应深度的声速；

　　　$d_{j,j+1}$——各水层的厚度；

　　　N——声速仪测得的声速剖面选取的声速总个数。

2）间接法是利用水中的温度、盐度和压力等参数，通过经验公式来计算水下声速。影响声音在水体中传播速度的因素很多，无法单纯由一套理论公式计算准确获得声速值，但大量水下声速实验表明，水体中声速主要受温度、盐度和气压影响，温度变化 1℃，声速值变化约 4.5m/s；盐度每变化 1‰，声速值变化约 1.3m/s；深度每变化 1m，声速值约变化 0.016m/s。自 20 世纪 50 年代起，一些学者先后提出了适合不同水体的声速经验模型，其中被普遍认可的有 Chen-Millero-Li 声速算法、Dell Grosso 声速算法、W. D. Wilson 声速算法等。

目前国内指导水下地形测量的规范主要包括《海道测量规范》（GB 12327—1998）、《水运工程测量规范》（JTS 131—2012）、《水道观测规范》（SL 257—2017）等。其中，《海道测量规范》（GB 12327—1998）应用范围主要为各种比例尺的海道地形测量，用于获取海底地貌、底质情况，为航海图的编绘提供数据，以保证海船的航行安全；《水运工程测量规范》（JTS 131—2012）适用于港口、航道、通航建筑物和修造船、水工建筑物等工程的测量；《水道观测规范》（SL 257—2017）主要适用于河流、湖泊、水库、人工河渠、受潮汐影响的河道及近海水域的水道观测。根据《水道观测规范》，采用间接法时，一般在非潮汐河段（或水深小于 150m 的水体）按式（2.2）计算声速：

$$C = 1410 + 4.21T - 0.037T^2 + 1.14S \tag{2.2}$$

在潮汐河段、近海水域（或水深超过 150m 的水体）声速按式（2.3）计算：

$$C = 1449.2 + 4.6T - 0.055T^2 + 0.000297T^3 + (1.34 - 0.01T)(S - 35) + 0.017D$$

$$\tag{2.3}$$

式中　　C——水中声速，m/s；

　　　　T——水温，℃；

　　　　S——含盐度，‰；

　　　　D——深度，m。

　　式（2.2）为计算某一水层声速时采用的公式。若计算从水面至某一深度（水底）的平均声速 C，式（2.2）中的 T、S、D 应以其平均值 T_n、S_n、D_n 代入计算，即得到计算平均声速的近似公式：

$$T_n = \sum_{i=1}^{n} d_t T_i / \sum_{i=1}^{n} d_i \tag{2.4}$$

$$S_n = \sum_{i=1}^{n} d_i S_i / \sum_{i=1}^{n} d_i \tag{2.5}$$

$$D_n = D/2 \tag{2.6}$$

式中　　d_i——各水层厚度，m；

　　　　T_i——各水层的温度，℃；

　　　　S_i——各水层的含盐度，‰。

　　（2）声速改正。

　　1）长江中下游地区。长江中下游地区水体流动性较好，最大水深一般在 40m 以内（局部水域如中游牛关矶段水深达 90m），在 2016 年开展的长程水下地形测量中，在武汉河段某处同步进行水面表层水温观测及声速剖面测量，表层水温为 15.8℃，声速剖面仪观测数据见表 2.2。结果表明在水体流动性较好水域，如具有代表性的长江中下游地区，声速变化区间在 1m/s 内，将表面水温代入式（2.2）中计算声速得 1467.3m/s，该计算值与声速剖面仪所测数据吻合较好，同时说明在流动水体如长江中下游水道这样的测深环境下，采用间接法计算表面声速作为测深声速改正数据能够较好地满足水下地形测量精度的要求。

表 2.2　　　　　　　　　　　长江武汉河段某处声速剖面测量数据

声速测量地点：武汉河段某处　　　　　表面水温：15.8℃　　　　　　时间：2016 年 12 月 7 日

水深/m	声速/(m/s)	水深/m	声速/(m/s)	水深/m	声速/(m/s)
1.45	1468.56	6.18	1468.68	10.86	1468.74
1.99	1468.62	6.71	1468.68	11.38	1468.75
2.50	1468.61	7.23	1468.68	11.91	1468.77
3.02	1468.62	7.74	1468.69	12.43	1468.77
3.54	1468.63	8.26	1468.71	12.94	1468.81
4.07	1468.65	8.78	1468.73	13.46	1468.82
4.59	1468.66	9.29	1468.73	13.108	1468.83
5.11	1468.68	9.81	1468.74	14.49	1468.85
5.62	1468.67	10.34	1468.75	15.42	1468.84

2）高原湖泊。当惹雍错位于西藏那曲市尼玛县境内，距离尼玛县城约 72km，该湖平均含盐度 9.4g/L，平均水位 4534.88m，最大水深 219.2m，平均水深 103.4m，水面面积约为 780km²。图 2.3、图 2.4 分别为该湖某日水温变化曲线图及声速分布曲线图。

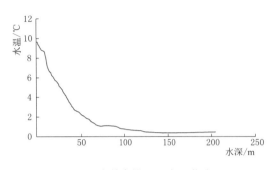

图 2.3　当惹雍错水温变化曲线图　　　　图 2.4　当惹雍错声速变化曲线图

由图 2.3 可以看出，当惹雍错存在明显的水温跃层，单纯观测水面温度，采用单一经验公式计算出的表面声速，作为最终水深值声速改正的依据时将会产生较大偏差，该方法无法准确获得目标深度；图 2.4 为采用声速剖面仪实测的随深度变化的声速曲线，深度在 0～70m 时声速变化明显，70m 之后声速变化趋缓，此变化规律与图 2.3 中水温变化趋势是相同的。

利用本次观测中的水温数据，采用式（2.2）计算对应深度的声速值，与声速剖面仪实际测量的声速相比较，发现采用公式间接法计算的声速要比实测的声速偏大，具体差值规律见表 2.3。

表 2.3　　　　　　　　　公式间接法计算的声速与实测的声速对比

深度/m	间接法与实测差值/(m/s)	深度/m	间接法与实测差值/(m/s)
0～15	3.9	105～120	0.88
15～30	2.5	120～135	1.1
30～45	2.3	135～150	1.15
45～60	1.4	150～165	1.16
60～75	0.18	165～180	1.18
75～90	0.36	180～195	1.32
90～105	0.56	195～205	1.41

表 2.3 中两种方法对比结果中最大差值为 3.9m/s，当水深在 200m 时，此差值对水深测量值的影响约为 40cm，能够满足水下地形测量精度的要求，由此可以看出，SL 257—2017 中推荐的声速计算公式具有较为广泛的适用性。

3）三峡库区。从三峡库尾朱沱站至坝下游宜昌站河道沿程各处气候有一定的差异，大量研究显示，水温变化不仅受水库建设和运行带来的边界环境变化的影响，还受气象要素变化的影响，包括气温、风速、相对湿度等，其中气温对水温的影响程度最大。

　　a. 沿程垂向水温变化特征。2014 年 4 月至 5 月上旬，朱沱至宜昌段垂向梯度水温监测结果如图 2.5～图 2.7 所示，三峡库区表层、底层水温监测数据统计见表 2.4。因观测距离较长，各处水温垂向变化不尽相同：①库尾朱沱站位于不受水库回水影响的天然河道，水温未受水库蓄水影响，该断面深泓处水深约 12m，垂向上水温没有变化；②库中断面深泓表层至底层水温略微下降，下降幅度在 0.3℃ 以内，没有水温分层现象；③库前（30km 范围）断面水温垂向上有一定的变化，但温差不大，最大温差 1.6℃，且随水深增加水温下降非常缓慢，梯度变化幅度小于 0.1℃/m，没有水温剧烈变化的温跃层存在，垂向水温变化最大的庙河断面也仅表现出微弱分层，庙河断面的微弱分层在深度 100m 以下水体区域。

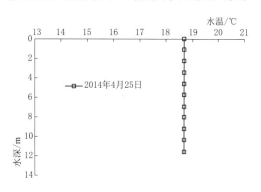

图 2.5　三峡水库库尾朱沱断面水温垂向分布

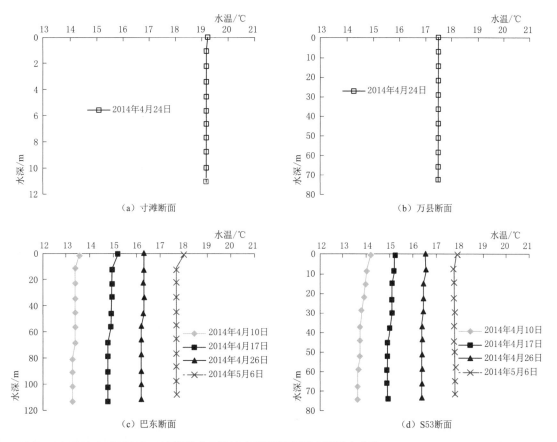

（a）寸滩断面　　　　　　　　　　（b）万县断面

（c）巴东断面　　　　　　　　　　（d）S53断面

图 2.6　三峡水库库区断面水温垂向分布

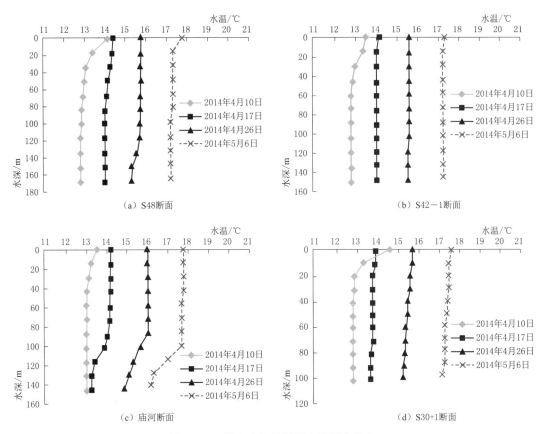

图 2.7 三峡水库坝前断面水温垂向分布

表 2.4 三峡水库表层与底层水温数据

断面名称	距大坝里程/km	2014 年 4 月上旬水温/℃			2014 年 4 月中旬水温/℃			2014 年 4 月下旬水温/℃			2014 年 5 月上旬水温/℃		
		表层	底层	差值	表层	底层	差值	表层	底层	差值	表层	底层	差值
宜昌	−44.0	13.0	12.9	0.1	13.7	13.6	0.1	15.0	14.9	0.1	16.4	16.3	0.1
黄陵庙	−12.0	12.6	12.5	0.1	13.5	13.5	0.0	15.0	15.0	0.0	16.8	16.8	0.0
S30+1	0.8	14.3	12.7	1.6	13.7	13.5	0.2	15.3	14.9	0.4	17.0	16.6	0.4
庙河	14.0	13.3	12.8	0.5	13.9	13.0	0.9	15.5	14.5	1.0	17.1	15.6	1.5
S42−1	20.6	13.5	12.8	0.7	14.1	14.0	0.1	15.6	15.5	0.1	17.3	17.2	0.1
S48	30.4	14.1	12.8	1.3	14.4	14.0	0.4	15.8	15.3	0.5	17.8	17.2	0.6
S53	40.3	13.4	12.8	0.6	14.5	14.2	0.3	16.0	15.8	0.2	17.5	17.4	0.1
S58−1	51.2	13.4	13.2	0.2	14.8	14.6	0.2	16.1	16.1	0.0	17.6	17.5	0.1
S62−1	59.6	13.4	13.3	0.1	14.8	14.7	0.1	16.2	16.2	0.0	18.0	17.6	0.4
巴东	71.0	13.6	13.3	0.3	15.2	14.8	0.4	16.3	16.2	0.1	18.0	17.7	0.3
S71−1	81.1	13.6	13.5	0.1	15.2	15.1	0.1	16.4	16.4	0.0	17.9	17.9	0.0
S76−1	90.6	13.9	13.8	0.1	15.2	15.2	0.0	16.5	16.4	0.1	18.0	17.9	0.1
S81	99.9	13.9	13.9	0.0	15.3	15.3	0.0	16.5	16.5	0.0	18.0	18.0	0.0
S131	199.1							17.6	17.3	0.3			

断面名称	距大坝里程/km	2014年4月上旬水温/℃			2014年4月中旬水温/℃			2014年4月下旬水温/℃			2014年5月上旬水温/℃		
		表层	底层	差值	表层	底层	差值	表层	底层	差值	表层	底层	差值
万县	289.2							17.5	17.5	0.0			
S227+1	400.3							19.1	18.7	0.4			
清溪场	476.9							18.9	18.8	0.1			
寸滩	605.7							19.3	19.2	0.1			
朱沱	754.6							18.7	18.7	0.0			

b. 坝前水温年内变化特征。从 2004 年起，每月上、中、下旬在坝前庙河断面深泓处均对水温梯度进行监测（图 2.8），分析 2004—2015 年实测水温资料可知：2004 年与 2005 年坝前各个月份表层至底层水体处于等温状态，没有分层现象；2006—2015 年坝前水体表现出弱分层特点，水温分层发生在春夏之交，分层现象始于 4 月上旬，至 6 月上旬逐渐消失，垂向水温差值范围 1.5～10.3℃，温跃层高程在 20～75m。

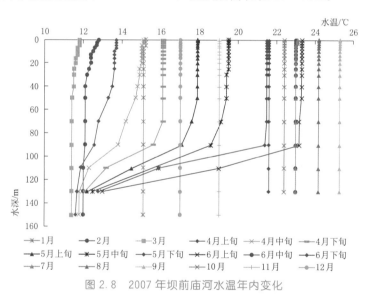

图 2.8 2007 年坝前庙河水温年内变化

通过上述数据可以得出结论，在长江中下游等内陆河道，由于水体流动性较好，并且一般平均水深不超过 40m，在这种情况下开展水下地形测量，可以采用间接法利用式（2.2）计算获得水体声速，即通过量取测区表面水温，采用规范中的经验公式进行计算，以此声速作为测深声速改正依据，从而获取水体深度；三峡库区变动回水区以及常年回水区上段水体一般水温分层不明显，坝前多年监测数据表明年内 4—6 月偶尔出现水温分层，其余时间段水温分层不明显，在 4—6 月以外时间库区水深测量可采用量取表层水温，然后用经验公式计算声速的方法进行，4—6 月可能出现水温跃层，建议先采用声速剖面仪实测分层水温，若存在水温分层则外业采用标准声速测深、内业采用声速剖面数据改正水深方式进行水深测量，若经声速剖面取样证实测量期间无水温跃层，测量方式则与其他月份一致；高原湖泊水体表面、中间层及水底温度差异很大，尤其在大水深环境下声速改正值对测深精度影响更不可忽视。为满足水下地形测量精度的需求，应采用直接法通过声速剖面仪获取水体声速或者对水体水温开展分层观测，利用式（2.3）计算获得水体声速。

2.4.1.2　单波束测深时延及测深仪垂直校准

（1）单波束系统时延误差改正方法。在三峡库区测深环境作业时，单波束测深系统误差会使往返测断面套合吻合性差，出现位移差；测得地形因相邻测线测量方向相反，等深（高）线出现"锯齿形"现象，对三峡水库河道演变、冲淤分析计算等应用产生了诸多不利影响。现有研究将这种现象产生原因主要归结为 GNSS 与测深仪数据时间不同步造成的时延效应，采用单一延迟值进行改正。但对于三峡深水库区作业，用单一延迟值改正效果仍不理想，经实践总结，在分析单波束系统误差产生原理的基础上，提出了顾及水深值的单波束系统时延误差改正方法。

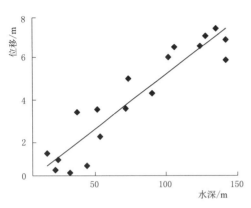

图 2.9　水深与位移关系曲线

选取三峡库区典型断面进行单波束系统误差改正计算，建立水深与位移关系曲线，如图2.9 所示。

单波束测深系统断面往返测引起的总位移量为

$$D=d_t+d_C+d_Y=tV+(2V/C+\sin\alpha\cos\beta)H \tag{2.7}$$

式中　d_t、d_C、d_Y——单波束测深系统数据传输延迟、测深数据延迟、换能器偏角在断面方向引起的位移量；

　　　　t——数据延迟；

　　　　V——船速；

　　　　C——声速；

　　　　H——水深；

　　$\sin\alpha\cos\beta$——换能器偏角系数。

由水深及位移关系曲线可计算出单波束测深系统数据延迟、换能器偏角系数。由各水深数据的船速、声速、水深值，可确定各水深对应位移量，经位移改正，实现水深与位置的匹配。位移改正方法是将位移量沿断面位移量 D 分解到工程所在坐标 X、Y 轴，计算公式为

$$\begin{cases} X=X'+D\cos\theta \\ Y=Y'+D\sin\theta \end{cases} \tag{2.8}$$

式中　X、Y——改正后的坐标值；

　　X'、Y'——实测点坐标值；

　　　　D——各测点位移量；

　　　　θ——由前后两测点反算的坐标方位角。

针对三峡库区复杂测深环境，经数据采集、数据处理及测深设备系统误差控制与改正后，有效地提升了深水库区测深精度，典型断面误差控制与改正前后，断面测量数据如图2.10 所示。

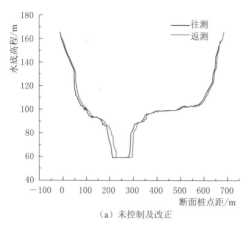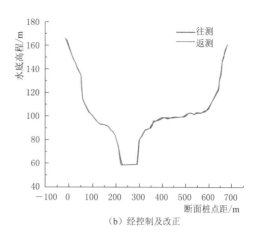

图 2.10　典型断面（S139）河底高程测量数据修正

　　经误差控制与断面往返测量改正后，断面河底高程测量平均误差值由 1.61m 降低至 0.45m。

　　由此可见，山区型深水库区测深误差控制及改正是必要的，误差控制及改正效果也是显著的，可以提高水文泥沙监测的精度。

　　（2）测深仪垂直校准。由于单波束测深仪换能器是以一定的波束开角向水底发射声波信号，并以最先回波信号作为最终的水深值，在平坦水域，当换能器安装偏角小于 1/2 波束开角时，测得水深为正确的水深值，因此，以往测深作业很少关注换能器的垂直安装状态。但在水深值大、地形坡度较大的水域，如果换能器不能垂直安装，会产生深度和位置误差，而测深数据本身是由深度、位置组成的，深度与位置不匹配会带来测深误差。三峡库区蓄水至 175m 时，最大水深接近 200m，地形平均坡度约 20°。因此，测深数据采集时，换能器垂直安装至关重要。以往作业，多采用根据换能器固定杆的垂直度来评判，该方法为间接实现，前提是换能器固定杆要严格垂直于换能器底面，其加工制作难度极大且成本高，即使初始加工得以实现，在受水流冲击、船舶机械振动、搬运等因素影响时，换能器固定杆垂直于换能器底面的状态保持难度极大。

　　根据三峡库区测深作业积累的经验，提出一种基于换能器底面水平度直接测定换能器声轴垂直度的方法，如图 2.11 所示。该方法为直接法，通过硬件设计实现垂直安装。

2.4.1.3　水位改正

　　水位控制是水域测量的基础，对测深精度有直接的影响。三峡库区常年回水区内水位波动很小接近水平，水位改正较为简单，一般采用单站水位改正模式即可。三峡库区变动回水区及其以上河段，水位同时存在比降和落差现象，可采用线性内插法、分带分区法、时差法等。

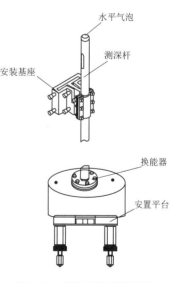

图 2.11　测深仪换能器垂直安装示意图

　　水位改正的实质是在瞬时测深值中扣除水面时变影响，将测得的瞬时深度转化为一定基准上与时间无关的"稳态"深度场，如图 2.12 所示。

　　在实际测量过程中不可能观测到测区每一点的水位变化，因此，水位观测过程中采用以点带面的水位改正方法，这在一定区域（水位站有效范围）内符合水位变化规律。通过理论和实际验证表明，在水位站有效范围内，水位站的水位变化可以代表此区域的水位变化且能满足测量精度的要求。

　　（1）单站水位改正。当测量区域不大，并且在某一水位站的有效控制范围内，用该水位站的水位数据对所测的水深进行水位改正简称为单站水位改正。如图 2.13 所示。

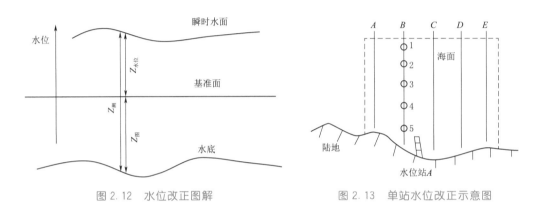

图 2.12　水位改正图解　　　　　　　　图 2.13　单站水位改正示意图

　　图 2.13 中虚线范围为测量区域，A、B、C、D、E 为测深线，1、2、3、4、5 为定位点。当整个测量范围的水位变化环境一样时，可以用水位站 A 点的水位改正数作为整个测区的水位改正数。

　　在该过程中，首先要确定水位站的有效控制范围。水位站有效范围是指在两个水位站断面上，一个水位站按给定水位改正精度的作用距离，它取决于两点间的最大水位差，计算公式为

$$D_{AX} = \frac{\delta}{\Delta \zeta_{\max}} D_{AB} \qquad (2.9)$$

式中　δ——精度指标，根据测量精度要求取 0.1m 或 0.2m；

　　　　D_{AB}——两站之间的距离，根据水位站位置由大地测量反算公式计算；

　　　　$\Delta \zeta_{\max}$——两站间最大水位差。

　　当测区处于一个水位站的有效范围内，可用该水位站的水位资料来进行水位改正。如图 2.14 所示。

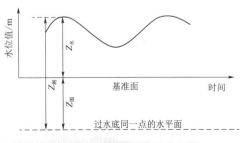

图 2.14　图解法水位改正原理

　　$Z_水$ 是水位改正数，亦即自基准面至瞬时水面的高度，$Z_测$ 表示瞬时水深观测值，$Z_图$ 则为图载水深值，它们的关系为

$$Z_图 = Z_测 - Z_水 \qquad (2.10)$$

　　（2）分带改正模型。

　　1）两站水位分带改正法。如图 2.15 所示，当测区位于 A、B 站控制不到的 C、D 区时，

水位改正可采用两种方式进行，一是在测区设计时预先计划在 C、D 设站；二是在一定条件下，根据 A、B 站的观测资料内插出 C、D 站的水位数据进行水位改正。前者对提高精度有利，但需多花人力、物力；后者精度稍低，但可节省人力、物力，此法称为分带改正法。

两站间能否分带的条件是两站间的潮波传播是均匀的，即两站间的同相潮时和同相潮高的变化与其距离成比例。同相潮时是指两站间的同相潮波点（如波峰、波谷等点）在各处发生的时刻。如果传播均匀，所有同相潮时应该在 A、B 站的同相潮时连线上。如图 2.16 所示，由于 A、B 间潮波传播均匀，C 站离 A 站的距离等于 A、B 间距离的 1/3，所以，C 站的同相潮时（如高潮时）等于 $t_A + \Delta t/3$，恰好在连线上。

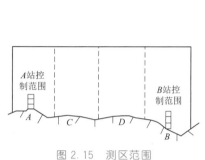

图 2.15 测区范围

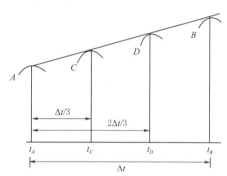

图 2.16 潮时计算示意图

同相潮高是指两站间的同相潮波点的高度，如果传播均匀，它们的连线应是一条直线，按距离比例，C、D 的同相潮高应该在 A、B 同时潮高的连线上。这样，C、D 站的内插水位曲线就相当于实地观测的水位曲线。

分带的实质是用内插法求得的水位资料代替实地观测的水位资料。那么，两站间需内插几条水位曲线，在每一带的控制范围内，水位改正数的最大差值不应超过测深精度 δ_z。如在第一带范围内都用 C 站高度来改正，则 C 点与本带边界水位相差为 $\delta_z/2$，这样左右边界处相差 δ_z，而在两带交界处，用不同带的水位改正数来改正，最大误差也等于 δ_z。

因此，两站间需分多少带取决于从基准面起算的相同时刻水面的最大水位差值 δ_h。求带数的公式为

$$k = \frac{\delta_h}{\delta_z} \tag{2.11}$$

式中 k——分带数目；

δ_z——测深精度；

δ_h——A、B 两站相同时刻水面最大水位差，如图 2.17 所示。

两站间的水位分带的条件是潮波均匀传播，所以要在 A、B 曲线间内插出合理的曲线，就要处处注意在同相潮波点连线上进行等分内插的问题。

设 A、B 两站间要分 k 带，则应内插出 $k-1$ 条曲线。这就要在 A、B 曲线间所作的若干条同相潮波点连线上进行 k 等分，过对应的等分点连成圆滑曲线。

2）三站水位分带改正法（又称三角分带法）。分带原则、条件、假设与两站水位分带改正法基本相同，其主要是为了加强潮波传播垂直方向的控制，需要采用三站水位分带改正法。

如图 2.18 所示，三站水位分带改正法的基本原理为：先进行两站之间的水位分带，在计算分带时应注意使其闭合，这样在每一带的两端都有一条水位曲线控制。如在 C 带，一端为 C 站的水位曲线，另一端为 A、B 边的第 2 带的水位曲线。若两端水位曲线同一时刻的 δ_h 大于测深精度 δ_z，则该带还需分区。如图 2.18 中，分区数为 3，各区分别为 C_0、C_1 和 C_2。C_1 水位曲线就是由 C 站和 AB 站的第 2 带的水位曲线内插获得的。

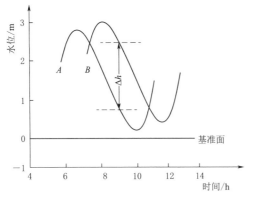

图 2.17　最大水位差示意图

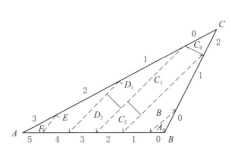

图 2.18　三站水位分带示意图

（3）线性内插模型。

1）双站线性内插法。如图 2.19 所示，当测区位于 A、B 两水位站之间，且超出两站的有效控制范围时，对测区内各点的任意时刻的水位改正方法一般为：一是在设计时增加水位站的数量（由于此法浪费人力、物力，不是在特别要求的情况下一般不用此法）；二是在一定条件下，根据 A、B 两站的观测资料对控制不到的区域进行线性内插。

两水位站水位改正数学模型：

$$Z_X = Z_A + \frac{Z_B - Z_A}{S} D \tag{2.12}$$

2）二步内插法。线性内插的假设前提是两站之间的瞬时水面为直线（平面）形态。三站或多站水位改正与双站线性内插法类似，如图 2.20 所示。

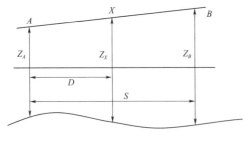

图 2.19　两站线性内插示意图

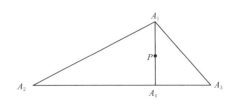

图 2.20　三站水位改正示意图

设 A_1、A_2、A_3 三个水位站某时刻的水位分别为 Z_1、Z_2、Z_3，求 P 点的水位。

由 A_1、A_2、A_3 和 P 点的坐标，可联解求得 $A_2 A_3$ 与 $A_1 P$ 两个直线方程，得 A_4 的坐标，然后在直线 $A_2 A_3$ 上以这两点水位按距离内插得到 A_4 的水位；再在直线 $A_1 A_4$ 上，以 $A_1 A_4$ 的水位线性内插求得测点 P 的水位：

$$Z_P = (Z_4 - Z_1) / S_{A_1 A_4} S_{A_1 P} + Z_1 \tag{2.13}$$

式中 $S_{A_1 A_4}$、$S_{A_1 P}$——A_4 与 A_1、A_1 与 P 的距离。

2.4.2 船载三维激光扫描技术

水库库岸地理信息是水文泥沙研究的基础资料，是水库水文泥沙监测、水库岸线管理等水库综合管理的重要基础地理信息。三峡库区库岸具有如下特点：岸线复杂，沟汊纵横；地形坡度大，消落带淤泥广泛分布，测量难度大；陆上交通不便利，常年回水区船舶航行条件好，变动回水区船舶航行条件差。三峡库区库岸地形测绘主要经历了传统的经纬仪＋平板测绘和基于全站仪、RTK＋电子平板测图等阶段。近年来，随着三维激光扫描技术的发展，长江委水文局将三维激光扫描技术应用于三峡库区水文泥沙观测中，有效解决了采用以往作业方式的不足，提高了作业效率，减轻了作业强度，提升了产品质量。

三维激光扫描技术属于主动遥感，是近年来发展起来的一门高新技术，由于其扫描速度快、直接获得数字信息、非接触性、扫描效率高、使用简单方便、较强的植被穿透性等优点，得到广泛应用，被誉为继 GNSS 技术以来测绘领域的又一次技术革命。三维激光可根据测区情况及交通条件，选择船载、车载、机载、地面固定等不同模式进行。根据交通条件，三峡库区作业主要以船载、机载模式进行，地面站模式补充。

2.4.2.1 数据获取

（1）船载三维激光扫描技术。

1）作业流程。船载激光扫描系统广泛应用于三峡库区常年回水区航行条件较好的河段，适用于地形坡度大于 30°且扫描视线内无遮挡的区域。船载三维激光扫描系统作业流程如图 2.21 所示。

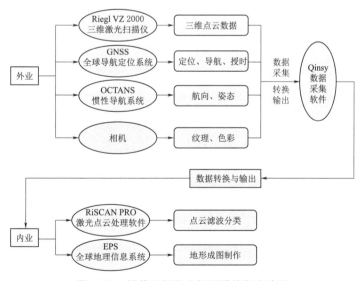

图 2.21　船载三维激光扫描系统作业流程

2）系统组成。船载三维激光扫描系统主要由定位、定姿系统，三维激光扫描仪，高清全景相机，数据采集与存储软件及载体平台等组成，如图 2.22 所示。

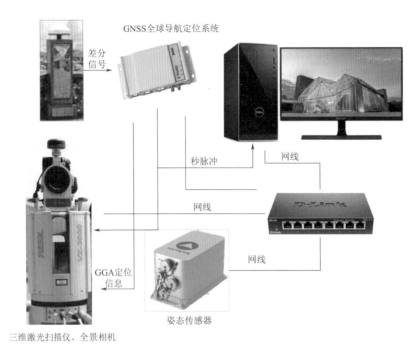

图 2.22　船载三维激光扫描系统主要组成

3）数据采集。数据采集时，三维激光扫描仪和定位、定姿系统牢固安装在稳定平台上，使用船载激光扫描系统前，确定激光扫描中心与定位、定姿系统之间的精确空间位置关系。激光发射装置发射激光脉冲束，通过高速旋转的四边形棱镜可将激光脉冲信号向各个方向发射，三维激光扫描仪同时接收物体表面漫反射回来的激光脉冲信号，通过计时器计算往返时间差即可求解出激光扫描仪中心到目标物的距离值；激光扫描仪同时记录某一时刻激光束所对应的旋转棱镜的旋转角度，由该角度即可计算得到发射时的角度值。根据获取的距离值和角度值即可得到每个激光点在激光扫描仪自定义坐标系下的坐标值。船载三维激光扫描系统安装如图 2.23 所示。

图 2.23　船载三维激光扫描系统安装

船载三维激光扫描系统中搭载的激光扫描仪采用 2D 线扫描模式，即船载三维激光扫描系统在测船的行进过程中进行断面扫描，如图 2.24 中的绿色粗实线表示激光扫描仪有效扫描边界，两条绿色粗实线之间的区域表示有效扫描区域，绿色细实线代表激光束，黑色折线代表地物表面，红色点则代表激光扫描点，随着船只的前进进行连续扫描，从而完成地物的三维采样。

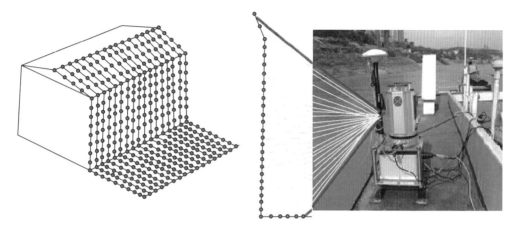

图 2.24　船载激光扫描系统线扫描示意图

4）数据形式。船载三维激光扫描系统可同时获取点云及全景影像，且可将点云与影像融合匹配使用。在图 2.25 中，（a）图为全景影像图，（b）图为点云按高程显示图，（c）图为点云与全景影像融合匹配图。

（a）全景影像图

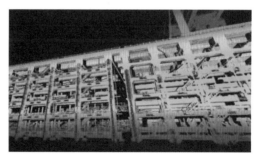

（b）点云按高程显示图

（c）点云与全景影像融合匹配图

图 2.25　船载三维激光扫描系统影像、点云及其配准图

（2）机载激光雷达扫描技术。

1）作业流程。由于机载激光雷达是空对地观测，且其扫描方式不同于船载的线扫描模式，为摆动式或者旋转式扫描模式，可满足不同坡度区域的扫描，机载激光雷达扫描技术广泛应用于三峡库区变动回水区等水陆交通较差的区域。对于小面积或者船载的补充测量，可采用无人机载激光扫描作业，对于长河段作业，可采用有人机载激光雷达扫描作业。机载激光雷达扫描技术作业流程如图2.26所示。

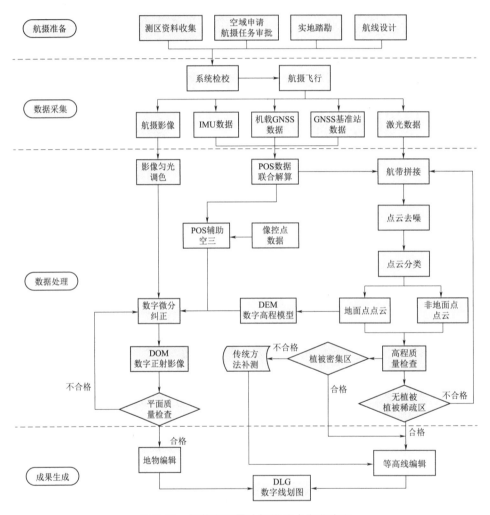

图2.26 机载激光雷达扫描技术作业流程

2）系统组成。机载激光雷达扫描测量技术是集激光扫描技术、高动态载体姿态测定技术、高精度动态GNSS差分定位技术和计算机技术为一体的新型遥感技术。机载激光雷达扫描可以获取地表上所有空间物体信息，超越了传统的摄影测量和被动遥感技术，由于激光波束的穿透特性，不受光照和云雾的影响，可以达到全天候任务的需求，系统组成及工作原理如图2.27所示。

3）数据采集。机载激光按照项目需求、测区情况、技术标准进行航线规划，规划参

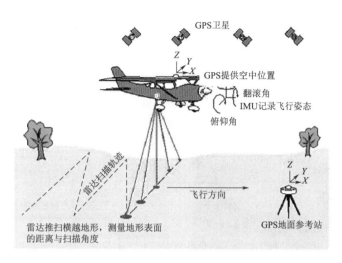

图 2.27 机载激光雷达扫描测量系统组成及工作原理示意图

数包括航带间重叠度、飞行高度、飞行速度、扫描仪扫描频率、扫描线速度、相机覆盖范围、扫描仪覆盖范围等，航摄作业时按照规划航线进行作业。机载激光扫描系统及其作业如图 2.28 所示。

图 2.28 机载激光扫描系统及其作业

4）数据形式。机载雷达系统同时搭载激光扫描设备及航摄像机，可同时获取点云及 DOM（数字正射影像），丰富了水库岸线地理信息的表达，如图 2.29 所示，（a）图为点云，（b）图为 DOM。

（3）地面三维激光扫描技术。

1）作业流程。地面三维激光扫描系统适用于小区域作业，也可作为船载、机载空白区域的补充。地面三维激光扫描系统简便，仅需电源、三维激光扫描仪、数码相机、便携计算机即可。相机通过三维激光预设端口与三维激光扫描仪同轴安装，三维激光扫描仪与移动电源、笔记本使用标配的电缆连接。地面三维激光扫描系统作业流程如图 2.30 所示。

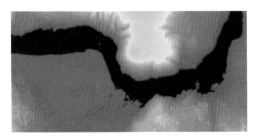

（a）点云

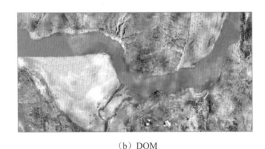

（b）DOM

图 2.29　机载激光扫描数据

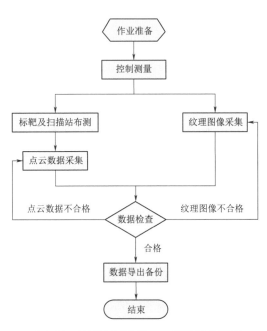

图 2.30　地面三维激光扫描系统作业流程

2）系统组成。三维激光扫描仪对中、整平等安置同全站仪，地面三维激光扫描系统如图 2.31 所示。

图 2.31　地面三维激光扫描系统

3) 数据形式。地面三维激光扫描通过扫描仪获取点云数据，相机获取影像数据，影像数据为点云敷色，敷色后的点云如图 2.32 所示。

图 2.32 地面三维激光扫描系统敷色点云

2.4.2.2 数据处理

（1）点云滤波。

1）点云滤波算法。点云滤波是从点云数据中去除非地面点数据，提取地面点云的过程。点云滤波分为自动滤波及手动滤波两种，实际作业通常将两者结合进行，采用人机交互的方式进行。常见的点云滤波算法见表 2.5。

表 2.5　　　　　　　　　　　　　　　常见的点云滤波算法

滤波算法	算 法 主 要 思 想
数学形态学滤波	①首先确定研究区内最大建筑物的大小，滤波窗口的大小必须大于这个值，该窗口限定了被分析像元的邻域；②腐蚀，窗口中心的高程由窗口内最小值替代；③膨胀，窗口中心的高程由窗口内最大值替代
迭代线性最小二乘内插法	基于地物点的高程比对应区域地形表面激光脚点高程要高，首先将原始数据划分为小块，然后利用最小二乘法对块区内的所有数据点等权拟合为介于地形与地物之间的一个趋势面，再用原始数据中每一点的高程与该点趋势面的拟合高程值之差得到拟合残差，利用拟合残差、定权函数确定该点在下一次曲面拟合中的权重，权重越大越可能为地面点
迭代三角网加密算法	首先以局部最低点作为地面种子点生成一个不规则三角网，然后不断加入候选点，利用待定点到相应三角形节点的坡度和距离判断这些候选点，如果是地形点则将这些待定点加入到地形表面中，丰富地面的信息，以这种方式不断迭代，最终生成真实数字地面模型
移动曲面拟合算法	其基本原理是在地球表面的局部范围内，可将地表看作一个面，该方法首先需要找三个相邻的最低点构建初始平面，再代入第四个点进行判断，如果代入点被判定为地面点，则将该点保留，当判定出的地面点达到一定个数时，可逐渐去掉初始点，用新的面作为地形的拟合面，再将新的点代入方程，比较计算结果与实际高程差，重复直到完成对研究区域中所有点的判断

2）山区河道点云滤波方法。现有的点云滤波算法主要基于点云高程，将一定格网面内最低点作为地面种子点，再基于点云高程特性进行滤波。在微地貌形态复杂的三峡库

区，容易造成滤波点云系统性偏低。针对三峡库区地貌特性，提出基于影像划分地表覆盖类型，采用人机交互的点云滤波方法。首先对原始点云去噪，后基于影像划分地表覆盖，对于无植被覆盖区域不进行点云滤波，对于有植被、建筑物的区域，提取相应的覆盖物，去除覆盖物即为地面点，再经人机交互检查验证滤波成果。常规测量方法与激光测量滤波算法套绘比较如图 2.33、图 2.34 所示。

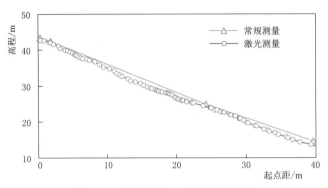

图 2.33　典型断面 1 滤波算法比较

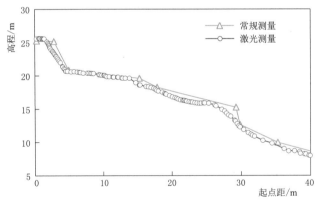

图 2.34　典型断面 2 滤波算法比较

　　图 2.33、图 2.34 中绿色为常规方法实测断面，红色为采用激光测量滤波算法提取的断面，经套绘比较，山区河道滤波算法在三峡库区具有良好的适用性。

　　（2）坐标转换。三维激光扫描系统定位采用 GNSS 进行，定位结果直接表示为 WGS-84 大地坐标，而三峡库区水文泥沙观测采用的平面坐标系为 1954 年北京坐标系，高程采用 1985 年国家高程基准下的正常高。因此，三维激光扫描数据处理中涉及将 WGS-84 坐标转换到水文泥沙观测所需平面及高程坐标。转换区域为沿着河道走向的弯曲带状区域，且山区高程异常变化大，要保证高精度坐标转换，需要同时顾及河段的平面形态及高程异常的沿程变化。目前大范围坐标转换使用最多的是布尔沙（Bursa）三维七参数转换模型。坐标转换区域越大，坐标转换精度越低。为提高转换精度，须将转换区域划分为多个转换区，但分区过多会造成计算复杂，野外作业及数据处理时需频繁更换参数，因而坐标转换分段是个难点。目前已有的研究中，大多仅研究平面转换精度，或仅研究高程转换精度，涉及三维坐标转换的研究较少，而带状区域坐标转换分段则更是难点。经水文泥沙观测实践总结，提出了顾及高程异常趋势变化的带状区域坐标转换分段方法。

1）坐标转换分段思想。

a. 根据已有的同时有 WGS-84 坐标和工程坐标（平面：1954 年北京坐标系；高程：1985 年国家高程基准），计算其河道及高程异常，建立里程与高程异常关系曲线。

b. 根据里程与高程异常关系曲线确定高程异常趋势线。

c. 根据趋势线斜率的正负值进行首次分段，直到分段满足坐标转换精度要求为止，然后要根据斜率变化进一步细分，直到分段满足精度要求为止。

d. 结合河段高程异常趋势线及河流平面形态，利用平面形态及高程异常趋势线变化的交集进行分段。

e. 依据上一步确定坐标转换控制点，选取分段的首尾及其分段区间内能控制平面形态及高程异常趋势变化的控制点。

f. 分段范围的间距应综合考虑平面形态及高程异常趋势线进行选取，使得控制点选取基本能代表分段的平面形态，且与高程异常趋势线一致。

2）方法实践。下面以某一具体河段，采用坐标转换分段方法进行检验。河段内收集到同名点里程及高程异常信息见表 2.6。

表 2.6 河段内收集到同名点里程及高程异常信息

点名	大地高 /m	正常高 /m	高程异常 /m	里程 /km	点名	大地高 /m	正常高 /m	高程异常 /m	里程 /km
1	45.056	78.326	−33.270	0.00	23	47.713	81.671	−33.959	69.54
2	88.028	121.292	−33.264	3.22	24	15.319	49.321	−34.002	74.35
3	102.137	135.376	−33.239	6.18	25	9.058	43.001	−33.943	77.92
4	21.748	55.059	−33.311	9.77	26	47.136	81.027	−33.892	78.64
5	43.282	76.595	−33.314	13.06	27	14.705	48.717	−34.012	80.46
6	61.761	95.140	−33.379	16.07	28	41.784	75.732	−33.948	82.80
7	−0.604	32.752	−33.356	19.03	29	−0.838	33.275	−34.113	86.35
8	24.089	57.446	−33.357	22.24	30	19.769	53.943	−34.174	89.55
9	355.049	388.348	−33.299	27.32	31	22.796	56.979	−34.183	91.18
10	20.634	54.019	−33.385	28.26	32	47.290	81.457	−34.167	91.21
11	37.385	70.696	−33.311	32.40	33	5.869	40.425	−34.556	100.50
12	30.741	64.094	−33.354	37.81	34	12.856	47.441	−34.585	103.55
13	54.552	87.989	−33.437	40.86	35	14.142	48.798	−34.656	104.05
14	35.011	68.578	−33.567	44.28	36	47.935	82.561	−34.627	104.19
15	43.123	76.773	−33.650	46.99	37	16.026	50.598	−34.572	104.50
16	10.579	44.269	−33.690	49.40	38	14.640	49.219	−34.579	105.17
17	16.086	49.870	−33.784	52.58	39	25.945	60.542	−34.597	105.99
18	−6.580	27.209	−33.789	52.76	40	7.722	42.314	−34.592	107.44
19	47.519	81.380	−33.861	55.59	41	7.505	42.147	−34.642	107.47
20	43.617	77.501	−33.884	62.57	42	18.188	52.801	−34.613	108.84
21	0.327	34.284	−33.957	62.58	43	44.761	79.313	−34.552	109.10
22	11.097	45.087	−33.990	63.70	44	7.498	42.074	−34.576	110.16

点名	大地高/m	正常高/m	高程异常/m	里程/km	点名	大地高/m	正常高/m	高程异常/m	里程/km
45	21.250	55.810	−34.560	110.17	66	29.951	64.039	−34.088	137.35
46	11.330	45.922	−34.592	111.57	67	46.951	80.901	−33.950	141.31
47	11.080	45.581	−34.501	112.64	68	29.645	63.571	−33.926	144.13
48	14.479	48.978	−34.499	113.48	69	36.619	70.548	−33.929	144.18
49	26.531	60.969	−34.439	114.21	70	44.117	78.098	−33.981	145.54
50	10.572	45.151	−34.579	115.08	71	40.861	74.825	−33.964	145.98
51	15.736	50.059	−34.323	117.62	72	48.705	82.720	−34.015	146.78
52	25.524	59.888	−34.364	118.93	73	43.133	77.094	−33.961	147.66
53	21.251	55.564	−34.313	118.95	74	38.810	72.772	−33.962	148.78
54	22.014	56.202	−34.188	121.07	75	53.203	87.161	−33.958	149.59
55	15.603	49.794	−34.191	123.13	76	40.316	74.325	−34.009	151.07
56	13.741	47.922	−34.181	123.15	77	38.620	72.603	−33.983	152.42
57	40.257	74.439	−34.182	125.14	78	38.016	71.998	−33.982	152.96
58	20.689	54.803	−34.114	127.12	79	37.747	71.750	−34.003	154.24
59	16.839	50.993	−34.154	127.84	80	40.805	74.840	−34.035	154.98
60	21.793	55.875	−34.082	130.50	81	47.251	81.285	−34.034	156.50
61	33.105	67.185	−34.080	131.09	82	41.372	75.439	−34.067	157.19
62	21.401	55.474	−34.073	132.62	83	38.335	72.346	−34.011	157.89
63	32.912	66.947	−34.035	134.47	84	40.890	75.083	−34.194	159.46
64	44.154	78.193	−34.039	135.89	85	59.650	93.875	−34.226	161.44
65	34.571	68.632	−34.061	135.97	86	46.768	81.028	−34.260	162.88

依据表 2.6，建立里程-高程异常曲线，确定高程异常趋势线，并进行分段，如图 2.35 所示。

再利用带状区域形态图进行平面分段。最终以平面、高程异常趋势线分段的交集确定最终分段，如图 2.36 所示。

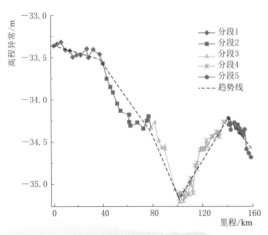

图 2.35　基于高程异常趋势线坐标转换分段

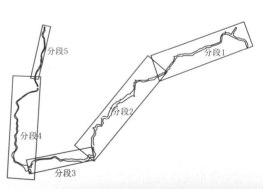

图 2.36　坐标转换分段示意图

利用参与坐标转换参数的同名点计算坐标转换的内符合平面精度，利用未参与坐标转换参数计算的同名点评定坐标转换的外符合平面精度。经计算，内符合平面精度为±0.04m，高程精度为±0.03m；外符合平面精度为±0.04m，高程精度为±0.05m。

通过河段里程-高程异常关系曲线建立高程异常趋势线，结合带状区域平面形态，确定参数转换控制点选取，综合考虑了高程异常趋势变化及带状区域平面形态，可清晰明确地确定分段，且避免了因高程异常趋势线截断造成精度损失，提高坐标转换精度。

（3）DLG（数字线划图）制作。目前三峡工程水文泥沙观测 DLG 制作主要采用 EPS（清华山维）软件进行，利用 EPS 基于三维激光扫描仪获取数据进行 DLG 制作的流程如图 2.37 所示。

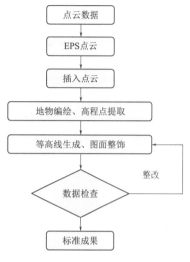

图 2.37　DLG 制作流程

三维激光扫描作业外业数据采集效率高，DLG 内业工作量较大，需要投入较多人力进行，图 2.38 为三维激光扫描数据处理工作场景。

2.4.2.3　数据检测

利用河段三维激光扫描方式获取的点云数据，选取一定数量有代表性的河段，与传统方法实测数据进行精度检测，保证水文泥沙观测资料的可靠性、系统性、一致性。

图 2.38　三维激光扫描数据处理工作场景

（1）数据精度检测方法。依据测绘产品野外检测及水文泥沙分析计算方法，采用三维激光扫描进行数据检测，具体流程如图 2.39 所示。

数据检测区域应包含有不同的河段、植被覆盖类型、地形坡度，数据检测主要采用全站仪、RTK 方式进行，野外数据检测工作场景如图 2.40 所示。

（2）碎部点。利用全站仪、RTK 观测点与三维激光点云最近点进行碎部点精度统计。检测河段共长 199km，碎部点均匀分布测区，共设 9732 个点，密度为 24 点对/km，其较差分布如图 2.41 所示。

针对不同地表覆盖类型、不同坡度进行碎部点精度统计，见表 2.7。

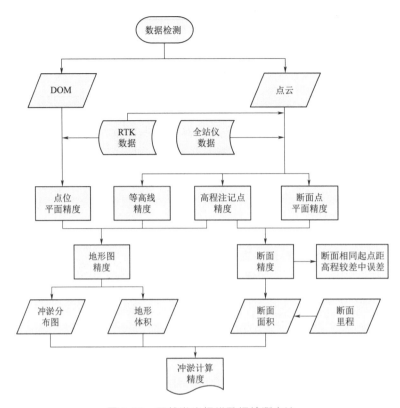

图 2.39　三维激光扫描数据检测方法

图 2.40　三维激光扫描数据检测场景

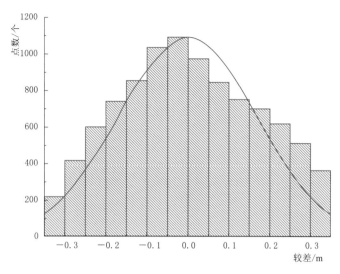

图 2.41 碎部点较差分布图

表 2.7 碎部点精度统计表

类 型		点 数/个	高程中误差/m
地表覆盖类型	草地	3077	±0.12
	耕地	1908	±0.11
	建筑区	259	±0.12
	裸露地表	1865	±0.11
	树林地	2623	±0.12
地形坡度	0°～30°	4710	±0.11
	30°～60°	4529	±0.12
	60°～90°	493	±0.13
总体情况		9732	±0.12

（3）断面。在点云数据文件上按离差 0.1m 范围提取点云数据，与传统方法测得断面进行比较，不同形态的典型断面套绘如图 2.42～图 2.44 所示，绿色为三维激光扫描技术提取断面，红色为传统方法实测断面。

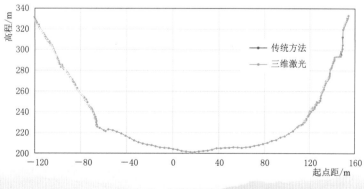

图 2.42 U 形断面套绘图

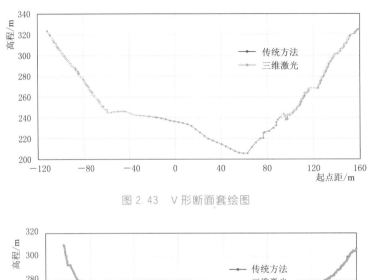

图 2.43　V 形断面套绘图

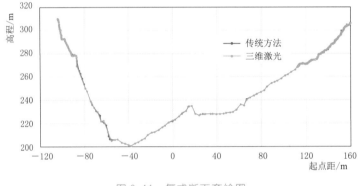

图 2.44　复式断面套绘图

河段检测断面数为 213 条，断面平均间距约 900m，面积相对误差均小于 2%，其中 202 条断面面积相对误差小于 1%，占比 95%，面积相对差分布如图 2.45 所示。

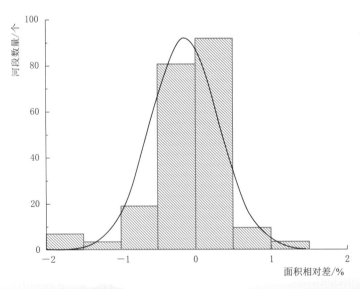

图 2.45　断面面积相对差分布图

（4）地形。在河段上、中、下段分别选取三个典型河段，利用传统方法及点云数据分别生成地形图，地形体积比较见表 2.8。

表 2.8 地 形 体 积 比 较

河段	长度/km	传统体积/m³	测量体积/m³	相对差/%
上段	4.6	11120726	11151172	−0.3
中段	3.8	29853495	30127783	−0.9
下段	6.5	62304187	62363845	+0.1

2.4.2.4 技术优势

三维激光扫描技术与现有观测手段相比具有明显的优势，主要体现在以下几个方面。

（1）精度方面：测量数据为三维点云数据，具有高精度和高密度，经实践验证，其测量精度高于传统方式作业精度，且数据全面真实，满足水文泥沙观测精度要求。

（2）效率方面：三维激光扫描技术为主动遥感，自动化程度高。所有测点数据由仪器自动采集，无须人工采点，效率高，满足三峡库区实时调度、应急处置等时效性的要求。

（3）作业环境方面：由于三维激光扫描技术为非接触测量，可避免传统方式的人员攀爬走测，对悬崖、淤泥滩、滑坡体、库岸消落带等的测量，降低了作业风险，减轻了作业劳动强度。三峡库区峡谷地带及消落带测量如图 2.46 所示。

图 2.46 三峡库区峡谷地带及消落带测量

（4）拓展应用方面：利用三维激光扫描仪获取数据可实现三维可视化建模，如图2.47所示。作为水位泥沙观测信息系统的底层地理信息数据，提升可视化效果，便于数据管理、计算分析等。另外可通过激光发射强度、波形数据反演地质情况等。

图2.47 长江上游某河段三维可视化模型

2.4.3 入库泥沙实时监测新技术

2.4.3.1 三峡水库入库泥沙实时监测方法

国内外悬移质采样设备主要分为三类：①瞬时式采样器，如横式采样器；②积时式采样器，如瓶式采样器、调压积时式采样器、抽气式采样器及皮囊式采样器；③直接测量仪，如同位素测沙仪、光电测沙仪、超声波测沙仪、振动式悬移质测沙仪器。使用前两类测沙仪测量属于传统的悬移质含沙量测量方法，一般要经过取样、沉淀、烘干称重等环节，需要5～7天才能获取含沙量资料，泥沙资料的时效性不能满足三峡水库实时泥沙调度的要求，需寻求新的方法。

20世纪80年代以来，随着科技的不断进步，各种现场物理快速测沙方法不断涌现，为泥沙实时监测开创了新的途径。目前快速测沙方法主要有同位素测沙仪、振动式测沙仪、光电测沙仪、超声波测沙仪等几类。其中光电测沙仪是利用光的穿透能力和后向反射衍射原理，并将其转化为光电流，通过建立光电流与含沙量之间的关系，来测量水体中的含沙量。

2011年以来，为了满足三峡水库科学调度和入库、出库泥沙预报的需要，长江委水文局在三峡水库进出库主要控制站重点开展了2000余次悬移质泥沙浊度仪比测试验，经过大量的比选工作，最终选定比浊法浊度仪作为三峡水库入库泥沙监测仪器，其工作原理如图2.48所示。其主要性能指标为：①浊度测量范围为0～4000NTU。②精度指标：当浊度为0～1000NTU时，精度为读数的±2%＋0.01NTU；浊度为1000～4000NTU时，精度为读数的±5%。

2.4.3.2 浊度-含沙量转换模型研究

为提高浊度推算含沙量的精度，满足三峡水库泥沙科学调度的需要，考虑不同水力和

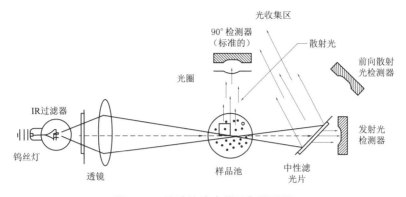

图 2.48　比浊法浊度仪工作原理图

泥沙因子对含沙量的影响，研究提出了 3 类含沙量非线性回归模型：浊度-含沙量模型（简称 Turb-SSC 模型）、浊度-流量-含沙量模型（简称 Turb-Q-SSC 模型）及浊度-流量-级配特征参数-含沙量（简称 Turb-Q-PSD-SSC 模型）。

PSD 可表征泥沙的颗粒级配组成，其定义如下：

$$PSD = \frac{\sum_{i=1}^{n}(P_i - \overline{P})^4}{S^4(n-1)} \tag{2.14}$$

$$\overline{P} = \frac{1}{n}\sum_{i=1}^{n}P_i \tag{2.15}$$

$$S = \sqrt{\frac{1}{n-1}\sum_{i=1}^{n}(P_i - \overline{P})^2} \tag{2.16}$$

式中　n——样本总数；

　　　i——粒径级数；

　　　P_i——小于某粒径百分数，%。

由于三峡水库进出库控制站悬移质泥沙浊度仪比测试验从 2011 年开始，比测时间较短，样本个数少，因此采用了长短系列对比的方法进行了样本代表性分析，用 2011—2013 年统计的特征值和 2003—2010 年的长系列值进行了对比。经对比后，认为 2011—2013 年这个资料时段的代表性较好。

采用已收集的悬移质泥沙浊度仪比测资料，并利用 SPSS 统计软件分别对各模型进行参数率定，同时根据模型确定性系数 R^2、系统误差、沙峰含沙量精度、月输沙量精度及简易程度等几个方面综合考虑进行模型优选，各站含沙量回归模型见表 2.9。

2.4.3.3　泥沙实时监测精度情况

利用浊度推算含沙量的方法最终是否能在三峡入库控制站泥沙实时监测中推广使用，其关键在于其含沙量比测精度是否满足我国现行相关标准规定要求。

浊度仪含沙量比测精度主要与水文泥沙常规测验的"烘干称重法"进行对比，其各分量误差源所引起的误差，最终反映在与传统方法的对比中。各站利用优选模型推算的点含沙量对比精度、沙峰含沙量对比精度、场次洪水输沙总量对比精度等分述如下。

表 2.9

含沙量回归优选模型汇总一览表

站点	模型形式	模型方程	适用范围	推荐模型	备选模型
朱沱	Turb-SSC	$\lg SSC = 0.109\lg Turb^4 - 1.138\lg Turb^3 + 4.149\lg Turb^2 - 5.217\lg Turb + 3.318$	13.3NTU≤$Turb$≤11000NTU 2900m³/s≤Q≤49900m³/s 1.285≤PSD≤2.232	Turb-SSC	—
	Turb-Q-SSC	$SSC = 0.666 Turb^{0.723} Q^{0.253}$			
	Turb-Q-PSD-SSC	$SSC = 7.283 Turb^{0.799} Q^{0.017} PSD^{-1.182}$			
寸滩	Turb-SSC	$\lg SSC = 0.067\lg Turb^4 - 0.791\lg Turb^3 + 3.283\lg Turb^2 - 4.788\lg Turb + 3.796$	13.4NTU≤$Turb$≤10527NTU 4140m³/s≤Q≤65900m³/s 1.403≤PSD≤2.641	Turb-Q-PSD-SSC	Turb-SSC
	Turb-Q-SSC	$SSC = 2.291 Turb^{0.751} Q^{0.098}$			
	Turb-Q-PSD-SSC	$SSC = 0.332 Turb^{0.728} Q^{0.262} PSD^{0.734}$			
清溪场	Turb-SSC	$\lg SSC = -0.082\lg Turb^4 + 0.863\lg Turb^3 - 3.307\lg Turb^2 + 6.394\lg Turb - 3.11$	9.5NTU≤$Turb$≤6721.7NTU 5810m³/s≤Q≤65400m³/s 1.155≤PSD≤2.476	Turb-SSC	—
	Turb-Q-SSC	$SSC = 0.195 Turb^{0.82} Q^{0.27}$			
	Turb-Q-PSD-SSC	$SSC = 0.407 Turb^{0.833} Q^{0.21} PSD^{-0.371}$			
北碚	Turb-SSC	$\lg SSC = 0.0265\lg Turb^4 - 0.3276\lg Turb^3 + 1.3902\lg Turb^2 - 1.398\lg Turb + 1.4618$	3.74NTU≤$Turb$≤19538NTU 281m³/s≤Q≤35700m³/s 1.287≤PSD≤2.404	Turb-Q-SSC	Turb-SSC
	Turb-Q-SSC	$SSC = 0.689 Turb^{0.861} Q^{0.160}$			
	Turb-Q-PSD-SSC	$SSC = 3.298 Turb^{0.818} Q^{0.122} PSD^{-1.522}$			
武隆	Turb-SSC	$\lg SSC = 0.0045\lg Turb^4 - 0.1077\lg Turb^3 + 0.489\lg Turb^2 - 0.2688\lg Turb + 0.4018$	2.41NTU≤$Turb$≤2774NTU 342m³/s≤Q≤6510m³/s 1.062≤PSD≤2.147	Turb-SSC	—
	Turb-Q-SSC	$SSC = 0.976 Turb^{0.819} Q^{0.166}$			
	Turb-Q-PSD-SSC	$SSC = 0.448 Turb^{0.811} Q^{0.214} PSD^{0.689}$			

注 1. 备选模型为推荐模型因输入因子不齐而无法使用时，运用含沙量推算的模型。
　　2. $Turb$ 为浊度，NTU。
　　3. Q 为流量，m³/s。
　　4. SSC 为含沙量，g/m³。
　　5. PSD 为表征级配特征的参数，无量纲。

（1）点含沙量对比精度。根据比测试验误差统计结果综合分析，各控制站浊度仪推算含沙量综合精度误差见表2.10。

表2.10　　　　　　　　　浊度仪推算含沙量比测综合精度误差统计表

站点	$\overline{\delta Y_A}$ 系统平均相对误差/%	站点	$\overline{\delta Y_A}$ 系统平均相对误差/%
朱沱	3.49	北碚	12.64
寸滩	17.58	武隆	6.38
清溪场	9.76		

注　本表指标系根据比测试验成果综合分析，为浊度推算含沙量与传统法横式采样器测量"烘干称重法"的对比误差。

（2）沙峰含沙量对比精度。表2.11统计计算了各控制站沙峰含沙量推算值与实测值的误差。

表2.11　　　　　　　　　沙峰含沙量推算值系统平均误差统计表

站点	$\overline{\delta Y_A}$ 系统平均相对误差/%	站点	$\overline{\delta Y_A}$ 系统平均相对误差/%
朱沱	1.37	北碚	−0.34
寸滩	4.30	武隆	−7.63
清溪场	−13.93		

利用浊度仪推算的所有比测站点沙峰含沙量推测值与实测值的相关关系如图2.49所示，推算的沙峰含沙量与实测沙峰含沙量相关关系较好，确定性系数达0.9653。

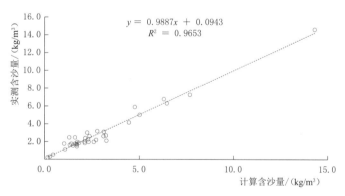

图2.49　沙峰含沙量推算值与实测值相关关系图

（3）场次洪水输沙量对比精度。从各控制站中的各年选择主要沙峰过程，统计场次洪水输沙量系统误差，见表2.12。

表2.12　　　　　　　　　场次洪水输沙量推算值系统平均误差统计表

站点	$\overline{\delta Y_A}$ 系统平均相对误差/%	站点	$\overline{\delta Y_A}$ 系统平均相对误差/%
朱沱	−1.56	北碚	5.28
寸滩	−2.46	武隆	−6.81
清溪场	−3.34		

从表 2.12 可见，各站场次洪水输沙量的系统平均相对误差均较小，均在 7.00％以内。图 2.50 绘制了利用浊度仪推算的场次洪水输沙量推算值与实测值的相关关系，两者相关性良好，表明推算的场次洪水输沙量的精度较高。

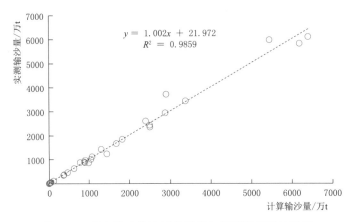

图 2.50 场次洪水输沙量推算值与实测值相关关系图

综上所述，采用浊度仪进行泥沙实时监测具有性能稳定、效率高、自动化程度高等特点，能及时提供三峡入库含沙量变化过程，准确掌握沙峰含沙量大小及峰现时间，推算得到的含沙量过程与传统方法得到的变化过程一致，沙峰含沙量、场次洪水输沙量推算误差较小。

近年来的应用实践表明，该新技术可应用于三峡水库入库泥沙的实时监测，并率先在国内实现了三峡水库的悬移质泥沙实时报汛，为泥沙实时预报奠定了坚实的基础，实现了三峡入库泥沙的提前预警。

2.5 资料整编技术

2.5.1 水文泥沙资料整编技术

三峡水库 2003 年蓄水运行以来，位于水库上游、下游的万县、宜昌等水文站水流泥沙特性发生了较大的变化，多年来通过持续改进完善资料整编方法，各个水文测站的资料整编成果质量稳定可靠。

2.5.1.1 整编方法

（1）水位。各站的水位观测均采用了固态存储方式自记，并通过自动测报系统上传至测站，其变化过程控制完整，资料整编时按照规范要求进行精简，当水位过程呈锯齿状时，采用中心线平滑方法进行处理，日平均水位均采用面积包围法进行整编，并采用逐时或逐日水位过程线分析检查，根据水位变化的一般特性（如水位变化的连续性、涨落率的渐变性、洪水涨陡落缓的特性等）和变化的特殊性（如受洪水顶托、冰塞、冰坝及决堤等影响），检查水位变化的连续性与突涨、突落及峰形变化的合理性，成果精度高。日平均水位整编公式为

$$\overline{Z}=\frac{1}{48}\left[Z_0 a+Z_1(a+b)+Z_2(b+c)+\cdots+Z_{n-1}(m+n)+Z_n n\right]\qquad(2.17)$$

式中　　　　　　　$\overline{Z}$——日平均水位，m；

　　a、b、c、…、n——观测时距，h；

Z_0、Z_1、Z_2、…、Z_n——相应时刻的水位值，m（当无零时或 24 时实测水位时，应根据前后相邻水位直线插补求得）。

（2）流量。三峡水库蓄水后，库区水文站所在河段水深增加，流速减小，水位流量关系主要受三峡水库变动回水、洪水涨落等因素的影响而变化较小，流量资料整编方法由原来的临时曲线定线调整为采用连时序法定线。各站点开展了水位流量单值化研究及流量在线监测研究。流量整编绘制水位流量关系线时应符合以下要求：

1）以同一水位为纵坐标，自左至右，依次以流量、面积、流速为横坐标点绘于坐标纸上。选定适当比例，使水位-流量、水位-面积、水位-流速关系曲线分别与横坐标成 45°、60°、60°的交角，且三条曲线互不相交。

2）流量变幅较大，测次较多，水位-流量关系点分布散乱的，可分期点绘关系图，再综合绘制成一张总图。

3）水位-流量关系曲线下部，读数误差超过 2.5% 的部分，另绘放大图；流量很小时可适当放宽要求。采用计算机绘图可不绘制放大图。

4）水位-流量关系曲线应绘出上年末与下年初各 3～5 个测点，以保证年头、年尾流量的衔接。

（3）悬移质输沙率。大部分站断面含沙量采用单断沙关系曲线法推求，部分站采用单断沙关系曲线法结合断沙过程线法推求。悬移质输沙率资料整编数据应符合以下要求：

1）采用实时自动仪器监测，实测含沙量过程数据数量较大时，进行精简摘录。摘录的数据能反应含沙量的变化过程，并满足计算日平均输沙率和含沙量及特征值统计的需要；当实测含沙量记录过程为锯齿形时，使用中心线平滑进行处理后再摘录。

2）整编时使用断沙资料，当实测单沙不能通过单断沙关系推求断沙时，可直接使用实测单沙资料进行整编。

3）采用实测断沙或单沙过程线，对照水位、流量过程线，检查分析实测断沙或单沙测次，对含沙量变化过程的控制及代表性等。

4）对于实行间测的测站，若本年有校测资料时，与历年综合单断沙关系曲线进行对照分析，以检查是否满足用历年综合单断沙关系曲线推沙的条件。

（4）悬移质泥沙颗粒级配。悬移质泥沙颗粒级配资料整编部分站采用单-断颗关系曲线法推求，部分站采用实测断颗过程线法推求。

2.5.1.2　实时整编技术

水文资料整编软件自 20 世纪 70 年代初期开始研制，于 80 年代末研制开发出功能较强、适用面较广的全国通用整编软件（DOS 版），并在全国范围内应用。

水文资料整编系统（南方片）于 2004 年研发完成，2006 年 9 月通过水利部水文局组织的验收。经过多年的使用及升级，软件功能完善，运行稳定，整编结果准确可靠，符合整编规范的要求。

2018 年起，在原有整编系统基础上，开发网络版整编系统，做到日清月结、逐月整编，大大提高了整编工作的效率。水文资料网络整编实现了整编数据库功能，保证了数据的一致性，解决了单机版数据库形成的多版本问题，整编审查初步实现了网络化，成果提取更加方便；同时也为加强整编管理工作提供技术支撑，根据整编的不同阶段，明确各阶段工作任务和责任要求，实施按月整编，大大提高了整编成果的时效性和质量。

为进一步提高水文资料整编的时效性和智能化，2021 年 1 月 1 日，水文资料在线整编系统正式投产，水文资料整编工作由"日清月结"正式迈向"实时智能"化。该系统方法齐全、功能完备、运行安全，整编成果完全满足规范要求。在线整编系统契合智慧水文发展趋势，在智慧水利先行先试中期评估中，被评选为水利部优秀案例。

在线整编系统实现了原始测验数据实时对接、在线自动智能整编、资料在线交互审查和自适应排版汇编等功能。该系统将作为长江"智慧水文监测信息系统"（WISH/愿景系统）的子系统运行，在 WISH 系统总体框架下，在线整编系统与深度学习、边缘计算、物联反控等技术相结合，打通数据采集前端与整汇编链路这一主线，真正实现水文信息的"测、算、报、整、管、服"全流程在线一体化，将全面助力水文现代化和智能化水平的提升。

整编系统投入试运行以来，服务于三峡水利工程的水文测站全部采用该系统进行水文资料整汇编。同时，有关测站充分利用系统的功能适时进行资料整编及资料的合理性检查，确保了水文资料整汇编成果的质量，为三峡水库的运行、管理所需的水文基本信息提供了可靠的技术支撑。

1）体系架构。水文数据整编成果的生产是水文监测业务过程的关键环节。传统水文数据整编成果的生产过程复杂，每年都需要集中技术人员，对上一年的监测数据进行整编分析，最终形成可支持防汛抗旱、水工程规划设计和水资源利用等方面的成果。其业务模式存在数据存储分散、数据共享程度低、原始数据存储不完备、工作量繁重、生产周期长等问题，整编成果滞后一年才能发布，很难满足当前应用的需要。

水文监测在线整编通过建设一套水文在线监测数据智能实时识别整编与应用系统，在用户分散完成各项业务工作的同时，系统实现数据的统一管理、共享机制和业务全流程的联通，实现测站管理、水文测验、资料整编、数据应用等水文数据在线业务处理服务的自动化、在线化、一体化。通过将大量计算工作交给计算机完成，不仅减轻人工工作量，还大幅度提高了数据的准确性和业务的效率。

系统采用 B/S 架构建立一种数据库、数据服务与用户端三层连接的方式，阻断用户与数据库的直接连接，将数据服务集中在服务端，减轻安全防护的范围，提高系统的网络安全。技术架构将水文监测数据生产及管理分解为数据组织模块、实时在线监测模块、智能实时识别整编模块、数据应用模块四大模块协同工作。以数据组织模块为核心，将各个应用中涉及的数据、业务工作流程联通，从而实现各个业务模块之间的数据共享和逻辑联系，在线整编模块及数据关系框架如图 2.51 所示。

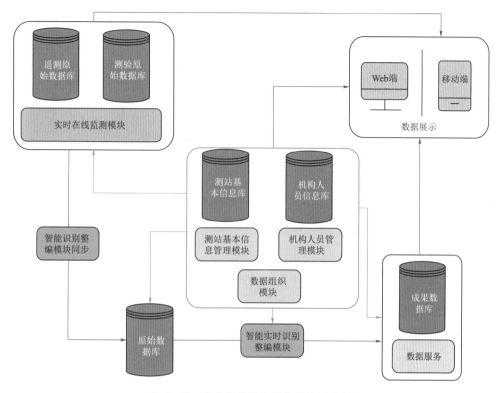

图 2.51 在线整编模块及数据关系框架

在线整编模块设计如图 2.52 所示，主要由水流沙、降水、潮流等整编 API 和绘线软件及后台数据预处理服务组成。系统对原始测验数据在后台预处理，进行智能整合、插补、除错后存入原始整编数据中。后台智能识别、匹配数据，调用相关 API 自动整编。水流沙 API 提供丰富的整编方法，满足各类测站的整编，自建公式整编功能可以拓展更多应用场景。

2）水文数据组织。为实现异构水文数据的统一管理，以测站为核心，进行水文对象化组织，打通多类水文数据之间的壁垒，实现水文数据的统一管理。模块主要实现对测站对象化组织的管理、测站对象基础信息的管理、测站对象站码映射关系的管理、测站对象关联关系的管理、组织机构的管理及数据字段的维护管理等功能。本模块维护的数据在其他业务模块中实时生效。

水文数据组织模块以水文对象化组织模式和方法为核心基础，通过构建水文数据对象化组织结构，配合设计测站对象化编码，实现多类水文数据的融合和统一管理。

水文数据对象化组织：以水文测站为对象，按同一对象、不同属性和方法相集成的方式进行重新组织，将各个层次的水文信息按照水文对象的属性和方法进行组织，用［对象-属性］的链接关联，让数据资源更易被发现和使用，有效地整合构建了多源异构数据的关联关系。

水文数据对象化组织：水文信息对象化组织就是将水文信息按同一水文对象的不同属性和方法相集成的方式进行组织。参照对象数据的描述模型，一个水文对象包含若

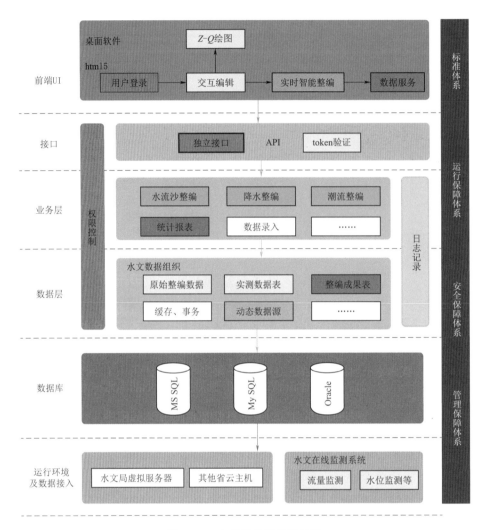

图 2.52　在线整编模块设计图

干属性，用以描述水文对象的状态、组成和特性。同时，属性也可以是其他水文对象，它又可能包含其他水文对象作为其属性。当水文对象的属性值本身就是其状态的完全描述时，称为对象的叶子属性值，不再包含其他属性。水文对象的组织结构示意图如图 2.53 所示。

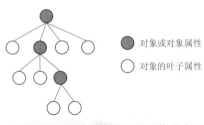

图 2.53　水文对象的组织结构示意图

测站对象化编码：对象化编码是对象化组织后水文数据的唯一编码。为了适应大数据条件下对象化信息组织和应用的需要，就必须对水文管理对象进行分类和编码。对水文对象的标识，本质就是对水文对象实施唯一性编码。考虑到随着水文信息化的推进，物联网技术的应用将在水文行业快速普及，采用物联网标志来标识水文对象，将形成水文信息与物联网无缝融合的先发技术优势。

3）功能。水文整编业务计算量庞大，流程复杂，各站整编方法难以共通，为实现"日清月结"需要投入极大的人工工作量。本模块构建整编算法库，利用人工智能、云计算、B/S架构，实现整编项目与整编方法的智能匹配，实现整编数据的智能识别，系统根据整编规则自动实时完成整编，从而实现"日清月结"。

模块主要功能包括：对自记遥测数据预处理，即智能整合、插补、除错，生成可直接用于整编的原始数据，与经过审核的人工在线监测数据共同形成整编原始数据库（图2.54）。由整编人员利用整编规则制定工具制定整编规则，构建整编算法库，系统后台智能识别、匹配监测数据类型和整编规则，自动进行整编；用户可对自动整编的结果进行进一步交互处理，可针对单一测站的单一项目制定整编规则，保证整编人员可根据实际情况进行修改，保障整编成果质量，并提供基于WEB的在线水位流量关系定线绘图功能，为人工调整优化水位流量关系线提供交互工具；对包括数据同步、预处理、自动整编等过程进行异常监控，适时提醒整编相关人员进行交互干预；用户根据权限对整编成果进行交互审查，通过试运算，查看、对比多种整编方法生成的成果并进行合理性分析；进行整编成果管理，包括成果数据查看、输出、统计等。

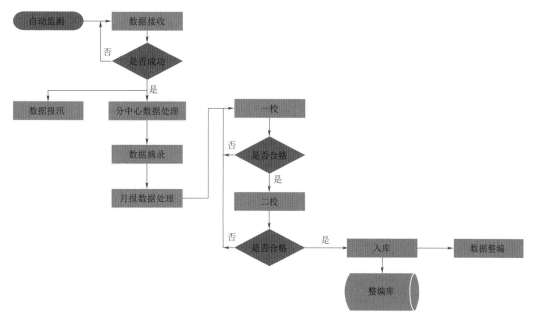

图2.54 自动监测整流流程图

水文资料整编涉及的站点类型多，各站因所处环境和工程影响不同，对应的整编计算方法也不尽相同，模块建设需要研究各类要素不同情况下的整编计算数学模型，构建整编计算模型库（图2.55）。基于模型库，设计采用模型计算描述语言，从而能灵活地适应并完整地表达各类整编计算方法，进而构建整编模型计算引擎，为实现自动整编和交互整编提供核心基础支撑。

专家知识与经验对提升水文资料在线整编的智慧化十分重要，通过专家经验和方法的规则化，形成可供计算机理解和调度的整编算法库，从而提升计算机自动整编处理的智能

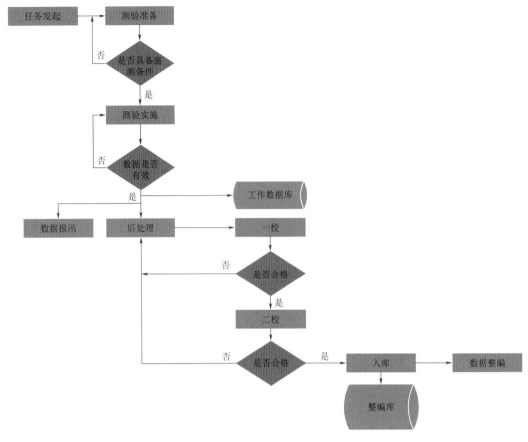

图 2.55 数据整编流程图

化程度。探索研究应用大数据分析技术，对人工交互整编计算轨迹进行收集和处理分析，应用时序数据处理和模式识别，构建机器学习模型，应用于整编原始数据异常值识别处理、水位流量关系推算等业务过程中，提升数据处理整编的自动化和智能化，解放生产力，提升工作效率。

原始数据处理：对水位、雨量、实测流量等原始测验资料的处理，实现原始整编数据的实时转入整编数据库或在线录入等，做好水文测验数据与整编数据的有效衔接。分析各要素的数据来源、类型，提出入整编数据库的资料数据量，厘清测验数据、整编数据的界限。

在线整编：开发了多种整编方法计算功能，流量整编方法涵盖了拟合曲线法、水位后移法、一元三点插值法、上下午分线推流法、改正水位法、连实测流量过程线法、校正因素法、自编公式法等 8 种方法。含沙量整编涵盖了单断沙关系法、实测单沙过程线法、水位含沙量关系曲线法等。适应各种水文资料整编工作，实现模块化的整编方法集，对个性化的整编方法提供接口，不同水文特性的站可定制相应的整编方法。水位流量关系曲线绘线工具方便快捷，能够实时进行三线检查（图 2.56）。各整编功能作为服务应用程序的主体，在前端只显示为一个按键，服务端根据用户发出的按键操作，作出相应的计算。最后按照水文资料整编规范要求，输出各类整编表项，包括整编辅助图形。

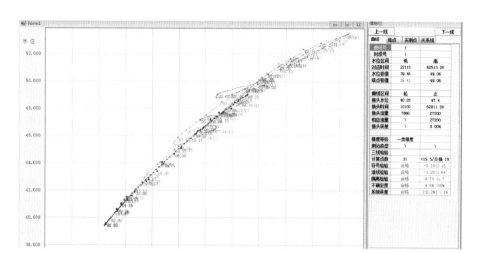

图 2.56　水位自动检查界面图

在线整编审查：根据不同的用户赋予用户审查权限，通过在线网络平台对整编成果进行交互审查。用户可通过试运算，查看、对比多种整编方法生成的成果并进行合理性分析。按照水文资料整编规范的要求，所有的成果资料必须经过编制、一校、二校、审查等工序。对初制的整编成果还需进行多道校核审查工作。在线整编审查工作是必须的重要步骤。开展在线整编审查，可以大幅度提高审查效率。在线整编完成后，可以很快实现整编成果的审查。对整编成果的审查延伸至原始资料的规范性抽查。通过多频次不同层次的审查，提高测验工作的规范性，整编成果的合理性、可靠性，确保水文资料成果的质量。

智能检查：包括 50 余个表项数据内容及表项与其他表项之间关联数据的自动检查，并利用图形过程线容易判断的特点，绘制单站整编的水位、流量、含沙量要素过程线，判断各要素随时间变化曲线是否正确，如图 2.57～图 2.60 所示；绘制上下游水位、流量、含沙量过程线，进行区域水文要素的合理性检查，保证数据的准确性。

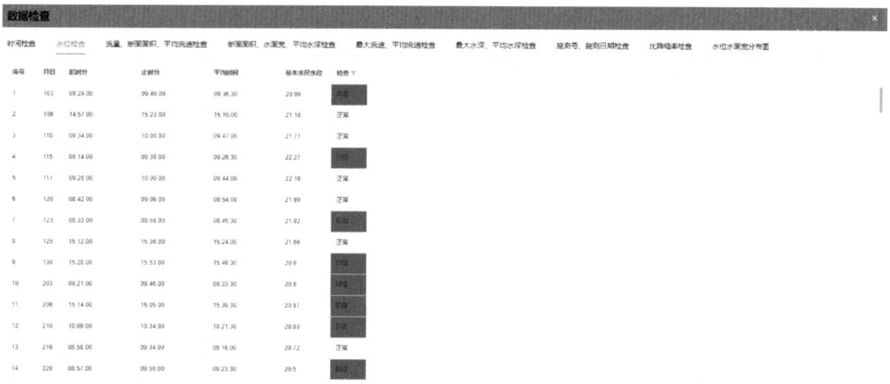

图 2.57　水位自动检查界面图

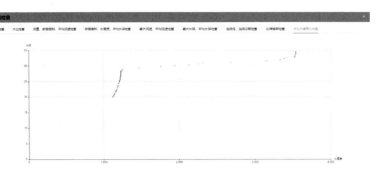

图 2.58 水位水面宽分布图

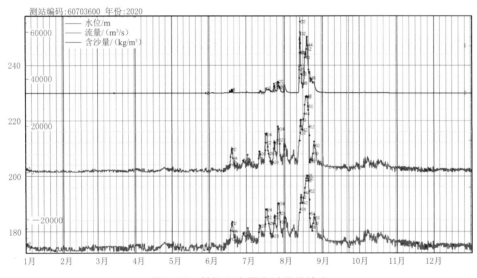

图 2.59 单站水文要素过程线检查

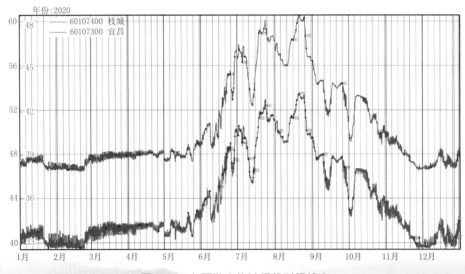

图 2.60 上下游水位过程线对照检查

2.5.2　河道资料整理技术

三峡库区河道勘测项目涉及干流大坝坝址至宜宾河段长约 993km 的河段，包括主要支流 21 条。河道勘测项目具有任务种类多、内容多、地形类别复杂等特性。河道勘测任务种类及内容主要包含控制测量、地形、断面、床沙、干容重、水面流速流向等。地形多为高山峡谷，且植被覆盖较密集，沿程还有多个城区，涉及地物复杂多样。

三峡库区河道勘测项目为坝区河道演变、减淤调度、库区水文泥沙分析等服务，对项目观测的时效性、精度等有很高的要求。三峡库区涉及干支流河段复杂多变的水文要素，河道边界条件变化大。既涉及库区、天然河段，又涉及陡深型、浅坦型河段，水位受自然及工程调蓄影响，河床界面有大粒径卵石，也有细颗粒泥沙淤积物，部分库区河段存在温跃层，部分山区型河段含沙量受降雨影响变化剧烈。

鉴于上述特点，结合三峡库区河道勘测特性及项目勘测参与人员多、战线长、内业人员较多等特性，为使资料达到协调性、系统性、完整性、合理性的要求，有必要对所完成的项目集中进行资料整理。

2.5.2.1　地形资料

地形资料整理主要涉及原始水深校对、水位及河底高程推算、声速剖面改正等几个步骤，主要采用的整编平台包括 HYPACK、清华山维等。

（1）水深校对。目前测深仪主要为数字测深仪，支持数字水深与数字水深模拟信号，当数字信号与模拟信号水深值小于 0.2m，则直接采用数字水深，否则根据模拟数字信号校对数字水深。

（2）水位及河底高程推算。水位推算按照河道沿程观测水位，以空间、时间内插到各测点，各测点水位减去水深值即可推算测点河底高程。HYPACK 水位推算及河底高程计算一般采用中心线法。该方法是根据河道中心线，将观测水位及测点投影至中心线，按时间与距离加权平均的方法计算出各水深测点的实时水位，再以水位减去水深值计算得到河底高程。

（3）声速剖面改正。现行的测深规范要求，当水体温度梯度大于 3℃时进行声速剖面改正，否则不必改正。将声速剖面仪获取的分层声速文件及测深仪预设的声速输入到 HyPack 软件，经改算实现声速剖面对水深的改正。

2.5.2.2　断面资料

断面资料整理中，水深数据处理方法与地形处理方法相同。断面数据处理需要依据断面零点桩、断面方向桩计算水陆测点断面起点距，整理成"起点距-高程"格式，再根据需求输出成果。

（1）起点距计算。断面一般以河道左岸桩点为零点桩，右岸桩点为断面方向。各测点起点距即为测点沿断面方向上距离零点桩的矢量距离，零点桩以右为正，以左为负。

（2）断面观测布置图。断面观测布置图的比例尺一般为 1∶10 万～1∶50 万，具体根据河长、河宽及要表达的内容确定。当有较大、较长支流汇入时，若无法以规定图幅绘制，则图面配置应以干流为主，支流河段可截取配置在干流河道上方（平行），布置图原则上控制在 1～3 张为宜。右端中上部位应标出指北符号。图上注记应能完整反映断面编号，断面编号一般注记在断面端点处，字头朝向上游平行断面线注记。

（3）断面图。断面图可套绘（2～5 次），各次采用图例符号或颜色进行区别。常规的断面观测绘图比例尺根据 A3 图幅及河宽具体确定，应确定一个基本比例尺，特殊地段少数断面可调整比例尺，但应注意使断面测点点距恰当，且使断面图尽量协调地铺满整个图幅。若观测点距太小，影响成图的清晰易读性时，可择要选择测点上图，但重要的特征点应上图，电子版一般不允许去掉测点，应反映全貌，同时应注意断面图和断面成果表的内容应严格对应。

（4）断面成果表。断面成果表内容主要包括桩点坐标、测点起点距、高程、属性说明、施测时间、水位、断面方位角等。桩点坐标填写在成果表中副表头位置。测点起点距、高程按相应起点距顺序填写，属性说明力求文字简练达意。当陆上与水下为同一时间测定时，填水下施测时间；当陆上与水下不为同一时间测施时，分别填施测时间。方位角填写至度分秒。

2.5.2.3　床沙

床沙整理主要涉及各垂线及整个断面级配、特征粒径计算。

（1）泥沙级配曲线及其特征值。在床沙取样品中，通过泥沙颗粒分析，计算出沙样中各种不同粒径泥沙质量占总质量的百分数，在半对数坐标纸上以横坐标表示泥沙粒径，纵坐标表示小于某粒径的泥沙在沙样中所占质量的百分数，绘制成关系曲线。级配曲线上的一些特征值表示泥沙颗粒的特性，常用的有最大粒径、中值粒径、平均粒径等。最大粒径为长、宽、高的乘积的立方根，当计算值小于宽时，则用宽代替。中值粒径是指粗细沙质量各占一半时相应的粒径，即级配曲线图中粒径坐标为 50％时的相应粒径。平均粒径为各粒径组所占比重加权所得。

（2）垂线颗粒级配计算应以各自由组的最大粒径为分组上限粒径，按分组重量计算颗粒级配，点绘级配曲线后，再查读统一粒径级的百分数。

（3）床沙平均颗粒级配计算可按以下方法进行。

1）试坑法的坑平均级配，用分层重量加权计算。

2）边滩平均级配分左、右两岸统计，用坑所代表的部分河宽加权计算。

3）水下部分的断面平均颗粒级配用式（2.18）计算：

$$\overline{P_j} = \frac{(2b_0 + b_1)p_1 + (b_1 + b_2)P_2 + \cdots + (b_{n-1} + 2b_n)P_n}{(2b_0 + b_1) + (b_1 + b_2) + \cdots + (b_{n-1} + 2b_n)} \tag{2.18}$$

式中　　$\overline{P_j}$——断面平均小于某粒径沙重的百分数，％；

b_0、$\cdots$、b_n——第 0 条线、$\cdots$、第 n 条线到岸边的距离，m；

P_1、$\cdots$、P_n——第 1、$\cdots$、第 n 条线小于某粒径沙重的百分数，％。

特殊情况下，床沙组成复杂，可不计算断面平均颗粒级配，只整编单点成果。

4）断面平均粒径计算可采用式（2.19）计算：

$$\overline{D} = \sum_{i=1}^{n} \overline{D_i} \Delta P_i / 100，其中 \ \overline{D_i} = \sqrt{D_U D_L} \tag{2.19}$$

式中　　$\overline{D}$——断面平均粒径，mm；

$\overline{D_i}$——某粒径组的平均粒径，mm；

D_U、D_L——该粒径组的上下限粒径，mm；

　　n——粒径组数；

　　ΔP_i——某粒径组的部分沙重百分数，%。

2.6　信息化建设与服务

　　三峡工程设计、施工、运行以来，开展了大量的水文泥沙监测和研究工作，产生了海量的数据。如何有效地管理和使用水文泥沙观测资料和研究分析成果，充分发挥它们在工程管理和梯级水电站运行调度过程中的作用，特别是在工程泥沙调度、河势稳定控制、泥沙预测预报、河床演变预测方面的作用，是进行水文泥沙信息化建设与服务的主要目的。

　　近年来，随着科技水平的进步和三峡水库为核心的大型水库群联合调度要求的逐步提高，三峡集团与长江委水文局联合研究建立了三峡水库泥沙冲淤变化三维动态演示系统，基本实现了三峡水库水文泥沙整编数据和河道地形数据的统一管理，提高了分析成果的时效性、准确性，并在三峡水库科学调度中得到成功应用。系统于 2017 年正式上线运行，在水库河道泥沙计算、水沙过程变化、空间分析、冲淤演变分析、库容变化分析和水沙关系变化等方面为三峡水库工程管理和水库的优化调度提供了基础支撑。随着计算机网络技术的发展，国家对数据保密工作的高度重视，以及用户对实时性、便利性、移动浏览等方面的迫切需要，2019 年在三峡库区泥沙冲淤变化三维动态演示系统基础上建立了梯级水库水文泥沙信息分析系统，使得水沙实时报汛数据的分析与应用、涉密与非涉密数据的分类存储、移动端 App 应用等方面得到了加强，为梯级水电站工程建设和运行提供强有力的技术保障和更好的服务。

2.6.1　系统总体架构与关键技术

2.6.1.1　系统总体架构

　　梯级水库水文泥沙信息分析系统以 B/S、C/S 混合架构开发，业务功能以 B/S 为主，数据库管理系统以 C/S 结构开发（图 2.61）。

　　软件结构分为四层结构，分别是数据层、支撑层、业务层与应用层。

　　（1）数据层：基于 Orcale 数据库为系统提供业务数据存储支撑，包括水文泥沙整编数据库、实时监测数据库、河道地形数据库及其他数据。其中河道地形数据库为涉密数据，通过物理方法与外网隔绝，非涉密数据通过防火墙、数据服务及权限来保证数据库的安全性。

　　（2）支撑层：主要分为水文泥沙服务总线平台及水文泥沙数据库管理系统，其中水文泥沙服务总线平台基于 B/S 及 SOA 架构，提供服务注册、服务管理、服务监控等功能，服务类型主要为实时数据服务、整编数据服务、GIS 服务、功能服务四大类；水文泥沙数据库管理系统基于 C/S 架构，提供数据维护管理、数据备份还原、数据统计及涉密数据推送等功能。

　　（3）业务层：业务层主要提供面向最终用户使用的各类功能与服务，其内容包括信息查询与输出、河道演变分析、水文泥沙分析与预测等相关的功能组件、数据与功能服务等。这个服务层次主要依赖于用户的需求。该层是面向工作需求的强业务支撑。

（4）应用层：为用户提供丰富多样的应用方式，包括 Web 端、移动端等。

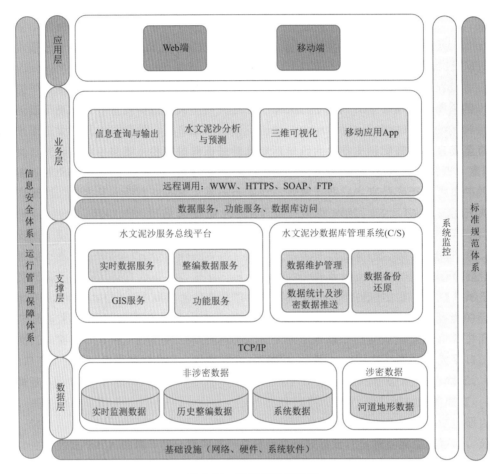

图 2.61　系统体系结构图

2.6.1.2　系统关键技术

系统在数据组织、存储、服务与算法等方面采用了一些关键技术，使系统在运算速度、显示、调用、统计等方面得到了优化，提高了系统运行效率。

（1）设计合理的河道地形数据组织存取方式。针对河道地形（包括河道地形 DEM）范围大的特点，设计河道地形数据存储与组织机制，采用统一起点、分块存储的 DEM 组织方式进行存储。

分块存储使原本利用河道地形进行大范围计算时一次调取单个大范围 DEM，改为多次调取分块小范围 DEM，并采取多线程、并行方法，同时对各分块 DEM 进行计算，提高河道地形空间数据的存储、入库、查询、分析、计算的效率。

统一起点可对所有相同网格大小的河道地形 DEM 直接进行减法运算，从而避免因网格起点不同导致 DEM 相减时的大量插值运算。

（2）优化槽蓄量、冲淤量相关计算模式。将河道地形所在区域相邻的 2 个断面分割成

1个计算区间，分别计算每个区间内、每个高程级下的槽蓄量计算成果，并存于数据库中。在槽蓄量、冲淤量相关计算时可直接利用成果进行简单计算即可得出结果，避免每次利用原始河道地形 DEM 实时进行计算，计算速度可提升一个数量级。

（3）涉密数据管理。分离涉密数据（主要指河道地形数据）与非涉密数据（河道地形数据以外的水沙数据、断面数据等），并分别建立数据库，部署于涉密数据库服务器与非涉密数据库服务器中。为使更多应用能在非涉密环境下使用，系统将涉密的河道地形数据成果化，如将河道地形计算处理为分段分高程级的河道槽蓄量成果存入非涉密数据库中，部分涉密功能如槽蓄量冲淤量相关计算可在非涉密环境下使用。

（4）建设面向服务（SOA）的系统架构。为了解决系统的封闭性问题，系统在 B/S 架构的基础之上，基于 SOA 思想构建系统，将系统所有的数据查询、计算分析功能封装为 Web 服务 API，业务系统以及外部系统通过服务 API 调用系统数据与功能。SOA 架构将数据库、业务功能等与业务系统分离，在安全性、低耦合性、扩展性方面有重大优势，为上层应用提供更友好的访问支持。

（5）基于数据统计的智能搜索查询。系统按年份、测站、数据类型统计了水文泥沙数据，按断面、测次统计了断面数据，将统计成果制成数据统计表存入数据库，供用户按不同分类查询，快速掌握数据库中数据情况。以数据统计表为基础，各功能在菜单选择时仅会出现有数据的对象，为快速自动过滤无值数据提供索引。以数据统计表为基础，设计系统智能搜索查询，实现对数据的快速定位查询，如输入"宜昌 水位 2018"后，过程线分析功能将直接显示宜昌站 2018 年的水位过程线，同时水文泥沙数据查询功能也将显示 2018 年年均水位。

（6）下钻式水文泥沙数据查询。现有水文泥沙数据如水位、流量、含沙量，均存在年、月、日表类型，以往数据查询时需在日、月、年表中切换后并选择时间、测站来查询某值。利用下钻式数据查询后，默认显示各站每年年表数据，当点击某站某年年值时，表格切换为各站该年 12 个月的月值，点击某月值后，表格切换显示该月所有日期的日值，并提供返回功能，返回上一级表格。

2.6.2 系统总体功能

梯级水库水文泥沙信息管理分析系统由水文泥沙数据库管理子系统、信息查询与输出子系统、水文泥沙分析与预测子系统、实时查询分析子系统、服务总线子系统、系统监控子系统、移动 App 七个子系统组成，如图 2.62 所示。

系统提供了方便、简洁的图文一体化界面，决策者只需要用鼠标点击操作便可以得到想要的图文表现的结果。主要界面包括 Web 端三维主界面、移动端二维浏览界面两个部分，以及丰富的图表数据显示，三维主界面如图 2.63 所示。

通过该系统实现了三峡水库泥沙数字化与可视化管理，将三峡水库进出库水沙、库区固定断面和地形数据进行了统一、高效、科学、安全的管理，为三峡水库科学调度提供及时、准确的基础水沙数据保障；同时结合历年水文泥沙、库区地形、固定断面监测数据和三维 GIS 平台，实现了三峡水库泥沙冲淤变化过程，局部河段河床地形变化的二维、三维动态计算和展示，为三峡水库科学调度提供了科学、方便、快捷的实时分析计算工具，可为三峡水库科学调度管理提供参考。

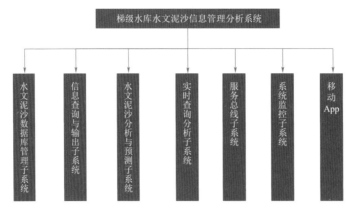

图 2.62 梯级水库水文泥沙信息管理分析系统结构图

图 2.63 三维主界面示意图

2.7 175m 试验性蓄水以来泥沙观测与研究进展

水库泥沙淤积是制约水库优化调度的关键性因素，三峡水库 175m 试验性蓄水以来，在中小洪水调度、提高汛期运行水位、汛后提前蓄水等方面进行了有益的探索，但也会导致水库排沙比减小、库区泥沙淤积重心上移、有效库容内淤积量增加等问题。能否妥善解决这些泥沙淤积问题，对于水库调度优化的实施具有重大意义。在此过程中，三峡工程泥沙专家组、中国水利水电科学研究院、清华大学、武汉大学及长江委设计院、长江委水文局、长江科学院等多家科研院所和高校围绕相关问题开展了持续研究，包括水库及上游区间产沙和三库联合优化调度条件下三峡水库及坝下游泥沙冲淤研究，坝下游宜昌至杨家脑河段河道演变及对策研究等。相关单位的研究提供了三峡水库泥沙淤积控制的解决方案，为水库泥沙问题的解决和水库优化调度的实施提供了强有力的技术支撑，主要包括以下几个方面内容。

2.7.1　泥沙实时监测与预报技术

通过对长江流域众多测站长系列降雨、水位、流量、含沙量等数据的统计分析，摸清了流域暴雨、洪水及洪水遭遇、入库沙量及组成等规律特性。以浊度仪为基础进行含沙量比测，建立了浊度与含沙量关系，将含沙量测验时间由传统的 7 天缩短到 1 小时以内，实现了悬移质泥沙的实时报汛。建立了白鹤滩、横江、高场、富顺、小河坝、武胜、罗渡溪、朱沱、寸滩、北碚、武隆、清溪场、万县、庙河、黄陵庙等实时监测站网，构建了长江上游泥沙实时监测体系，为泥沙实时预报奠定了坚实基础，实现了三峡入库泥沙的提前预警。

构建了以一维水沙数学模型为主，集成区间产输沙模型、水文预报模型、水沙经验模型等在内的长江上游泥沙实时预报模型，实现了从白鹤滩至三峡大坝 1600km 河库交替的泥沙实时预报，填补了长江上游泥沙预报的空白。考虑水库泥沙絮凝作用，改进恢复饱和系数计算方法及冲淤过程断面形态调整模式，大幅度提高了模型可靠性，三峡入库沙峰预报精度总体达到了 85%，预见期长达 7 天。截至 2019 年，共发布三峡水库泥沙预报 100 余期，有力支撑了三峡水库泥沙实时调度。

2.7.2　水库泥沙淤积预测及泥沙调度方式研究

通过"十五""十一五"期间开展的水库蓄水方案研究，促进了三峡水库提前 1 年进行 156m 蓄水，提前 5 年进行 175m 试验性蓄水。三峡水库 175m 试验性蓄水以来，随着上游梯级水库陆续蓄水运行，入库泥沙进一步减少，三峡水库泥沙淤积大为减少。研究表明，三峡入库泥沙将在今后相当长的时期内继续维持在较低水平，水库采用"蓄清排浑"的运行方式，水库大部分有效库容可长期保留，冲淤平衡年限可由初步设计预估的 100 年左右延长至 300 年以上。

系统研究了库区汛期沙峰与洪峰异步传播机理和消落期库尾河段走沙规律，创新性地提出了基于汛期洪峰沙峰异步规律的沙峰调度技术，以及基于消落期变动回水区泥沙冲淤规律的库尾减淤调度技术，明确了相应的启动条件、启动时机和调控方案，丰富了水库泥沙调度方式，探索了三峡水库"蓄清排浑"新模式，减轻了水库淤积，合理利用了洪水资源，实现了三峡工程综合效益全面提升。

2.7.3　三峡水库优化调度研究

随着外界运行环境的变化及各方需求的提高，多年来先后进行了三峡水库全年各时期的调度方式优化研究，包括汛期三峡水库运行水位上浮、中小洪水利用、城陵矶及荆南四河地区防洪补偿、船舶疏散优化调度等研究，蓄水期三峡起蓄时间、起蓄水位、关键节点水位控制等提前蓄水研究，以及消落期三峡补水调度、推迟消落等研究。汛期优化调度研究促进了三峡工程防洪效益不断拓展；提前蓄水研究促进了三峡水库连续 10 年成功蓄水至 175m，保证了水库综合效益的发挥；消落期优化调度研究促进了三峡工程补水效益、航运效益和生态效益不断提升。此外，生态调度研究、抑制水华的环境调度方式研究等积极推进了水库优化调度在探索长江大保护中的实践。

三峡水库运行十多年来，工程的防洪、发电、航运、水资源利用等功能均在设计目标的基础上进行了拓展，取得了巨大的社会效益和经济效益。三峡水库优化调度工作也不断在实践中探索，在探索中实践，与时俱进，开拓创新，取得了长足的发展。

参 考 文 献

[1] 聂金华．深水水深测量精度综合试验研究报告 [R]．武汉：长江水利委员会水文局，2014．

[2] 陈星荣，平先才，梁向棋，等．单波束测深数据延时研究 [J]．中国水运，2018，(7)：52-53．

[3] 杜志彪，石晓春．珠江水域水下地形测量中时延效应分析 [J]．地理空间信息，2018，16 (8)：95-96，99．

[4] 薛剑锋，王真祥，沈理，等．紧密水深测量中延时效应的研究 [J]．人民长江，2008，39 (19)：17-19．

[5] 黄珍雄．单波束水下地形测量精度的改进方法研究 [D]．抚州：东华理工大学，2013．

[6] 刘雁春，陈永奇．海洋测深的波束角效应及其改正 [J]．海洋测绘，1999 (2)：20-27．

[7] 崔晓东，简波，李富强，等．单波束测深波束角效应的自动改正方法 [J]．山东科技大学学报（自然科学版），2017，36 (1)：29-37．

[8] 郭业才，赵俊渭，郭燚．组合圆形活塞声源远场指向特性的仿真研究 [J]．系统仿真学报，2002 (4)：522-524，533．

[9] 袁晶，董炳江，周波，等．三峡水库泥沙实时监测、预报与调度初步研究 [M] // 科技创新与水利改革：中国水利学会2014学术年会论文集．南京：河海大学出版社，2014：255-267．

[10] 周波，许全喜，李雨．三峡水库入库泥沙实时监测试验研究 [J]．水文，2016，36 (4)：53-57．

[11] 张勋，许文海，董丽丽，等．圆形活塞圆周阵组合声源的远场指向性 [J]．大连海事大学学报，2008 (1)：91-94．

[12] 胡昌顺．单波束测深仪系统仿真设计 [D]．哈尔滨：哈尔滨工程大学，2012．

[13] 邹永刚，刘雁春，肖付民，等．海洋测深波束角效应改正的方向问题研究 [J]．武汉大学学报（信息科学版），2009，34 (5)：593-596．

[14] 林晖，吴立新，方兆宝，等．水深测量的误差因子分析 [J]．海洋测绘，2005 (2)：1-5．

[15] 郝秉一．内河航道工程中的单波束水深测量精度控制研究 [J]．中国水运（下半月），2019，19 (6)：121-122，143．

[16] 赵建虎，刘经南．精密多波束测深系统位置修正方法研究 [J]．武汉大学学报（信息科学版），2002 (5)：473-477．

[17] 赵建虎．现代海洋测绘：上册 [M]．武汉：武汉大学出版社，2007．

[18] 李腾，全小龙，黄童，等．船载三维激光扫描系统在三峡库区库岸地形测量中的应用 [J]．水利水电快报，2018，39 (10)：29-32，36．

[19] 黄童，全小龙，李腾，等．船载三维激光扫描系统在西部重要高原湖泊测量中的应用研究 [J]．水利水电快报，2019，40 (12)：10-13，28．

第3章

三峡水库进出库及坝下游水沙特性

入库水沙条件是决定水库寿命及其效益的重要因素，也是研究水库泥沙问题的重要基础。在上游水库蓄水拦沙、水土保持工程实施、河道采砂及气候变化等因素的影响下，长江上游径流量变化不大，输沙量减少趋势明显。三峡水库入库泥沙量的大幅度减少，使三峡水库具有更大的空间开展水库优化调度，为发挥三峡水库综合效益提供了条件。长江上游水库大多采用汛前消落、汛末或汛后蓄水的调度方式，导致坝下游径流量年内分配规律发生了变化。此外，由于长江上游来沙大幅度减少，长江中下游干流输沙量也大幅度减少，河床冲刷加剧，同流量下枯水位下降，河道泥沙来源和地区组成发生新的变化。

3.1 三峡水库上游来水来沙

3.1.1 径流量

长江三峡水库上游径流主要来自金沙江、横江、岷江、沱江、嘉陵江和乌江等河流。20 世纪 90 年代以来，长江上游径流量变化不大，与 1990 年前的平均值相比，1991—2002 年长江上游来水量除嘉陵江北碚站减少 25%、横江站和沱江富顺站分别减少 15%和16%外，其余各站变化不大。三峡水库蓄水运行后的 2003—2008 年，长江上游各站来水量偏少 11%～31%。

与 2003—2008 年的平均值相比，2009—2019 年金沙江各站来水偏少 1%～7%，三峡水库上游除富顺站和北碚站分别偏多 44%、10%以外，其他各站来水偏多最大幅度为5%，如图 3.1～图 3.5 所示。

石鼓站、攀枝花站、白鹤滩站（2015 年华弹站下迁至白鹤滩站）、向家坝站 2009—2019 年平均径流量分别为 431.0 亿 m³、568.5 亿 m³、1216 亿 m³、1345 亿 m³，与2003—2008 年平均值相比，石鼓站来水偏少 1%，攀枝花站、白鹤滩站、向家坝站来水分别偏少 6%、6%、7%，见表 3.1。

2009—2019 年，横江站年均径流量为 78.61 亿 m³，较 2003—2008 年平均值偏多5%；岷江高场站年均径流量为 818.7 亿 m³，较 2003—2008 年平均值偏多 4%；沱江富顺站年均径流量为 128.1 亿 m³，较 2003—2008 年均值偏多 44%。

2009—2019 年，三峡入库控制站——朱沱站、北碚站、武隆站年均径流量分别为

2586 亿 m³、668.0 亿 m³、440.7 亿 m³，与 2003—2008 年平均值相比，朱沱站、武隆站基本持平，北碚站则偏多 10%。

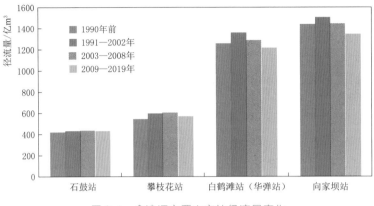

图 3.1 金沙江主要水文站径流量变化

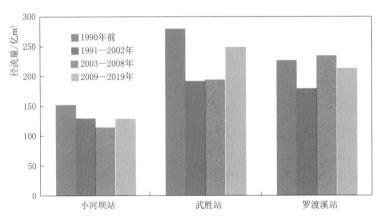

图 3.2 嘉陵江上游主要水文站径流量变化

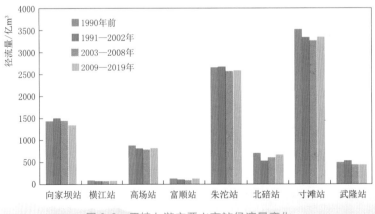

图 3.3 三峡上游主要水文站径流量变化

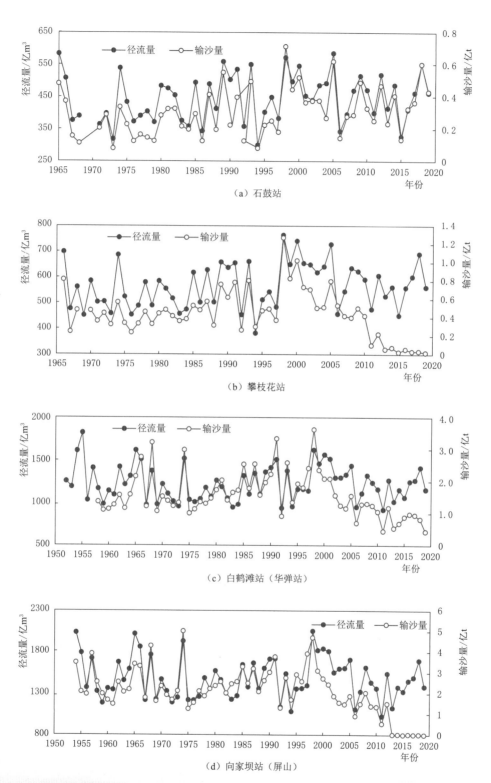

图 3.4（一） 三峡上游主要水文站年径流量与输沙量变化过程

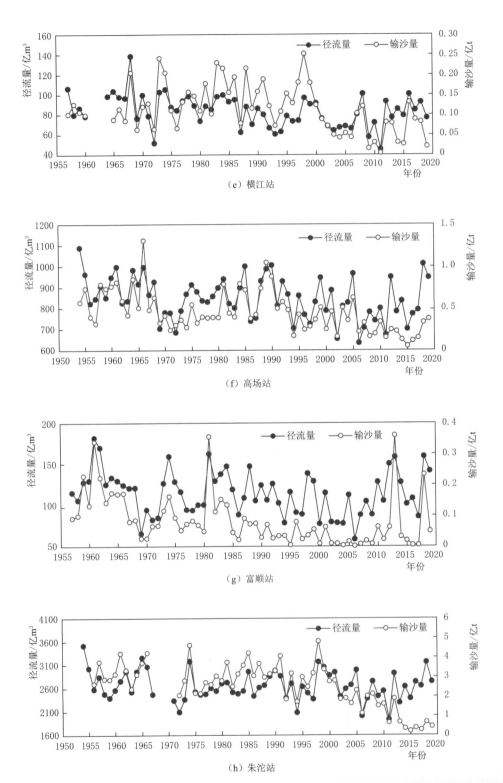

图 3.4（二）　三峡上游主要水文站年径流量与输沙量变化过程

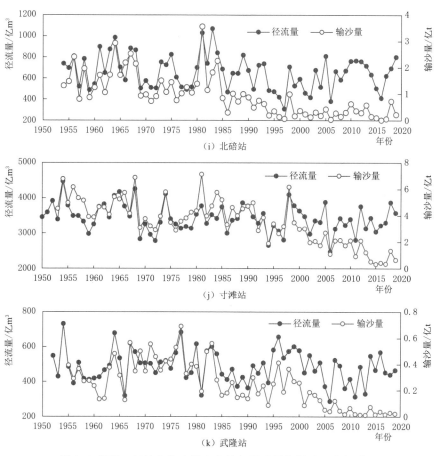

（i）北碚站

（j）寸滩站

（k）武隆站

图 3.4（三）　三峡上游主要水文站年径流量与输沙量变化过程

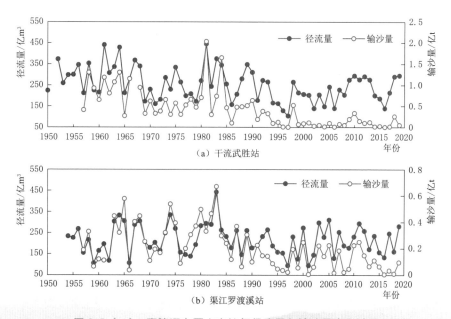

（a）干流武胜站

（b）渠江罗渡溪站

图 3.5（一）　嘉陵江主要水文站年径流量与输沙量变化过程

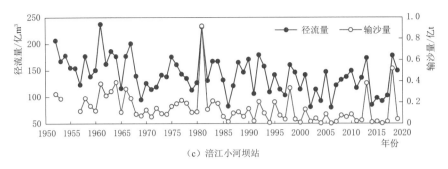

（c）涪江小河坝站

图 3.5（二） 嘉陵江主要水文站年径流量与输沙量变化过程

表 3.1 金沙江主要水文站径流量、输沙量和多年平均值

站　名		石鼓	攀枝花	白鹤滩	向家坝
集水面积/km²		214184	259177	430308	458800
径流量/亿 m³	1990 年前	420.1	543.5	1258	1440
	1991—2002 年	431.6	595.7	1359	1506
	2003—2008 年	435.9	604.4	1289	1447
	2009—2019 年	431	568.5	1216	1345
	多年平均	425.4	566.9	1272	1435
输沙量/万 t	1990 年前	2180	4480	16800	24800
	1991—2002 年	3050	6700	21600	28100
	2003—2008 年	2880	5270	12000	15600
	2009—2019 年	3220	1400	8350	4460
	多年平均	2620	4430	15800	21100
含沙量/(kg/m³)	1990 年前	0.519	0.824	1.34	1.72
	1991—2002 年	0.707	1.12	1.59	1.87
	2003—2008 年	0.661	0.872	0.931	1.08
	2009—2019 年	0.747	0.246	0.687	0.332
	多年平均	0.616	0.781	1.24	1.47

注 1. 石鼓站 1990 年前水沙统计年份为 1958—1990 年（缺 1969—1970 年）。
　　2. 攀枝花站 1990 年前水沙统计年份为 1966—1990 年（缺 1969 年）。
　　3. 2015 年华弹站下迁约 40km 至白鹤滩站（白鹤滩水电站坝址下游 4.5km），集水面积增加 4360km²（主要是黑水河流域），2015 年以前白鹤滩站资料采用华弹站资料，华弹站 1990 年前水沙统计年份为 1958—1990 年。
　　4. 向家坝水电站 2012 年 10 月初期蓄水，溪洛渡水电站 2013 年 5 月开始初期蓄水，2012 年以前向家坝站资料采用屏山站资料。

3.1.2　输沙量

3.1.2.1　悬移质泥沙

20 世纪 90 年代以来，长江上游径流量变化不大，受水利工程拦沙、降雨时空分布变化、水土保持、河道采砂等因素的综合影响，输沙量明显减少（图 3.6～图 3.8）。与

1990 年前平均值相比，1991—2002 年长江上游输沙量除金沙江屏山站增大 14％外，其他各站均明显减小，尤以嘉陵江和沱江最为明显，分别减小了 68％和 72％，此外，寸滩站和武隆站输沙量分别减小约 27％和 33％（表 3.2）。

进入 21 世纪后，三峡上游来沙减小趋势仍在持续。与 1991—2002 年平均值相比，长江上游各站 2003—2019 年年均输沙量除沱江富顺站偏多 44％，岷江高场站和嘉陵江北碚站分别偏少 28％和 25％外，其余各站均减少 50％以上。2003—2008 年长江上游各站来沙量继续大幅度减少，其中沱江、嘉陵江和乌江均偏少 50％以上（表 3.2）。

与 2003—2008 年平均值相比，2009—2019 年长江上游除富顺站和北碚站来沙量分别偏多 75％、36％外，其他各站来沙均偏少，最大偏少幅度为 71％，如图 3.6～图 3.8 所示。

表 3.2　　　　　三峡上游主要水文站径流量、输沙量和多年平均值

项　目		金沙江	横江	岷江	沱江	长江	嘉陵江	长江	乌江	三峡入库
		向家坝站	横江站	高场站	富顺站	朱沱站	北碚站	寸滩站	武隆站	朱沱站＋北碚站＋武隆站
集水面积/km²		458800	14781	135378	19613	694725	156736	866559	83035	934496
径流量/亿 m³	1990 年前	1440	90.14	882	129	2659	704	3520	495	3858
	1991—2002 年	1506	76.71	814.7	107.8	2672	529.4	3339	531.7	3733
	2003—2008 年	1447	74.58	787.9	89.14	2568	606.1	3265	441.4	3616
	2009—2019 年	1345	78.61	818.7	128.1	2586	668	3345	440.7	3695
	多年平均	1435	83.79	848.2	119.2	2660	655.3	3437	486.7	3802
输沙量/万 t	1990 年前	24600	1370	5260	1170	31600	13400	46100	3040	48000
	1991—2002 年	28100	1390	3450	372	29300	3720	33700	2040	35100
	2003—2008 年	8920	617	2410	539	12100	2820	14300	455	15400
	2009—2019 年	4462	593	1960	779	7900	3075	10595	249	14900
	多年平均	21100	1150	4210	836	25400	9380	35600	2140	36900
含沙量/(kg/m³)	1990 年前	1.71	1.52	0.596	0.907	1.19	1.9	1.31	0.614	1.24
	1991—2002 年	1.87	1.81	0.423	0.345	1.1	0.703	1.01	0.384	0.94
	2003—2008 年	1.08	0.928	0.435	0.103	0.72	0.373	0.603	0.179	0.595
	2009—2019 年	0.332	0.686	0.239	0.608	0.305	0.461	0.317	0.0565	0.303
	多年平均	1.47	1.37	0.496	0.701	0.955	1.43	1.04	0.44	0.971

注　1. 朱沱站 1990 年前水沙统计年份为 1956—1990 年（缺 1967—1970 年），横江站 1990 年前水沙统计年份为 1957—1990 年（缺 1961—1964 年），其余站点 1990 年前统计值均为三峡初步设计值。

2. 北碚站于 2007 年下迁 7km，集水面积增加 594km²。

3. 屏山站 2012 年下迁 24km 至向家坝站（向家坝水电站坝址下游 2.0km），集水面积增加 208km²。

4. 李家湾站 2001 年上迁约 7.5km 至富顺。

5. 多年平均值统计年份：向家坝站（屏山站）为 1956—2019 年，横江站为 1957—2019 年，高场站为 1956—2019 年，富顺站（李家湾站）为 1957—2019 年，朱沱站为 1954—2019 年（缺 1967—1970 年），北碚站为 1956—2019 年，寸滩站为 1950—2019 年，武隆站为 1956—2019 年。

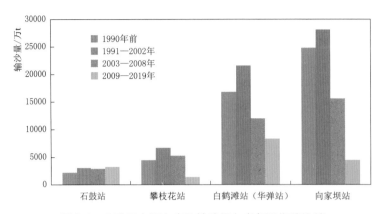

图 3.6 金沙江主要水文站输沙量与多年平均值比较

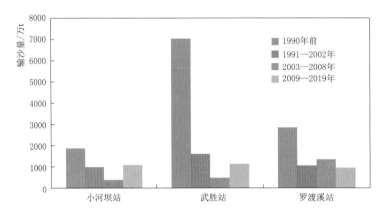

图 3.7 嘉陵江上游主要水文站输沙量与多年平均值比较

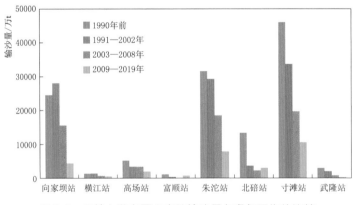

图 3.8 三峡上游主要水文站输沙量与多年平均值比较

2009—2019 年,金沙江石鼓站年平均输沙量为 3220 万 t,较 2003—2008 年平均值偏多 12%,攀枝花站、白鹤滩站、向家坝站年平均输沙量分别为 1400 万 t、8350 万 t、4460 万 t,较 2003—2008 年平均值分别减少了 73%、30%、71%。

2009—2019 年,横江站、岷江高场站年平均输沙量为 539 万 t、1960 万 t,较 2003—2008 年平均值分别减少了 22%、43%,沱江富顺站输沙量为 779 万 t,较 2003—2008 年平均值增多了 75%。

2009—2019 年，嘉陵江北碚站输沙量为 3080 万 t，较 2003—2008 年平均值偏多 36%。其中涪江小河坝站、干流武胜站、渠江罗渡溪站输沙量分别为 1080 万 t、1130 万 t、952 万 t，与 2003—2008 年平均值相比，小河坝站、武胜站分别偏多 182%、135%，罗渡溪站则偏少 29%。

2009—2019 年，三峡入库控制站——朱沱站、北碚站、武隆站年平均输沙量分别为 7900 万 t、3080 万 t、249 万 t，与 2003—2008 年平均值相比，朱沱站、武隆站分别偏少 57%、68%，北碚站则偏多 36%。

从长江上游干支流输沙量变化来看，近年来随着金沙江中下游梯级电站的修建，金沙江来沙量显著减少。其中：金沙江上游石鼓站水沙量年际间呈波动性变化，无明显趋势性变化，多年平均径流量和输沙量分别为 425.4 亿 m^3 和 2620 万 t；金沙江中游 6 个梯级水电站自 2010 年相继建成和运行后［梨园站（2014 年 11 月）、阿海站（2011 年 12 月）、金安桥站（2010 年 11 月）、龙开口站（2012 年 11 月）、鲁地拉站（2013 年 4 月）、观音岩站（2014 年 10 月）］，攀枝花站径流量变化不大，但输沙量大幅度减少，2011—2019 年攀枝花站年平均径流量和输沙量分别为 559.8 亿 m^3 和 688 万 t，与多年平均值相比，径流量基本持平，输沙量偏少 84%。

2012 年以来，受溪洛渡、向家坝水库蓄水影响，金沙江下游输沙量进一步减少。如 2013—2019 年向家坝站年径流量、输沙量分别为 1368 亿 m^3 和 155 万 t，水量较 1950—2012 年均值偏小 5%，沙量则偏少 99%。

在总体沙量减少的同时，上游个别支流出现大洪水时输沙量较大，且输沙过程集中现象。近年来，嘉陵江干流来沙量有所增大，支流渠江、涪江出现大洪水，对嘉陵江沙量和三峡入库泥沙产生较大影响，如 2011 年 9 月渠江出现较大洪水，导致输沙量高度集中，7 天左右的输沙量最大可达 1220 万 t，占罗渡溪站全年的比例最高达 49%（表 3.3）。2013 年 7 月中旬涪江发生洪水，小河坝站实测最大含沙量达到 24.8kg/m^3，北碚站实测最大含沙量达到 14.6kg/m^3（图 3.9），经统计 7 月 8—17 日洪水期间，小河坝站实测输沙量为 2950 万 t，占小河坝站全年输沙量的 78%。2014 年 9 月中旬渠江发生洪水，罗渡溪站实测最大含沙量达到 3.13kg/m^3，北碚站实测最大含沙量达到 1.94kg/m^3（图 3.10），经统计 9 月 10—23 日洪水期间，罗渡溪站实测输沙量为 1001 万 t，占罗渡溪站全年输沙量的 91.8%。2018 年 7 月涪江发生大洪水，小河坝站 12 日 14 时出现 17700m^3/s 洪峰，为实测以来最大洪水，沙峰达到了 22.0kg/m^3，同时含沙量大于 5.0kg/m^3 的过程持续 4 天左右（图 3.11），经统计，7 月 11—13 日，小河坝站实测输沙量达到了 3700 万 t，占小河站全年输沙量的 72%，占 2017 年三峡入库沙量的 26%。

表 3.3　　　　近年来嘉陵江典型洪水期间来水量、来沙量统计表

时 段	渠江罗渡溪站				时 段	嘉陵江北碚站			
	水量/亿 m^3	占全年比例/%	沙量/万 t	占全年比例/%		水量/亿 m^3	占全年比例/%	沙量/万 t	占全年比例/%
2003 年 8 月 31 日至 9 月 8 日	43.8	14.7	940	42.6	2003 年 8 月 31 日至 9 月 10 日	123.0	18.1	1430	46.7
2004 年 9 月 4 日至 9 月 8 日	62.3	27.1	1210	85.8	2004 年 9 月 4 日至 9 月 10 日	94.3	18.3	1390	79.4

续表

时　段	渠江罗渡溪站				时　段	嘉陵江北碚站			
	水量/亿 m³	占全年比例/%	沙量/万 t	占全年比例/%		水量/亿 m³	占全年比例/%	沙量/万 t	占全年比例/%
2007 年 7 月 4 日至 7 月 11 日	76.0	30.1	1120	60.9	2007 年 7 月 5 日至 7 月 12 日	109.9	16.5	1090	39.9
2010 年 7 月 18 日至 7 月 21 日	63.9	27.6	1670	74.6	2010 年 7 月 17 日至 7 月 30 日	202.9	26.6	4440	71.4
2011 年 9 月 14 日至 9 月 22 日	78.3	26.7	1220	49.0	2011 年 9 月 14 日至 9 月 23 日	136.9	17.8	1390	39.2
2014 年 9 月 10 日至 9 月 23 日	90.0	38.3	1001	91.8	2014 年 9 月 10 日至 9 月 24 日	151.9	23.9	1280	88.3

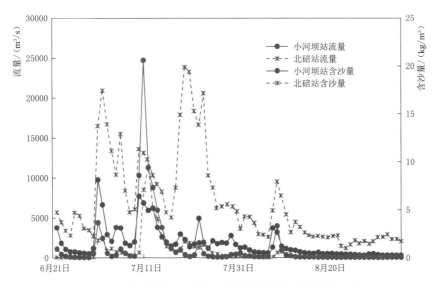

图 3.9　2013 年涪江典型洪水期间流量与含沙量变化过程

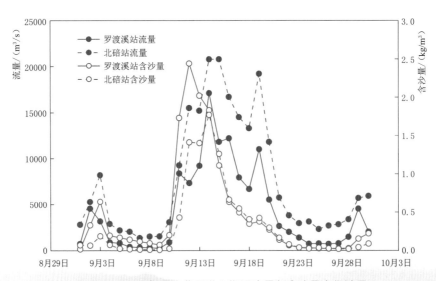

图 3.10　2014 年渠江典型洪水期间流量与含沙量变化过程

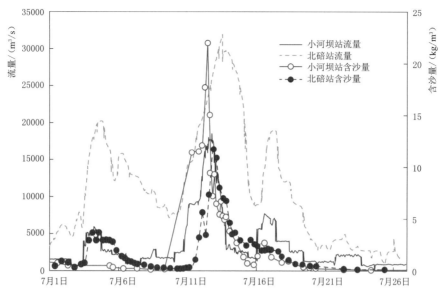

图 3.11 2018 年涪江典型洪水期间流量与含沙量变化过程

2017 年汛期，横江流域遭遇洪水，8 月 25 日洪峰流量达 6800m³/s，最大含沙量达到 17.6kg/m³，8 月 24—27 日的输沙量达到 614 万 t，4 天的输沙量占全年输沙量的 70%，占 2017 年三峡入库沙量的 18%（图 3.12）。

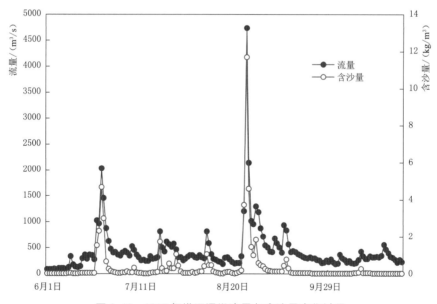

图 3.12 2017 年横江汛期流量与含沙量变化过程

在入库沙量大幅度减小的同时，入库粗颗粒泥沙含量有所降低，粒径也明显偏细。2009—2019 年，长江朱沱站悬移质中值粒径为 0.12mm，嘉陵江北碚站、乌江武隆站悬移质中值粒径均为 0.011mm，与蓄水前相比，粗颗粒泥沙含量由 11.0%、6.2%、

5.9％分别减少至 6.4％、2.5％、4.4％。库区粗颗粒泥沙沿程落淤，悬沙粒径沿程变细，2009—2019 年寸滩站悬移质中值粒径为 0.010mm，与 1987—2002 年一致，略大于 2003—2008 年的 0.010mm，但粗颗粒泥沙含量由 1987—2002 年、2003—2008 年的 10.3％、7.0％减少到 4.4％，万县站中值粒径为 0.008mm，粗颗粒泥沙含量也减小至 1.1％。出库泥沙也明显偏细，黄陵庙站的中值粒径为 0.007mm，粗颗粒泥沙含量为 0.9％，见表 3.4。

表 3.4　　　　　　　三峡水库进出库各主要控制站不同粒径级沙重百分数对比表　　　　　　　％

粒径范围/mm	时　段	朱沱站	北碚站	寸滩站	武隆站	清溪场站	万县站	黄陵庙站	宜昌站
≤0.031	2002 年前	69.8	79.8	70.7	80.4	—	70.3	—	73.9
	2003—2008 年	72.0	79.2	76.2	83.2	81.1	89.5	87.2	84.4
	2009—2019 年	75.4	83.3	79.7	80.8	81.7	88.0	90.3	90.3
0.031～0.125（含）	2002 年前	19.2	14.0	19.0	13.7	—	20.3	—	17.1
	2003—2008 年	18.4	13.1	16.9	13.0	14.5	9.9	8.7	8.1
	2009—2019 年	18.3	14.2	15.9	16.6	15.5	10.9	8.8	8.4
>0.125	2002 年前	11.0	6.2	10.3	5.9	—	9.4	—	9.0
	2003—2008 年	9.6	7.7	7.0	3.8	4.4	0.6	4.1	7.5
	2009—2019 年	6.4	2.5	4.4	2.6	2.8	1.1	0.9	1.3
中值粒径	2002 年前	0.011	0.008	0.011	0.007	—	0.011	—	0.009
	2003—2008 年	0.011	0.007	0.009	0.006	0.008	0.006	0.005	0.005
	2009—2019 年	0.012	0.011	0.011	0.011	0.010	0.008	0.007	0.007

注　1. 朱沱站、北碚站、寸滩站、武隆站、万县站 2002 年前资料统计年份为 1987—2002 年，宜昌站资料统计年份为 1986—2002 年。
　　2. 清溪场站无 2003 年前悬沙级配资料，黄陵庙站无 2002 年前悬沙级配资料。
　　3. 2010—2019 年长江干流各主要测站的悬移质泥沙颗粒分析均采用激光粒度仪进行。

3.1.2.2　推移质泥沙

（1）砾卵石推移质。2009—2019 年，朱沱站和寸滩站砾卵石推移量分别为 5.37 万 t 和 4.06 万 t，较蓄水前年均值分别减少了 80％和 82％，较 2003—2008 年平均值分别减少了 69％和 13％，万县站砾卵石推移量极小，仅为 0.0331 万 t，较蓄水前年平均值减少了 99％，较 2003—2008 年平均值减少了 90％，见表 3.5。

表 3.5　　　　　　　　2002 年前后各站年平均砾卵石推移量成果表

站　　名	统　计　时　段	砾卵石推移量/万 t
朱沱	1975—2002 年	26.9
	2003—2008 年	17.2
	2009—2019 年	5.37
寸滩	1966 年、1968—2002 年	22.0
	2003—2008 年	4.68
	2009—2019 年	4.06
万县	1973—2002 年	34.1
	2003—2008 年	0.329
	2009—2019 年	0.0331

（2）沙质推移质。2012—2019 年，朱沱站沙质推移质输沙量为 0.624 万 t；寸滩站沙质推移质输沙量为 0.310 万 t，较 1990—2002 年平均值减少了 99%，较 2003—2008 年平均值减少了 86%，见表 3.6。

寸滩站砾卵石推移质和沙质推移质历年推移量变化如图 3.13 所示。

表 3.6　各站年平均沙质推移量成果表

站名	统计时段	沙质推移量/万 t
朱沱	2012—2019 年	0.624
寸滩	1966 年、1968—1990 年	49.0
	1990—2002 年	25.8
	2003—2008 年	2.27
	2009—2019 年	0.310

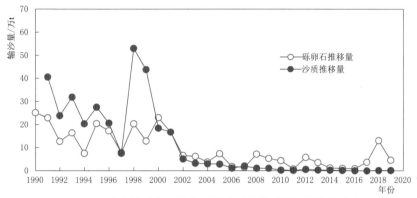

图 3.13　寸滩站砾卵石推移质和沙质推移质历年推移量变化

3.1.3　三峡水库上游暴雨产沙特性

三峡水库入库泥沙主要集中在汛期，受局部暴雨影响，近几年三峡水库入库泥沙主要集中在典型洪水期间，如 2013 年 7 月三峡水库入库沙量为 1.03 亿 t，占全年沙量的 81%，且主要集中在 7 月 11—16 日洪水期间，期间入库沙量为 0.605 亿 t，占全年沙量的 50%。2018 年 7 月三峡水库入库沙量达到了 1.10 亿 t，占全年入库沙量的 77%，较 2003—2017 年同期偏多 87%。7 月 11—17 日洪水期间，嘉陵江北碚站、岷江高场站和沱江富顺站来水分别占寸滩洪峰的 53%、25% 和 14%。期间三峡水库入库沙量达到了 7440 万 t，均大于 2014—2017 年全年入库输沙量的 5544 万 t、3202 万 t、4215 万 t 和 3438 万 t。下面以 2018 年为例，分析三峡水库上游的暴雨产沙特性。

3.1.3.1　长江上游强降雨，流域产沙量大，增加了水体含沙量

2018 年 7 月以来，长江流域发生了 3 次明显降雨过程：第一次降雨过程发生在 7 月 1—6 日，降雨主要位于嘉陵江上游和汉江上游；第二次降雨过程发生在 7 月 7—11 日，此次降雨过程雨区集中，强度大，强降雨主要集中在嘉陵江、岷沱江和长江干流附近；第三次降雨过程发生在 7 月 13—16 日，降雨过程强雨区主要集中在嘉陵江和岷沱江流域，强度以大雨、局地暴雨为主。

7 月 2—6 日，受强降雨影响，金沙江下游、岷沱江、嘉陵江等河流出现明显涨水过程，部分中小河流出现超警洪水，7 月 5 日，三峡水库迎来洪峰流量超过 50000m³/s 的洪水。7 月 11 日 11 时，岷江上游出现超历史最高水位洪水，嘉陵江支流白水江出现超保证水位洪水，尚德水文站超历史最高水位，涪江的涪江桥水文站超历史最高水位，金沙江中

游干流出现超警戒水位洪水，嘉陵江亭子口水库出现超 50 年一遇的入库洪水。7 月 11—13 日，岷江、嘉陵江流域出现大暴雨、局地大暴雨过程，累积面雨量 20～60mm，局部可达 100mm 左右。嘉陵江刘家河站 7 月 2 日雨量为 298.50mm，岷江青龙站 7 月 26 日雨量达 209.00mm，沱江马井站 7 月 10 日雨量为 193.50mm。岷江支流青衣江孔坪站 7 月降雨量达到 660mm，嘉陵江干流骑马场站雨量为 607mm，接近多年平均降雨量值的一半。长江上游 2018 年 7 月面雨量与最大站雨量见表 3.7。

表 3.7　　　　　　　　　　　　长江上游 2018 年 7 月面雨量与最大站雨量　　　　　　　　　　单位：mm

流域	岷 江				沱江	嘉 陵 江				横江
	平均	干流	青衣江	大渡河		平均	干流	涪江	渠江	
月面雨量	173.08	174.58	246.54	160.12	182.16	142.58	120.81	175.77	169.56	124.78
最大站雨量	660.00	423.00	660.00	343.50	376.50	607.00	607.00	340.50	317.00	209.00
站名	孔坪	紫坪铺	孔坪	大泥口	都江堰	骑马场	骑马场	江油	义兴	豆沙

受连续强降雨影响，长江上游岷江、沱江及嘉陵江等支流暴发洪水，部分洪水量级重现期在 50 年以上。其中，沱江三皇庙站 11 日 18 时 40 分出现洪峰流量 7810m³/s，重现期超 50 年，沱江出口控制站富顺站 13 日 13 时洪峰流量达 9510m³/s，位居建站以来第 5 位，洪水重现期约 10 年。嘉陵江支流涪江的涪江桥站 11 日 10 时出现洪峰流量 12200m³/s，重现期约 30 年，支流白水江尚德站 11 日 4 时出现洪峰流量 2300m³/s，重现期约 200 年，嘉陵江广元站 11 日 15 时洪峰流量 10600m³/s，重现期约 50 年，嘉陵江北碚站还原后洪峰流量达到 38000m³/s（13 日 8 时），洪水重现期约 15 年。

嘉陵江上游支流西汉水、白龙江中游、岷沱江等流域均属于强产沙地区，受暴雨洪水影响，出现了大含沙量沙峰过程。期间，沱江富顺站沙峰达到了 21.0kg/m³，同时含沙量大于 5.0kg/m³ 的过程持续了 3 天左右，嘉陵江支流涪江小河坝站沙峰达到了 22.0kg/m³，含沙量大于 5.0kg/m³ 的过程持续了 4 天左右，嘉陵江北碚站沙峰达到了 11.8kg/m³，含沙量大于 5.0kg/m³ 的过程持续了 2 天左右，在上游共同影响下，长江干流寸滩站出现 4.47kg/m³ 的沙峰，如图 3.14 所示。长江上游强降雨，流域产沙量大，增加了三峡入库沙量。

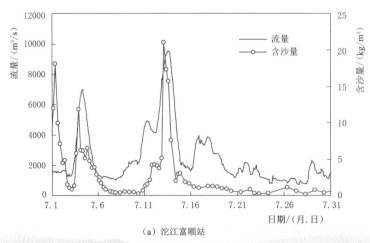

（a）沱江富顺站

图 3.14（一）　2018 年 7 月长江上游主要控制站流量和含沙量过程

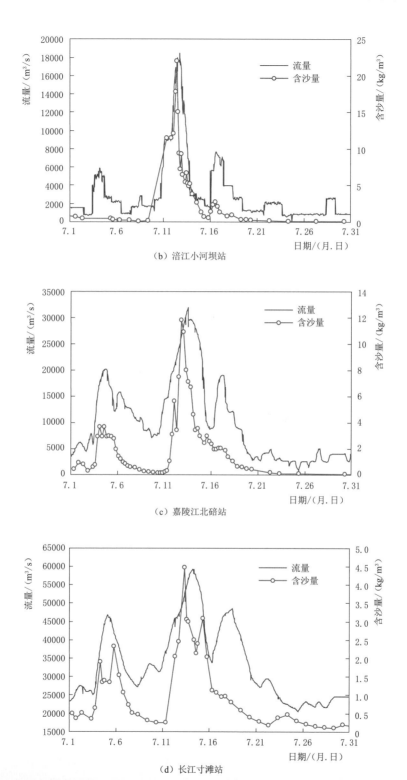

（b）涪江小河坝站

（c）嘉陵江北碚站

（d）长江寸滩站

图 3.14（二） 2018 年 7 月长江上游主要控制站流量和含沙量过程

3.1.3.2 前期地震产生了大量松散堆积体，增加了流域侵蚀产沙量

2018 年输沙量较大的河流——岷江、沱江、涪江和白龙江的上游均流经龙门山断裂带，再由龙门山出山口进入冲积平原或丘陵区。龙门山区地质构造复杂（断层、裂层交错），其岩石尤以风化严重易碎、层理发育的灰岩、泥岩和沙岩为主，这些岩石抗侵蚀能力极差，而且沿层面或裂隙易产生滑动或崩塌。

近年来，在龙门上断裂带附近相继发生了汶川地震、芦山地震、九寨沟地震等特大地震。2008 年 5 月 12 日，四川汶川发生里氏 8.0 级的大地震，地震释放主要位于龙门山北川至映秀地区；2013 年 4 月 20 日，四川省芦山县发生里氏 7.0 级地震，震中位于龙门山断裂带上的西南段；2017 年 8 月 8 日，四川省阿坝州九寨沟县发生里氏 7.0 级地震，震中位于岷江断裂带、塔藏断裂带和虎牙断裂带之间。这些地震在上游产生了上百亿立方米的松散堆积体，随着时间的推移，松散体中的细小颗粒随水流向下游地区输移，如图 3.15 和图 3.16 所示。

图 3.15 北川老县城下游大型滑坡（2010 年）　　图 3.16 北川老县城附近 2018 年崩塌、滑坡情况

2018 年 7 月，长江上游发生强降雨过程，强雨区主要集中在嘉陵江和岷沱江流域。降雨带主要沿龙门山断裂带呈带状分布，位于扬子板块与青藏板块的地缝合线上。前期地震在山坡、山谷产生大量的松散体，在大暴雨或特大暴雨的诱发下，形成滑坡和泥石流进入河流，导致入库泥沙增多。7 月 12 日舟曲县南峪乡江顶崖发生大型山体滑坡，滑坡体体积约 500 万 m³，山体崩塌后滑入白龙江中部，形成堰塞湖。涪江支流通口河自汶川地震至今，沟道松散堆积物仍很多，7 月洪水导致通口河支流都坝河发生大规模的泥石流，大量泥沙进入河道，使河床大幅度抬高。

3.1.3.3 上游低水头水库拦沙作用有限，遇到大洪水时输沙量突然增大

岷江、沱江、嘉陵江流域修建了大量的低水头航电枢纽和水利设施，这些低水头航电枢纽和闸坝水利设施已建成多年，部分已达到淤积平衡，拦沙作用减弱，遇到大洪水时，水库往往开闸畅泄，库区大量泥沙被携带出来，导致下游输沙量突然增大。同时，在 2018 年洪水过程中，涪江的永安、龙凤和三块石水电站大坝两侧护堤发生严重水毁现象，特别是三块石水电站，由于建成年代久远，在 7 月的大洪水过程中大坝已基本被摧毁，上游河道冲刷严重，并发生大幅度和大范围的崩岸，一定程度增加了下游的输沙量。

另外，一些大型水库随着运行时间的增加，库区泥沙淤积增加，拦沙能力逐渐减弱。如大渡河铜街子水库 1994 年底建成蓄水，由于淤积强烈，至 2009 年总库容损失 62%，拦沙能力大幅度减弱。白龙江碧口水库（1976 年建成）淤积严重，截至 2013 年总库容已损失 60%，死库容损失 96%，库区已基本成为河道形态，不具备拦沙库容，大多数悬移质泥沙直接随水流进入下游河道，如图 3.17 所示。

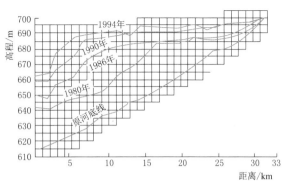

图 3.17 碧口水库淤积变化图

3.2 三峡水库进出库水沙变化

3.2.1 入库水沙特性

3.2.1.1 径流量

在三峡工程论证阶段，入库采用寸滩站＋武隆站资料，两站年均径流量之和为 3986 亿 m³。在初步设计阶段，数学模型计算和河工模型试验采用长江干流寸滩站＋乌江武隆站 1961—1970 系列年的水沙资料作为代表性的入库水沙条件，入库年均径流量为 4196 亿 m³。

10 余年来，三峡水库入库径流量略偏少。2009—2019 年三峡入库（朱沱站＋北碚站＋武隆站，下同）年平均径流量为 3695 亿 m³，较 1990 年前和 1991—2002 年的年平均值分别偏少 4% 和 1%，较 2003—2008 年的平均值偏多 2%。寸滩站、武隆站两站年平均径流量之和为 3786 亿 m³，较论证值减少了 200 亿 m³，减幅为 5%。

从年内水量变化来看，在上游水库群蓄水运行后，由于水库群汛期的拦洪削峰作用和枯水期、消落期的补水作用，2009—2019 年的 1—6 月和 10—12 月三峡水库入库水量明显增多，而汛期 7—9 月三峡水库水量明显减少（表 3.8 和图 3.18）。

表 3.8　　　　　　不同时段三峡入库（朱沱站＋北碚站＋武隆站）水沙量对比

项目	年　份	1月	2月	3月	4月	5月	6月	7月	8月	9月	10月	11月	12月	全年
径流量 /亿 m³	1956—1990	100.4	83.25	98.67	144.4	261.5	428.9	707.5	637.5	608.5	419.5	217.3	135.6	3845
	1991—2002	107.3	90.61	106.9	147.8	243.6	442.6	718.6	665.6	505.9	367.6	205.4	135.1	3733
	2003—2008	114	95.77	122.7	147.5	238.9	379.4	628.6	572.6	575.2	378	223.7	137.3	3616
	2009—2019	140.5	113.2	139.6	175.4	252.7	371.8	693	569.5	509.9	370.8	207.6	151.2	3695
	1956—2019	110.1	91.13	109.6	151.1	254.3	417.2	705.4	633.5	568.6	399.1	216	139	3796
输沙量 /万 t	1956—1990	37.1	25.4	41.8	295	1770	5990	15600	12200	9370	2750	383	83.9	48900
	1991—2002	41	30	36.4	194	722	4470	11800	9980	5520	1820	421	92.5	35100
	2003—2008	36.3	24.6	42.5	110	538	2210	7060	5050	4760	1290	427	64.1	21500
	2009—2019	30.1	16.7	28.2	54.2	175	987	5300	2550	1610	355	79.4	32.8	11200
	1956—2019	36.5	24.6	38.3	216	1170	4430	12200	9340	6790	2000	340	74.5	36800

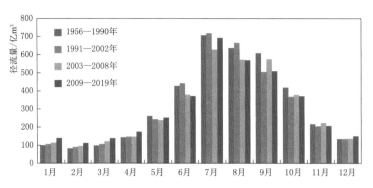

图 3.18 不同时段三峡入库（朱沱站＋北碚站＋武隆站）径流量对比

（1）朱沱站。2009—2019 年，朱沱站年平均径流量为 2586 亿 m³，较 1991—2002 年的平均值偏少 3%，与 2003—2008 年的平均值基本持平（表 3.9、图 3.19）。

表 3.9 朱沱站不同时段径流量、输沙量对比表

项目	年 份	1 月	2 月	3 月	4 月	5 月	6 月	7 月	8 月	9 月	10 月	11 月	12 月	全年
径流量/亿 m³	1956—1990	76.81	63.19	70.36	83.92	141.3	272.5	475.2	477.3	434.2	304.5	157.3	102.5	2659
	1991—2002	80.84	68.28	74.95	94.07	143.1	278.1	490.6	504.1	408.4	274.5	151.7	103.3	2672
	2003—2008	86.65	71.47	85.71	95.17	147.7	261.9	428.5	430.2	430.7	265.3	160.7	102.5	2568
	2009—2019	105.1	84.74	101.2	110.9	146.6	232.3	461.3	432.1	366.6	283.2	150.9	111.4	2586
	1956—2019	83.67	68.89	78.33	91.89	143.3	265.3	471.1	469.8	416.6	290.9	155.4	104.3	2639
输沙量/万 t	1956—1990	34.5	23.2	23.8	76.7	589	3870	9750	8780	5680	1920	309	76.6	31600
	1991—2002	38.4	24.9	29.4	126	414	3350	9790	8470	5060	1610	340	88.1	29300
	2003—2008	33.6	20.8	34.8	79.7	392	1910	5830	4750	4030	1030	405	58.7	18500
	2009—2019	28	15.2	25.2	40.4	132	786	3200	2230	1030	312	66.2	30.4	7900
	1956—2019	34	21.8	26.1	80.2	453	3020	8190	7140	4560	1480	280	68.8	25400

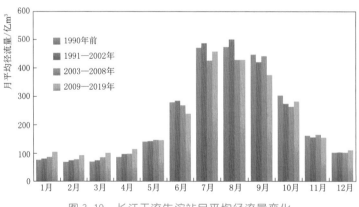

图 3.19 长江干流朱沱站月平均径流量变化

（2）北碚站。2009—2019 年，北碚站年平均径流量为 668.0 亿 m³，较 1991—2002 年和 2003—2018 年的平均值分别偏多 26% 和 10%（表 3.10、图 3.20）。

表 3.10   北碚站不同时段径流量、输沙量对比表

项目	年 份	1月	2月	3月	4月	5月	6月	7月	8月	9月	10月	11月	12月	全年
径流量 /亿 m³	1956—1990	11.95	9.162	12.7	26.71	55.52	68.4	152.1	109.2	127.9	74.4	32.69	17.53	699.2
	1991—2002	12.24	8.962	13.24	22.55	42.81	68.67	111.8	92.01	62.82	54.03	28.81	15.36	529.4
	2003—2008	14.45	10.65	16.86	23.14	36.64	50.44	126.3	93.57	102.5	82.81	30.18	18.41	606.1
	2009—2019	17.1	12.74	16.45	26.94	44.46	67.18	161.9	96.1	109.9	59.32	34.77	21.16	668.0
	1956—2019	13.14	9.89	13.85	25.62	49.37	66.53	143.7	102.1	109.9	68.69	32.07	17.83	653.3
输沙量 /万 t	1956—1990	1.35	0.852	7.8	113	693	1240	5080	3080	3450	731	51.4	3.98	14300
	1991—2002	1.16	0.793	1.78	10.2	87.1	515	1250	1250	406	146	52.8	2.04	3720
	2003—2008	0.386	0.494	1.54	3.42	12.7	88.5	995	237	665	242	3.3	1.19	2260
	2009—2019	1.25	0.876	1.45	3.48	12.5	143	1990	304	566	38.3	11.3	1.47	3080
	1956—2019	1.19	0.808	4.81	62.9	389	791	3390	1960	2080	448	39.9	2.89	9240

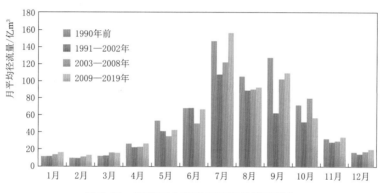

图 3.20　嘉陵江北碚站月平均径流量变化

（3）武隆站。2009—2019 年，武隆站年平均径流量为 440.7 亿 m³，较 1991—2002 年的平均值偏少 17%，与 2003—2008 年的平均值基本持平（表 3.11、图 3.21）。

表 3.11   武隆站不同时段径流量、输沙量对比表

项目	年 份	1月	2月	3月	4月	5月	6月	7月	8月	9月	10月	11月	12月	全年
径流量 /亿 m³	1956—1990	11.67	10.9	15.61	33.8	64.65	88.03	80.18	50.99	46.43	40.61	27.27	15.53	486.4
	1991—2002	14.23	13.37	18.73	31.14	57.7	95.82	116.2	69.48	34.66	39.08	24.89	16.4	531.7
	2003—2008	12.89	13.65	20.09	29.16	54.55	67.09	73.83	48.8	41.98	29.86	32.82	16.41	441.4
	2009—2019	18.25	15.74	21.9	37.52	61.65	72.29	69.79	41.32	33.43	28.25	21.96	18.66	440.7
	1956—2019	13.4	12.45	17.7	33.5	61.88	84.82	84.55	52.59	41.57	37.19	26.43	16.32	482.8
输沙量 /万 t	1956—1990	1.25	1.38	10.2	105	487	878	795	332	238	98.5	22.6	3.31	2970
	1991—2002	1.46	4.3	5.19	58.2	221	605	739	256	56.2	61.5	28.6	2.37	2040
	2003—2008	2.31	3.33	6.13	26.4	133	210	237	61.8	64.7	20.2	18.8	4.16	788
	2009—2019	0.811	0.624	1.53	10.3	30.7	58.4	111	11.5	16.5	4.53	1.9	0.901	249
	1956—2019	1.31	1.98	7.41	72.5	326	623	614	237	149	68.1	19.8	2.8	2120

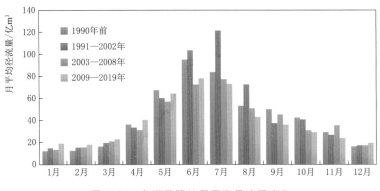

图 3.21　乌江武隆站月平均径流量变化

3.2.1.2　输沙量

在三峡工程论证和初步设计阶段，采用长江干流寸滩站＋乌江武隆站资料，入库年平均输沙量之和为 4.93 亿 t，数学模型计算和物理模型试验采用 1961—1970 系列年的水沙资料作为代表性的入库水沙条件，年平均入库沙量为 5.09 亿 t，水库运行前 10 年，库区年平均淤积泥沙 3.28 亿～3.55 亿 t，水库排沙比在 35％左右。

2003—2019 年年平均入库（朱沱站＋北碚站＋武隆站，下同）沙量为 1.49 亿 t，寸滩站、武隆站两站年平均沙量之和为 1.42 亿 t，较论证值减少了 71％（表 3.8、图 3.22）。

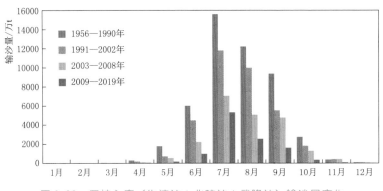

图 3.22　三峡入库（朱沱站＋北碚站＋武隆站）输沙量变化

在三峡入库泥沙大幅度减少的同时，入库泥沙组成也发生了显著的变化。

乌江来沙量占寸滩站、武隆站两站沙量之和的比例由 1990 年前的 6.2％、1991—2002 年的 5.7％减少至 2003—2019 年的 3.5％。

2003—2012 年占寸滩站沙量比重最大的为金沙江，比例达 75.9％（1956—1990 年、1991—2002 年分别为 53.4％、83.4％）。受溪洛渡、向家坝蓄水拦沙的影响，金沙江来沙量明显减少，2013—2019 年向家坝站沙量仅为 155 万 t，仅为寸滩站的 2.2％（2003—2012 年平均为 75.9％）。2013—2019 年，横江、岷江、沱江来沙比重明显增多，三站的输沙量之和占寸滩站的比重达到了 49.1％，其中：横江站输沙量占寸滩站的比重为 9.3％（1956—1990 年、1991—2002 年和 2003—2012 年比重分别为 3.0％、4.1％和 2.9％），高场站输沙量占寸滩站的比重为 25.8%（1956—1990 年、1991—2002 年和 2003—2012 年比重分别为 11.4%、10.2% 和 15.7%），富顺站输沙量占寸滩站的比重为 14.1%（1956—1990 年、1991—2002 年和 2003—2012 年比重分别为 2.3%、1.0% 和 1.1%），北碚站占寸滩站的沙量比重为 36.6%，如图 3.23 所示。

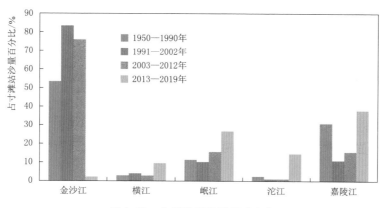

图 3.23　入库沙量地区组成变化

（1）朱沱站。2009—2019 年，朱沱站年平均输沙量为 0.79 亿 t，较 1991—2002 年和 2003—2008 年的平均值分别偏少 73% 和 57%（表 3.9、图 3.24）。

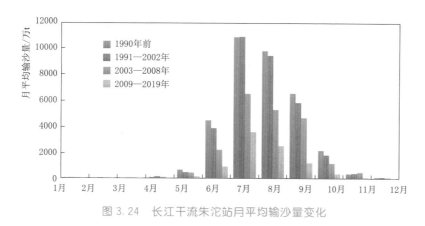

图 3.24　长江干流朱沱站月平均输沙量变化

（2）北碚站。2009—2019 年，北碚站年平均输沙量为 0.308 亿 t，较 1991—2002 年的平均值减少了 17%，但较 2003—2008 年的平均值偏多 36%（表 3.10、图 3.25）。

（3）武隆站。2009—2019 年，武隆站年平均输沙量为 0.0249 亿 t，较 1991—2002 年和 2003—2008 年的平均值分别减少了 87% 和 68%（表 3.11、图 3.26）。

3.2.1.3　三峡水库区间来沙估算

长江上游流域面积 100 万 km²，支流众多，产输沙条件十分复杂，水沙时空分异明显。三峡水库区间来沙量（干流寸滩站、乌江武隆站以下至三峡大坝坝址之间的区域，流域面积约 5.6 万 km²）是三峡水库来沙的重要组成部分，也是准确计算三峡水库泥沙淤积的基础之一。三峡水库蓄水前，三峡水库区间河道年际间冲淤基本平衡，区间来沙量可通

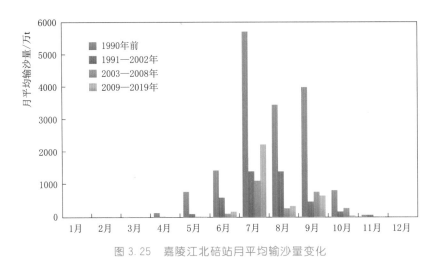

图 3.25　嘉陵江北碚站月平均输沙量变化

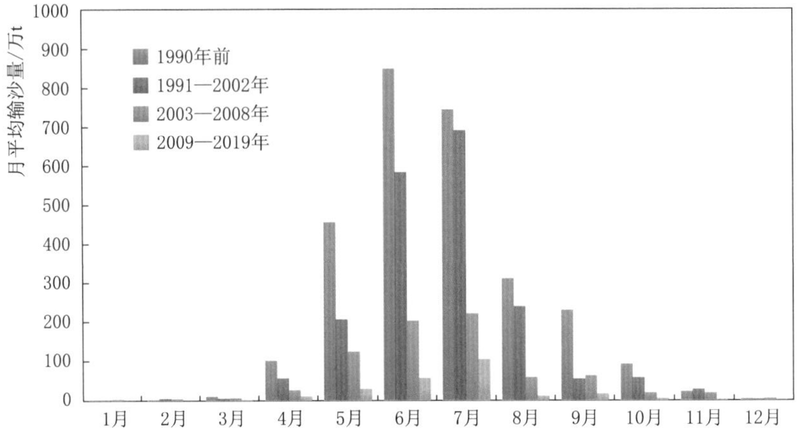

图 3.26　乌江武隆站月平均输沙量变化

过计算寸滩、武隆、宜昌水文站输沙量差值得到。如 1955—1990 年寸滩站、武隆站的年平均径流量、输沙量之和分别为 3967 亿 m³、4.835 亿 t，宜昌站年平均径流量、输沙量分别为 4350 亿 m³、5.253 亿 t，据此估算（不考虑水库淤积），三峡水库区间年平均来水、来沙量分别为 383 亿 m³、0.418 亿 t，分别占宜昌站水沙量的 8.8%、8.0%；1991—2002 年寸滩站、武隆站年平均径流量、输沙量之和分别为 3871 亿 m³、3.572 亿 t，宜昌站年平均径流量、输沙量分别为 4287 亿 m³、3.914 亿 t，据此估算（不考虑水库淤积），三峡水库区间年平均来水、来沙量分别为 416 亿 m³、0.342 亿 t，分别占宜昌站水沙量的 9.7%、8.7%。由此看来，随着三峡水库上游来水来沙量的减小，三峡水库区间来水来沙量占宜昌站水沙量的比重在逐渐增大。

　　三峡水库蓄水运行后，随着长江上游来沙量的持续减少，区间来沙量占入库输沙量的比例进一步增大，对水库淤积的影响更加明显。2003—2019 年寸滩站、武隆站年平均径流量、输沙量之和分别为 3757 亿 m³、1.42 亿 t，宜昌站年平均径流量、输沙量分别为 4114

亿 m³、0.342 亿 t。由于三峡水库蓄水拦沙作用，区间河床处于累计淤积状态，无法通过输沙平衡法来估算区间来沙量，且目前对于三峡库区泥沙的淤积计算与相关研究，均没有考虑区间来沙量的影响。因此，开展三峡水库区间的来沙调查研究，摸清不同来水条件下区间进入三峡水库的输沙量，对于准确评估三峡水库泥沙淤积及其对调度运行的影响是十分必要的。

（1）基于侵蚀量法估算。长江科学院 2013 年利用修正通用土壤流失方程 RUSLE 计算了三峡库区 2000 年、2007 年、2010 年的土壤流失量。根据 RUSLE 模型计算结果，选取 2000 年之后的 5 条流域 10 年平均输沙数据，根据侵蚀量与输沙量的关系，计算出各条流域的泥沙输移比。在结合三峡水库区间地貌图、土地利用图、坡度图、植被覆盖图的基础上，将三峡水库区间划分为 6 个区域，入库泥沙量见表 3.12。结果表明，整个三峡区间 2007 年入库泥沙量为 2415 万 t，2010 年入库泥沙量为 1009 万 t，由于不同年份降雨强度、降雨量及降雨落区等因素差异较大，输沙量差异也较大。

表 3.12　　　　　　　　　三峡水库区间不同支流泥沙输移比及输沙量

分区	代表性流域	面积/km²	输移比		土壤侵蚀模数 /[t/(km²·a)]		入库泥沙量 /万 t	
			2007 年	2010 年	2007 年	2010 年	2007 年	2010 年
香溪河片	香溪河	11456.98	0.08	0.01	1910	1820	204.9	24.4
大宁河片	大宁河	8143.67	0.33	0.26	2512	2205	810.8	560.7
东里河片	东里河	10536.36	0.34	0.17	2234	2010	687.9	309.5
磨刀溪片	磨刀溪	7926.75	0.15	0.03	2810	2012	330.8	47.4
龙河片	龙河	11366.95	0.12	0.02	1910	1630	234.7	33.4
东河片	东河	8969.3	0.12	0.03	1505	1370	145.7	33.2
合计		58400	0.19	0.087	2147	1841	2414.8	1008.6

（2）基于径流量-输沙量双累积曲线法估算。当流域下垫面条件不变时，流域径流量-输沙量具有很好的相关关系，径流量-输沙量双累积关系曲线也表现为一条直线，当下垫面条件变化时，就发生转折。用径流量-输沙量双累积关系来分析区间来沙量的变化，不仅能反映来沙量绝对量的变化，而且可以在一定程度上扣除径流量变化的影响，反映流域植被及人类活动等因素的变化对来沙的影响。

双累积曲线法的实质是相同条件下的水沙关系。假设 2000—2015 年流域下垫面条件基本相同，则 2003—2015 年的径流量-输沙量双累积关系曲线和 2000—2002 年在一条直线上。由 2000 年和 2002 年两点构建一条直线方程（$y=4.598x+118630$），通过延长直线至 2015 年，用 2003—2015 年的累积径流量（考虑三峡水库不同蓄水位蓄水量的影响）数值代入直线方程（图 3.27），可近似求得累积输沙量，反推可求得三峡水库区间的输沙量，结果见表 3.13。三峡水库蓄水后的 2003—2015 年区间平均来沙量 1560 万 t，与 1981—1990 年和 1991—2000 年的 5090 万 t 和 3550 万 t 相比有大幅度减小。

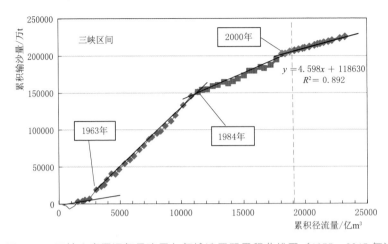

图 3.27 三峡水库区间年径流量与年输沙量双累积曲线图（1955—2015 年）

表 3.13 三峡水库区间输沙量估算结果

年份	实测径流量 /亿 m³	三峡水库蓄水量 /亿 m³	径流量 /亿 m³	累积径流量 /亿 m³	累积输沙量 /万 t	年输沙量 /万 t
2003	275	100	375	19143	206648	1499
2004	316	0	316	19458	208100	1452
2005	333	0	333	19791	209629	1529
2006	81	111	192	19983	210512	883
2007	355	0	355	20338	212144	1632
2008	270	158	428	20766	214110	1966
2009	232	0	232	20997	215175	1065
2010	233	0	233	21230	216246	1071
2011	271	0	271	21501	217492	1246
2012	401	0	401	21902	219334	1842
2013	288	0	288	22190	220660	1326
2014	600	0	600	22790	223420	2761
2015	436	0	436	23226	225423	2002
平均	314.6	—	342.9	—	—	1560

（3）基于输沙平衡法估算。根据三峡库区干支流实测断面资料计算，2003—2015 年库区干流、支流年平均冲淤量分别为 11469 万 m³、2202 万 m³，经相应干容重资料折算得到库区年平均淤积沙量 1.471 亿 t。利用沙量平衡原理，计算得到三峡水库蓄水后的 2003—2015 年，三峡区间年平均输沙量为 2200 万 t，与径流量-输沙量双累积曲线法及侵蚀量法计算的结果较为接近，见表 3.14。经分析，很多年份的输沙量为负值，与实际情况不符，为计算误差所致。

表 3.14   基于三峡库区淤积量计算的估算结果

年份	干流冲淤量		支流冲淤量		库区冲淤量 /亿 t	寸滩+武隆 /亿 t	三峡区间 /亿 t	黄陵庙输沙量 /亿 t
	万 m³	亿 t	万 m³	亿 t				
2003	19216	2.133	2552	0.230	2.363	2.204	0.999	0.840
2004	12866	1.428	−147.5	−0.013	1.415	1.838	0.214	0.637
2005	9407	1.044	815	0.073	1.118	2.744	−0.597	1.030
2006	12423	1.379	1458	0.131	1.510	1.124	0.475	0.089
2007	10589	1.175	1652	0.149	1.324	2.204	−0.371	0.509
2008	14840	1.647	1986	0.179	1.826	2.169	−0.021	0.322
2009	23609	2.621	492	0.044	2.665	1.744	1.281	0.360
2010	16328	1.812	8808	0.793	2.605	2.166	0.767	0.328
2011	7168	0.796	2201.9	0.198	0.994	0.931	0.132	0.069
2012	10166	1.128	2201.9	0.198	1.327	2.112	−0.332	0.453
2013	12076.8	1.341	2201.9	0.198	1.539	1.219	0.648	0.328
2014	1663	0.185	2201.9	0.198	0.383	0.582	−0.094	0.105
2015	−1257.9	−0.140	2201.9	0.198	0.059	0.341	−0.239	0.043
平均	11469	1.273	2202	0.198	1.471	1.644	0.220	0.393

（4）基于输沙模数类比法估算。三峡水库区间龙河、大宁河、香溪河有较好的资料基础，小江、磨刀溪也有 2003—2015 年的输沙量资料，通过这 5 条支流代表相邻区域，区域累加即可算出区间的输沙量。基于输沙模数类比法计算的三峡库区支流输沙量见表3.15，年平均输沙量为 2185 万 t，与双累积曲线法、水库淤积法计算的结果接近。在 5 大片区中，大宁河片区输沙模数较大，龙河片区输沙模数较小，小江片区的温泉上游地区输沙模数也很大，但其侵蚀产沙环境与大宁河片区更接近，而小江片区的其他地区则与龙河片区更接近，显示出西部地区输沙模数小，东部地区输沙模数大的地区分布特征。龙河片、小江片、磨刀溪片、大宁河片及香溪片入库输沙量分别为 260 万 t、661 万 t、349 万 t、540 万 t 和 447 万 t，大致相当于寸滩至万州区间输沙量为 921 万 t，万州至巫山区间输沙量大致为 889 万 t，巫山至大坝区间输沙量大致为 447 万 t。不同年份间输沙量差别也很大，2007 年为 4000 多万 t，2013 年为 1000 多万 t。

表 3.15   基于输沙模数类比法的三峡库区支流输沙量

年份	龙河片		小江片		磨刀溪片		大宁河片		香溪河片		合计
	输沙模数 /[t/(km²·a)]	输沙量 /万 t	输沙模数 /[t/(km²·a)]	输沙量 /万 t	输沙模数 /[t/(km²·a)]	输沙量 /万 t	输沙模数 /[t/(km²·a)]	输沙量 /万 t	输沙模数 /[t/(km²·a)]	输沙量 /万 t	输沙量 /万 t
2003	234	366			515	468	725	879	454	691	2404
2004			675	981	459	418	367	445	167	254	2099
2005	210	324	492	715	222	202	1023	1236	159	240	2717
2006	502	774	69	100	241	219	151	183	51	77	1353
2007	583	899	810	1177	857	780	757	915	335	505	4275

年份	龙河片		小江片		磨刀溪片		大宁河片		香溪河片		合计
	输沙模数 /[t/(km²·a)]	输沙量 /万 t	输沙模数 /[t/(km²·a)]	输沙量 /万 t	输沙模数 /[t/(km²·a)]	输沙量 /万 t	输沙模数 /[t/(km²·a)]	输沙量 /万 t	输沙模数 /[t/(km²·a)]	输沙量 /万 t	输沙量 /万 t
2008	61	93	261	373	341	310	350	423	252	379	1579
2009	31	48	575	822	511	465	563	680	42	63	2078
2010	83	128	329	470	116	106	436	527	56	84	1315
2011	125	193	502	718	853	776	660	745	1134	1639	4071
2012	26	40	458	546	357	325	161	176	195	282	1370
2013	34	52	377	450	137	113	119	131	313	452	1197
2014	63	97	768	916	162	133	576	631	652	943	2720
2015	66	102	553	659	268	220	46	51	138	199	1231
平均	168	260	489	661	388	349	457	540	304	447	2185

因此，综合侵蚀量估算法、径流量-输沙量双累积曲线法、输沙平衡法和输沙模数类比法进行估算，三峡水库蓄水后，三峡区间年平均来沙量约为 2000 万 t，且受区间降雨影响较大，其变化范围为 1200 万～4000 万 t。

3.2.2 库区水沙特性

2008 年汛末三峡水库试验性蓄水后，回水末端上延，寸滩站水沙特性受蓄水影响明显，由原入库控制站变为库区站。三峡库区干流水文站主要有寸滩站、清溪场站、万县站和庙河站。

3.2.2.1 径流量

（1）寸滩站。2009—2019 年，寸滩站年平均径流量为 3345 亿 m³，与 1991—2002 年的平均值持平，较 2003—2008 年的平均值偏多 2%（表 3.16、图 3.28）。

表 3.16　　　　　　　　　寸滩站不同时段径流量、输沙量对比表

项目	年份	1 月	2 月	3 月	4 月	5 月	6 月	7 月	8 月	9 月	10 月	11 月	12 月	全年
径流量 /亿 m³	1950—1990	90.86	73.32	83.74	114	207.3	345.3	660.5	626.3	586.7	400.9	202	124.4	3516
	1991—2002	94.46	77.54	89.46	120.8	197.7	361.6	630.3	620.7	489.5	344.9	189.2	122.7	3339
	2003—2008	105.8	85.14	106.6	124.5	192.8	327.5	565.6	529.4	540.4	358.5	201.1	127.3	3265
	2009—2019	122.3	99.2	122.8	147.8	205.8	314.2	636.5	544.1	487.7	347.6	184.5	132.4	3345
	1950—2019	97.7	79.12	92.81	121.4	204.2	341.7	643.5	604.1	550.5	379.3	197	125.6	3437
输沙量 /万 t	1956—1990	42.7	26.9	44.2	210	1350	4890	14400	11800	9140	2950	479	115	45200
	1991—2002	41	25.2	32.3	136	561	3660	11200	9910	5620	1980	409	93.1	33700
	2003—2008	39.2	25.1	44	114	431	1850	6330	4720	4480	1230	352	62.6	19700
	2009—2019	23.5	16.9	36.5	59.1	167	956	4870	2510	1560	318	58.1	22.3	10600
	1956—2019	40.8	26.5	41	165	916	3740	11700	9430	6820	2210	423	99.3	35600

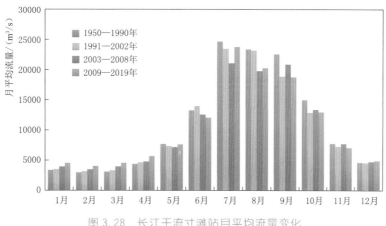

图 3.28　长江干流寸滩站月平均流量变化

（2）清溪场站。2009—2019 年，清溪场站年平均径流量为 3755 亿 m³，比 1983—2002 年的年平均值偏少 5%，与 2003—2008 年的平均值基本持平（表 3.17、图 3.29）。

表 3.17　　　　　　　　　　清溪场站不同时段径流量、输沙量对比表

项目	年　份	1月	2月	3月	4月	5月	6月	7月	8月	9月	10月	11月	12月	全年
径流量 /亿 m³	1983—2002	115.7	96.35	115.3	157.7	263.8	448	755.7	647.6	575.2	408.3	221	147.1	3951
	2003—2008	123.7	103.9	129.9	162.4	269.5	382.3	624.1	635.8	545.2	386.1	242.8	144.1	3751
	2009—2019	144.6	116.4	150.3	186.3	270.2	397.8	714.1	556.8	508.1	356.5	209.2	145.3	3755
	1983—2019	125.1	103.2	127.5	166.4	266.5	423.1	722.2	620.4	551.5	390.2	221.3	146.1	3863
输沙量 /万 t	1984—2002	33.7	23.9	34.7	189	859	4300	13200	9520	6760	2310	411	74.1	37700
	2003—2008	19.5	15.7	23.1	71.4	410	1490	6290	5120	3800	971	166	24.3	18400
	2009—2019	6.79	5.91	10.4	19.3	167	1070	4830	1980	1270	122	14.9	6.91	9510
	1984—2019	23.6	17.4	25.8	120	584	2900	9650	6610	4680	1460	256	46.3	26400

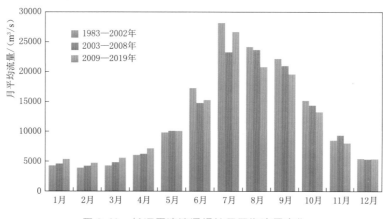

图 3.29　长江干流清溪场站月平均流量变化

（3）万县站。2009—2019 年，万县站年平均径流量为 3709 亿 m³，较 1991—2002 年和 2003—2008 年的平均值分别偏少 10% 和 2%（表 3.18、图 3.30）。

表3.18　　　　　　　　　　　　　万县站不同时段径流量、输沙量对比表

项目	年　份	1月	2月	3月	4月	5月	6月	7月	8月	9月	10月	11月	12月	全年
径流量/亿 m³	1952—1990	109.3	89.31	105.8	157.1	288.2	447	772.4	714.4	657.7	469.2	243.8	150.3	4205
	1991—2002	119.6	100.3	119.5	165.4	278.4	473.5	791.9	728.5	551	413.8	233.2	152.5	4128
	2003—2008	122.2	98.81	122.5	154.4	259.9	405.6	649.5	587.6	600.9	384.8	236.6	147.7	3772
	2009—2019	148.2	126	154.9	193.9	285.5	389.3	695.5	574.3	472.6	322.6	199.3	147	3709
	1952—2019	118.6	98.03	117.6	164.3	283.5	438.7	752.6	683	603.9	428.3	234.1	149.9	4073
输沙量/万 t	1952—1990	63.6	35.3	56.3	383	1920	5620	15400	12700	9480	3470	903	189	50200
	1991—2002	52	30	43.8	290	985	4390	12200	10400	5710	2390	707	154	37400
	2003—2008	9.91	6.18	8.62	20.3	150	937	4650	3230	3310	510	29.6	7.32	12900
	2009—2019	5.95	4.66	6.34	9.09	29.8	285	3640	1460	412	29.7	9.66	5.84	5890
	1952—2019	44.4	25.2	39	253	1170	3840	11300	9050	6290	2270	597	127	35000

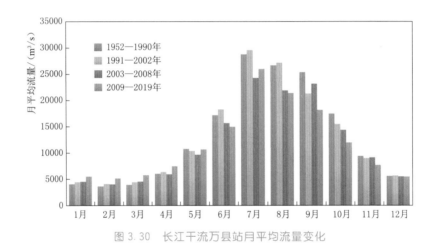

图3.30　长江干流万县站月平均流量变化

（4）庙河站。2009—2019年，庙河站年平均径流量为4128亿 m³，较2004—2008年的平均值偏多5%（表3.19、图3.31）。

表3.19　　　　　　　　　　　　　庙河站不同时段径流量、输沙量对比表

项目	年　份	1月	2月	3月	4月	5月	6月	7月	8月	9月	10月	11月	12月	全年
径流量/亿 m³	2004—2008	124	110.4	143.9	187.1	295.5	439.1	664.2	625.1	574.9	359.4	248.4	148.5	3923
	2009—2019	182.6	162	189.9	235.8	375	450.1	709.2	607.9	463.5	334.3	239.9	179	4128
输沙量/万 t	2004—2008	5.25	5.32	6.11	10.3	34.6	192	1650	2280	1530	166	20.3	6.32	5920
	2009—2019	5.63	5.85	7.69	9.51	22.7	74.2	1310	628	175	23.9	8.66	5.58	2280

3.2.2.2　输沙量

（1）寸滩站。2009—2019年，寸滩站年平均输沙量为1.06亿 t，较1991—2002年和2003—2008年的平均值分别偏少69%和46%（表3.16、图3.32）。

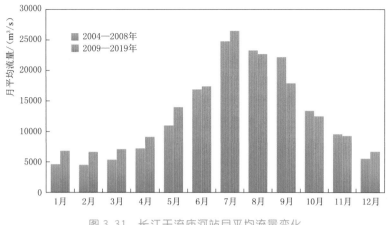

图 3.31 长江干流庙河站月平均流量变化

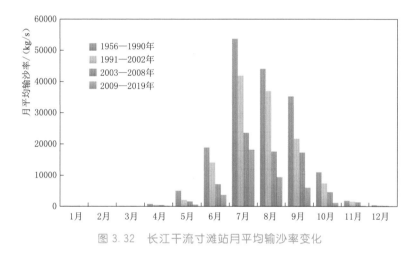

图 3.32 长江干流寸滩站月平均输沙率变化

（2）清溪场站。2009—2019 年，清溪场站年平均输沙量为 0.951 亿 t，较 1984—2002 年和 2003—2008 年的平均值分别偏少 75％和 48％（表 3.17、图 3.33）。

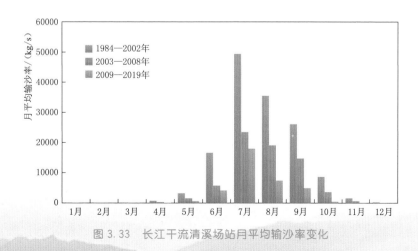

图 3.33 长江干流清溪场站月平均输沙率变化

（3）万县站。2009—2019 年，万县站年平均输沙量为 0.589 亿 t，较 1991—2002 年和 2003—2008 年的平均值分别偏少 84％和 54％（表 3.18、图 3.34）。

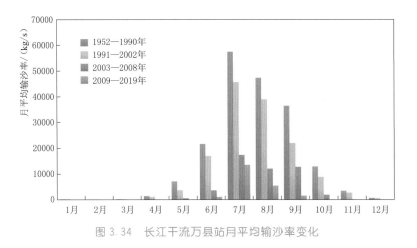

图 3.34　长江干流万县站月平均输沙率变化

（4）庙河站。2009—2019 年，庙河站年平均输沙量为 0.228 亿 t，较 2004—2008 年的平均值偏少 61％（表 3.19、图 3.35）。

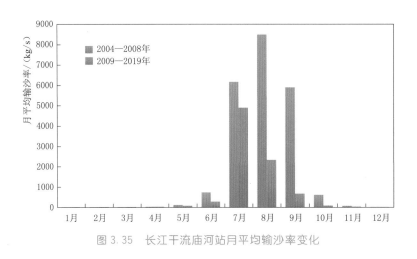

图 3.35　长江干流庙河站月平均输沙率变化

3.2.3　出库水沙特性

在三峡工程论证和初步设计阶段，坝址年平均径流量采用宜昌站 1878—1990 年长系列均值，为 4510 亿 m³；输沙量则采用宜昌站 1950—1986 年的平均值，为 5.26 亿 t。

3.2.3.1　径流量

（1）黄陵庙站。2009—2019 年，黄陵庙站年平均径流量为 4146 亿 m³，较 2003—2008 年的平均值偏多 4％（表 3.20、图 3.36）。

（2）宜昌站。2009—2019 年，三峡出库（宜昌站）年平均径流量为 4188 亿 m³，较 1991—2002 年的平均值偏少 2％，较 2003—2018 年的平均值则偏多 5％（表 3.21、图 3.37）。

表 3.20　　　　　　　　　黄陵庙站不同时段径流量、输沙量对比表

项目	年　份	1月	2月	3月	4月	5月	6月	7月	8月	9月	10月	11月	12月	全年
径流量 /亿 m³	2003—2008	120.5	103.9	135.9	180.3	290.7	433.3	707.5	627	619.5	363.8	239.4	148	3970
	2009—2019	181.7	160.2	187.4	229.8	374.2	450.8	725.7	616.7	470.3	333	239.1	176.8	4146
	2003—2019	160.1	140.3	169.2	212.3	344.7	444.6	719.3	620.3	523	343.9	239.2	166.7	4084
输沙量 /万 t	2003—2008	5.71	4.43	4.82	24.8	68.4	226	1760	1760	1770	141	18.9	4.91	5790
	2009—2019	5.13	4.06	5.94	8.43	18.8	69.3	1200	585	151	19.7	8.37	4.36	2080
	2003—2019	5.33	4.19	5.54	14.2	36.3	125	1400	998	723	62.4	12.1	4.55	3390

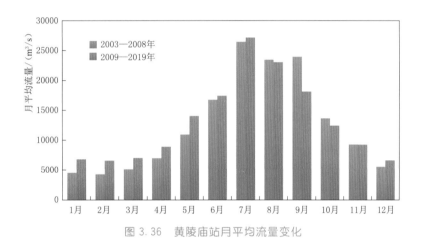

图 3.36　黄陵庙站月平均流量变化

表 3.21　　　　　　　　　宜昌站不同时段径流量、输沙量对比表

项目	年　份	1月	2月	3月	4月	5月	6月	7月	8月	9月	10月	11月	12月	全年
径流量 /亿 m³	1950—1990	112.4	91.88	112.6	168.7	312.1	461.5	800.1	731.5	683.6	497.8	262.1	156.5	4393
	1991—2002	120.8	99.71	125.6	180	304.6	483.4	817.6	743	566.4	433.5	251.5	159.8	4287
	2003—2008	122.5	105.8	137.8	181.9	292.1	434.6	706.2	625.8	617.8	363.8	240.7	149.8	3978
	2009—2019	180.1	159.7	188.3	235.6	380.5	459.1	731.7	623.8	474.5	337.9	241	177.2	4188
	1950—2019	125.4	105.1	128.9	182.3	319.9	462.6	784.3	707.5	625	450.1	255.1	159.7	4307
输沙量 /万 t	1950—1990	66.2	33.8	99.3	533	2460	5500	16100	12800	9450	3730	1080	241	52100
	1991—2002	19.9	14.4	21	170	928	4340	13300	11300	5900	2490	580	53.5	39200
	2003—2008	6.92	5.13	6.38	15.8	64.5	222	1900	1820	1860	156	21.3	8.97	6090
	2009—2019	4.26	3.69	5.04	5.93	14.9	58.4	1140	579	136	17.5	6.54	3.94	1970
	1950—2019	43.2	23.1	62.5	341	1590	3970	12000	9620	6690	2610	732	150	38100

3.2.3.2　输沙量

（1）黄陵庙站。2009—2019 年，黄陵庙站年平均出库沙量为 0.208 万 t，较 2003—2008 年的平均值减少 64%（表 3.20、图 3.38）。

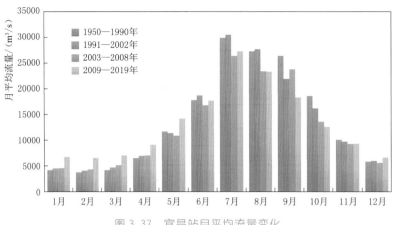

图 3.37 宜昌站月平均流量变化

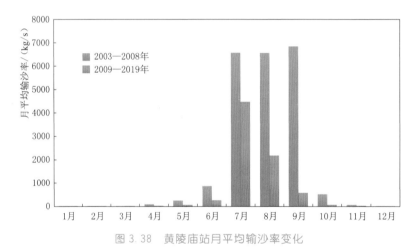

图 3.38 黄陵庙站月平均输沙率变化

（2）宜昌站。2009—2019 年，宜昌站年平均输沙量为 0.197 亿 t，较 1991—2002 年和 2003—2008 年的平均值分别减少 95％和 68％（表 3.21、图 3.39）。

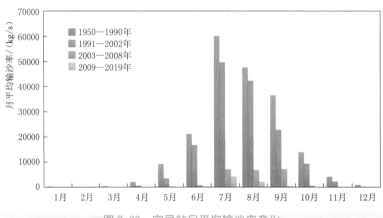

图 3.39 宜昌站月平均输沙率变化

3.3 三峡水库坝下游水沙变化

3.3.1 径流量和输沙量

3.3.1.1 径流量

三峡水库蓄水前，坝下游宜昌站、汉口站、大通站多年平均径流量分别为 4369 亿 m³、7111 亿 m³、9052 亿 m³。三峡水库蓄水后，2003—2008 年长江中下游各站除监利站水量较蓄水前偏丰 1% 外，其他各站水量偏枯 5%～10%（表 3.22、图 3.40、图 3.41）。

表 3.22　　　　　　　　　　　　长江中下游主要水文站径流量和输沙量

项目	时 段	宜昌站	枝城站	沙市站	监利站	螺山站	汉口站	大通站
径流量 /亿 m³	2002 年前	4369	4450	3942	3576	6460	7111	9052
	2003—2008 年	3978	4064	3750	3601	5867	6686	8172
	2009—2019 年	4188	4281	3895	3789	6241	6893	8896
输沙量 /万 t	2002 年前	49200	50000	43400	35800	40900	39800	42700
	2003—2008 年	6090	7460	8570	9760	11000	12500	15400
	2009—2019 年	1970	2330	3330	5180	6940	8220	12100
含沙量 /(kg/m³)	2002 年前	1.13	1.12	1.1	1	0.633	0.56	0.472
	2003—2008 年	0.153	0.184	0.229	0.271	0.187	0.187	0.188
	2009—2019 年	0.047	0.0544	0.0855	0.137	0.111	0.119	0.136

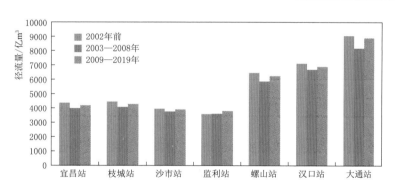

图 3.40　三峡水库下游主要水文站年径流量比较

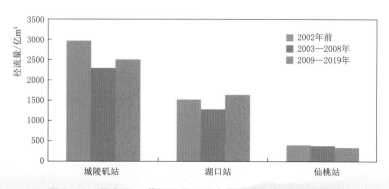

图 3.41　洞庭湖、鄱阳湖和汉江主要水文站年径流量比较

2009—2019 年，宜昌站、汉口站、大通站年平均径流量分别为 4188 亿 m³、6893 亿 m³、8896 亿 m³，与蓄水前均值相比，宜昌站、汉口站、大通站分别偏枯 4%、3%、2%，与 2003—2018 年的平均值相比分别偏丰 5%、3%、9%。

2009—2019 年，城陵矶站、湖口站径流量分别为 2500 亿 m³、1633 亿 m³，与三峡水库蓄水前平均值相比，城陵矶站偏枯 16%，湖口站则偏丰 7%，与 2003—2008 年的平均值相比，均分别偏丰 9%、28%。汉江仙桃站径流量为 333.1 亿 m³，较三峡蓄水前和 2003—2008 年的平均值分别偏枯 17% 和 13%（表 3.23、图 3.41、图 3.42）。

表 3.23　　　　　　　　洞庭湖、鄱阳湖和汉江主要水文站径流量和输沙量

项　目	时　段	城陵矶站	湖口站	仙桃站
径流量/亿 m³	2002 年前	2964	1520	401
	2003—2008 年	2295	1278	381
	2009—2019 年	2500	1633	333
输沙量/万 t	2002 年前	3950	945	3090
	2003—2008 年	1530	1340	1750
	2009—2019 年	1980	948	759
含沙量/(kg/m³)	2002 年前	0.133	0.0622	0.771
	2003—2008 年	0.0667	0.105	0.46
	2009—2019 年	0.0792	0.0581	0.228

注　城陵矶站、湖口站 2002 年前水沙统计年份为 1956—2002 年，仙桃站统计年份为 1972—2002 年。

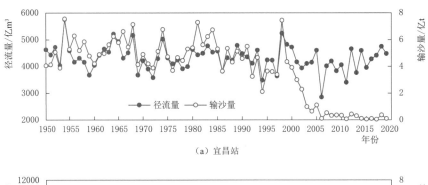

（a）宜昌站

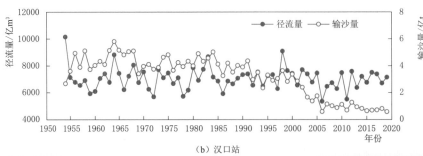

（b）汉口站

图 3.42（一）　各站年径流量、年输沙量历年变化过程

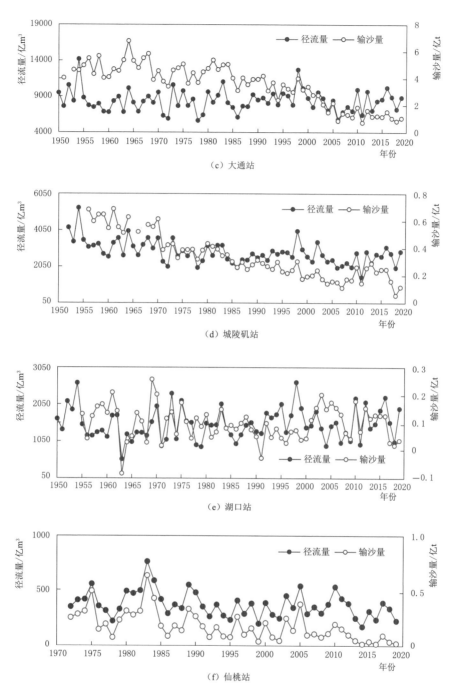

图 3.42（二）　各站年径流量、年输沙量历年变化过程

3.3.1.2　输沙量

（1）悬移质。三峡水库蓄水前，坝下游宜昌站、汉口站、大通站多年平均输沙量分别为 4.92 亿 t、3.98 亿 t、4.27 亿 t。三峡水库蓄水后，2003—2008 年各站输沙量沿程减小，幅度则在 64%～88%，且减幅沿程递减（表 3.22 和图 3.42、图 3.43）。

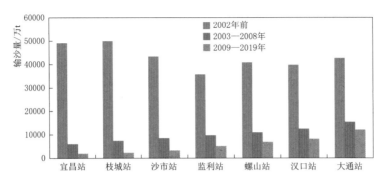

图 3.43   三峡水库下游主要水文站年输沙量与多年均值比较

2009—2019 年，宜昌站、汉口站、大通站输沙量分别为 0.197 亿 t、0.822 亿 t、1.21 亿 t，分别较蓄水前减小 96%、79%、72%，较 2003—2008 年的平均值分别减小了 68%、34%、21%。

2009—2019 年，城陵矶站、湖口站输沙量分别为 1980 万 t、948 万 t，与 2002 年前的平均值相比，城陵矶站减小 50%，湖口站基本持平，与 2003—2018 年的平均值相比，城陵矶站偏多 29%，湖口站则减小 29%。汉江仙桃站输沙量为 759 万 t，分别较 2002 年前平均值、2003—2018 年的平均值分别减小 75%、57%（表 3.23 和图 3.44）。

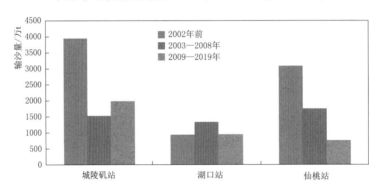

图 3.44   洞庭湖、鄱阳湖和汉江主要水文站年输沙量与多年均值比较

（2）推移质。

1）砾卵石推移质。葛洲坝水利枢纽建成前，1974—1979 年宜昌站断面年输移量为 30.8 万～226.9 万 t，年平均输移量为 81 万 t。1981—1982 年，由于葛洲坝水利枢纽建成后宜昌站推移质输沙量出现明显减少，1981—2002 年宜昌站卵石推移质输沙量减少至 17.46 万 t，减幅为 78.4%。

2003 年 6 月三峡水库蓄水运行后，坝下游推移质泥沙大幅度减小。2003—2009 年宜昌站卵石推移质输沙量减小至 4.4 万 t，较 1974—2002 年的平均值减小了 60.4%。

2010—2019 年，长江干流宜昌站除 2012 年、2014 年、2018 年、2019 年的砾卵石推移质输沙量分别为 4.2 万 t、0.21 万 t、0.41 万 t、0.14 万 t 外，其他年份均未测到砾卵石推移质输沙量；枝城站仅 2012 年测到砾卵石推移质输沙量为 2.2 万 t，2011 年、2013—2019 年均未测到砾卵石推移质输沙量。

2）沙质推移质。葛洲坝水利枢纽建成前，1973—1979 年宜昌站断面沙质推移质年输移量为 950 万～1230 万 t，平均值为 1057 万 t。葛洲坝水利枢纽建成后推移质输沙量出现明显减少，1981—2002 年宜昌站沙质推移质平均输沙量减小至 137 万 t，减幅达 87%。2003 年 6 月三峡水库蓄水运行后，宜昌站推移质泥沙继续大幅度减小，2003—2008 年和 2009—2019 年年平均沙质推移质输沙量减小至 26.8 万 t 和 0.41 万 t，较 1981—2002 年的平均值分别减小了 80% 和 99%，如图 3.45 所示。

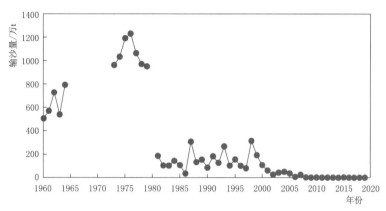

图 3.45　宜昌站历年沙质推移量变化

2003—2008 年，枝城站和沙市站沙质推移质年平均推移量分别为 494 万 t 和 363 万 t，2009—2019 年枝城站、沙市站、监利站、螺山站、汉口站和九江站沙质推移质年平均推移量分别为 43.6 万 t、154 万 t、290 万 t、146 万 t、158 万 t 和 35.2 万 t，如图 3.46 所示。

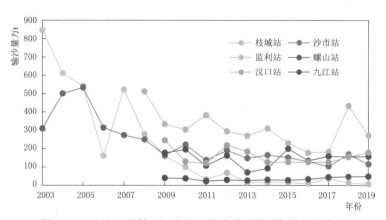

图 3.46　三峡水库蓄水以来坝下游沙质推移质年输移量变化

从其沿程变化来看，宜昌至监利河段推移量沿程增加，即由宜昌站 2009—2019 年年平均值的 0.41 万 t 增加至监利站的 290 万 t，监利至九江河段推移量沿程减少，至九江站减小为 35.2 万 t。

（3）悬移质泥沙颗粒级配。三峡工程蓄水运行前后，坝下游宜昌站、枝城站、沙市站、监利站、螺山站、汉口站、大通站各站悬沙级配和悬沙中值粒径变化见表 3.24，由此表可知，三峡水库蓄水前，宜昌站悬沙多年平均中值粒径为 0.009mm，至螺山站悬沙多年平均中值粒径变粗为 0.012mm，粒径大于 0.125mm 的泥沙含量由宜昌站的 9.0％增大至 13.5％；大通站悬沙中值粒径变细为 0.009mm，粒径大于 0.125mm 的泥沙含量也减少至 7.8％。

2003—2008 年，宜昌站、监利站、汉口站、大通站悬沙中值粒径年平均值分别为 0.005mm、0.045mm、0.014mm、0.008mm，粗颗粒泥沙含量分别为 7.5％、34.8％、21.7％、6.4％。2009—2019 年，宜昌站、监利站、汉口站、大通站悬沙中值粒径年平均值减小为 0.007mm、0.052mm、0.015mm、0.013mm，粗颗粒泥沙含量分别为 1.3％、41.2％、18.6％、10.4％。可见，三峡水库蓄水后，大部分粗颗粒泥沙被拦截在库内，出库泥沙粒径明显偏细；坝下游水流含沙量大幅度减小，河床沿程冲刷，干流各站悬沙明显变粗，粗颗粒泥沙含量明显增多，其中尤以监利站最为明显，其中值粒径由蓄水前的 0.009mm 变粗为 0.048mm，粒径大于 0.125mm 的沙重比例也由 9.6％增多至 38.0％；虽然近年来由于长江上游来沙的大幅度减小及三峡水库的拦沙作用，使得宜昌以下各站输沙量大幅度减小，但河床沿程冲刷，除大通站外，导致各站粒径大于 0.125mm 的沙量减小幅度明显小于全沙，见表 3.24。

表 3.24　　　　　三峡水库坝下游主要控制站不同粒径级沙重百分数对比表　　　　　　　　　　％

粒径范围/mm	时　　段	黄陵庙站	宜昌站	枝城站	沙市站	监利站	螺山站	汉口站	大通站
≤0.031	2002 年前	—	73.9	74.5	68.8	71.2	67.5	73.9	73.0
	2003—2008 年	87.2	84.4	69.3	57.3	45.8	57.8	61.5	77.1
	2009—2019 年	90.3	90.3	83.5	64.2	45.3	69.5	63.4	69.4
0.031～0.125（含）	2002 年前	—	17.1	18.6	21.4	19.2	19.0	18.3	19.3
	2003—2008 年	8.7	8.1	11.1	13.5	19.4	15.4	16.8	16.6
	2009—2019 年	8.8	8.4	11.6	12.5	13.5	14.2	18.0	20.1
>0.125	2002 年前	—	9.0	6.9	9.8	9.6	13.5	7.8	7.8
	2003—2008 年	4.1	7.5	19.5	29.3	34.8	26.8	21.7	6.4
	2009—2019 年	0.9	1.3	4.9	23.3	41.2	16.4	18.6	10.4
中值粒径	2002 年前	—	0.009	0.009	0.012	0.009	0.012	0.010	0.009
	2003—2008 年	0.005	0.005	0.009	0.018	0.045	0.015	0.014	0.008
	2009—2019 年	0.007	0.007	0.010	0.016	0.052	0.013	0.015	0.013

注　1. 宜昌站、监利站 2002 年前统计年份为 1986—2002 年；枝城站统计年份为 1992—2002 年；沙市站统计年份为 1991—2002 年；螺山站、汉口站、大通站统计年份为 1987—2002 年。
　　2. 2010—2019 年长江干流各主要测站的悬移质泥沙颗粒分析均采用激光粒度仪。

3.3.2　荆江三口分流分沙

3.3.2.1　年际变化

20 世纪 50 年代以来，受下荆江裁弯、葛洲坝水利枢纽和三峡水库的兴建等导致的荆江河床冲刷下切、同流量下水位下降、三口分流道河床淤积，以及三口口门段河势调整等因素影响，荆江三口分流分沙能力一直处于衰减之中。1956—1966 年荆江三口分流比基本稳定在 29.5％左右；在 1967—1972 年下荆江系统裁弯期间，荆江河床冲刷、三口分流比减小；裁弯后的 1973—1980 年，荆江河床继续大幅度冲刷，三口分流能力衰减速度有所加大；1981 年葛洲坝水利枢纽修建后，衰减速度有所减缓。1999—2002 年，荆江三口年平均分流量和分沙量分别为 625.3 亿 m³ 和 5670 万 t，与 1956—1966 年的 1331.6 亿 m³ 和 19590 万 t 相比，分流量、分沙量分别减小了 53％、71％，其分流比、分沙比也分别由 1956—1966 年的 29％、35％减小至 14％、16％。

三峡工程蓄水运行后，三口分流比和分流量继续保持下降趋势，分沙量减少，但分沙比有所增加。2003—2008 年荆江三口年平均分流量和分沙量分别为 498.63 亿 m³ 和 1350 万 t，较 1999—2002 年的平均值，分流量、分沙量分别减小了 20％、76％，分流比由 14％减少为 12％，由于荆江河道冲刷，沿程含沙量逐渐恢复，三口分沙比由 16％ 增加为 18％，见表 3.25 和表 3.26，三口分流分沙量变化过程和分流分沙比变化过程如 图 3.47 所示。

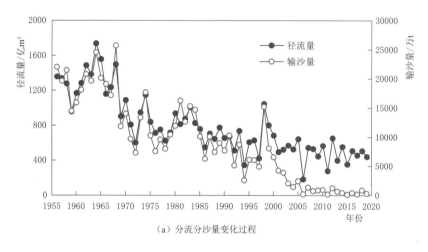

(a) 分流分沙量变化过程

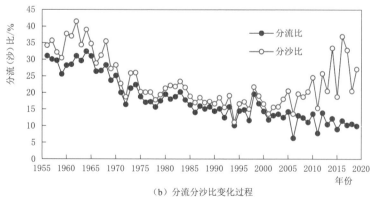

(b) 分流分沙比变化过程

图 3.47　1956—2019 年荆江三口分流分沙情况

2009—2019 年，长江干流枝城站径流量较 2003—2018 年的平均值偏多 5％，三口分流量为 468.5 亿 m³，偏少 30.1 亿 m³，偏少幅度为 6％，分流比由 2003—2008 年的 12％ 略减至 11％，见表 3.25，不同时段荆江三口年平均分流比与枝城站年径流量关系变化如 图 3.48 所示。

表 3.25 各站分时段多年平均径流量与三口分流比对比表

年 份	编号	枝城/亿 m³	新江口/亿 m³	沙道观/亿 m³	弥陀寺/亿 m³	康家岗/亿 m³	管家铺/亿 m³	三口合计/亿 m³	三口分流比/%
1956—1966	一	4515	322.6	162.5	209.7	48.8	588	1331.6	29
1967—1972	二	4302	321.5	123.9	185.8	21.4	368.8	1021.4	24
1973—1980	三	4441	322.7	104.8	159.9	11.3	235.6	834.3	19
1981—1998	四	4438	294.9	81.7	133.4	10.3	178.3	698.6	16
1999—2002	五	4454	277.7	67.2	125.6	8.7	146.1	625.3	14
2003—2008	六	4064	238.9	55.12	94.17	4.866	105.5	498.6	12
2009—2019		4281	242.1	51.87	72.64	2.811	99.04	468.5	11

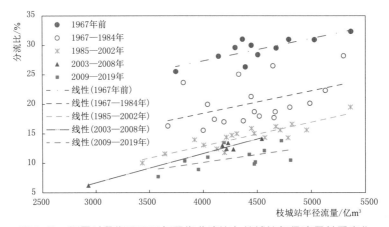

图 3.48 不同时段荆江三口年平均分流比与枝城站年径流量关系变化

2009—2019 年，枝城站输沙量较 2003—2018 年的平均值偏少 69%，三口年分沙量则由 1350 万 t 减少至 551 万 t，减幅为 59%，分沙比为 24%，较 2003—2008 年增加了 6%，见表 3.26。

表 3.26 各站分时段多年平均输沙量与三口分沙比对比表

年 份	编号	枝城/万 t	新江口/万 t	沙道观/万 t	弥陀寺/万 t	康家岗/万 t	管家铺/万 t	三口合计/万 t	三口分沙比/%
1956—1966	一	55300	3450	1900	2400	1070	10800	19590	35
1967—1972	二	50400	3330	1510	2130	460	6760	14190	28
1973—1980	三	51300	3420	1290	1940	220	4220	11090	22
1981—1998	四	49100	3370	1050	1640	180	3060	9300	19
1999—2002	五	34600	2280	570	1020	110	1690	5670	16
2003—2008	六	7460	541	164	191	21.6	435	1350	18
2009—2019		2330	243	69.3	71.7	4.61	162	551	24

3.3.2.2 年内变化

1956—2002 年，荆江三口分流比的减小主要集中在 5—10 月（表 3.27 和图 3.49）。

在荆江裁弯后，1973—1980 年与 1956—1966 年相比，流量越大，分流比减小幅度就越大；如当枝城站月平均流量分别为 10000m³/s、20000m³/s、25000m³/s 时，1973—1980 年荆江三口月平均分流比分别为 9.3％、19.6％、23.9％，较 1956—1966 年分别减小了 9.4％、12.0％、12.7％，之后减幅逐渐减小。

表 3.27　　　　　　　　不同时段三口各月平均分流比与枝城站平均流量表

项　目	年　份	1 月	2 月	3 月	4 月	5 月	6 月	7 月	8 月	9 月	10 月	11 月	12 月
枝城平均流量 /(m³/s)	1956—1966	4380	3850	4470	6530	12000	18100	30900	29700	25900	18600	10600	6180
	1967—1972	4220	3900	4860	7630	13900	18100	28200	23400	24200	18300	10400	5760
	1973—1980	4050	3690	4020	7090	12700	20500	27700	26500	27000	19400	9940	5710
	1981—1998	4400	4110	4700	7070	11500	18300	32600	27400	25100	17700	9570	5800
	1999—2002	4760	4440	4810	6630	11500	21200	30400	27200	24100	17100	10500	6130
	2003—2008	4888	4649	5503	7427	11145	17176	26515	23569	24051	13710	9406	5954
	2009—2019	5927	6769	6345	8637	15313	15037	24616	31094	17447	9126	7222	5640
三口分流比 /%	1956—1966	3.0	1.5	3.5	10.5	23.1	29.7	38.5	37.7	36.7	31.0	20.5	9.3
	1967—1972	1.6	1.3	4.0	10.1	20.6	25.7	33.4	30.4	29.1	25.1	14.5	5.5
	1973—1980	0.5	0.2	0.7	5.9	13.7	20.7	25.8	24.8	24.4	19.4	9.2	2.5
	1981—1998	0.2	0.2	0.4	2.9	8.4	15.6	23.8	22.6	20.5	14.5	5.8	1.1
	1999—2002	0.1	0.1	0.2	1.6	7.9	14.9	22.1	19.7	18.4	12.9	6.2	0.9
	2003—2008	0.2	0.2	0.5	2.1	6.7	13.2	18.5	18.2	18.4	10.3	5.7	0.9
	2009—2019	0.3	0.7	0.6	3.1	9.7	9.7	18.3	20.4	13.3	2.1	1.1	0.2

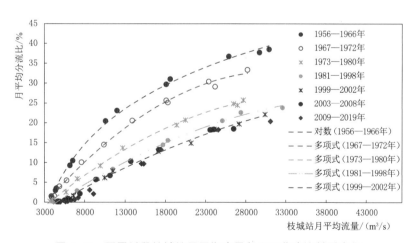

图 3.49　不同时段枝城站月平均流量与三口分流比关系变化

三峡工程蓄水运行后，2003—2008 年与 1999—2002 年相比，枯水期 12 月至第二年 4 月三口分流比较小，分流比基本在 0.2％～2.1％且变化不大；5—11 月分流比在 5.7％～ 18.5％。2009—2019 年分流比最大的月份为 8 月（分流比为 20.4％），与 2003—2008 年同期相比，枯水期 1—5 月下泄流量增加了 15%～37%，分流比增加 0.1%～3.0%，6—9 月（除 8 月）下泄流量减少了 7%～27%，分流比减少了 0.2%～5.1%，10 月为三峡水库主要蓄水期，下泄流量减小了 33%，三口分流比减小了 8.3 %，11 月和 12 月减小了 4.6% 和 0.7%，见表 3.27。

3.3.2.3　典型洪水过程三口分流比变化

根据枝城站典型洪水过程对应荆江三口分流比统计分析，干流洪水越大，分流比越大，一般为 15%～29%，见表 3.28。其中松滋口分流比在 12% 左右，太平口分流比在 4% 左右，藕池口分流比变化较大，一般在 3%～10%。

表 3.28　　　　　　　　　　不同时段枝城站典型洪峰对应荆江三口分流比统计表

| 时　间 | 枝城站 | | | 松滋口分流比/% | | | 太平口分流比/% | 藕池口分流比/% | | | 三口分流比/% |
	洪峰流量/(m³/s)	历时	洪量/亿 m³	新江口站	沙道观站	合计		藕池站（管）	藕池站（康）	合计	
1996 年 7 月 5 日	48200	1 日	41.13	8.4	3.2	11.6	3.6	5.8	0.4	6.2	21.4
		3 日	117.2	8.6	3.2	11.8	3.5	6.0	0.4	6.4	21.7
		5 日	188.7	8.4	3.2	11.6	3.5	6.1	0.4	6.5	21.6
		7 日	252.4	8.4	3.2	11.6	3.6	6.2	0.4	6.6	21.8
1998 年 8 月 17 日	71600	1 日	56.85	9.8	4.0	13.8	4.5	9.2	0.9	10.1	28.4
		3 日	167.0	9.7	3.9	13.6	4.4	8.9	0.8	9.7	27.7
		5 日	265.0	9.9	4.0	13.9	4.5	9.1	0.8	9.9	28.3
		7 日	364.1	10.0	3.9	13.9	4.6	9.2	0.8	10.0	28.5
2002 年 8 月 18 日	49800	1 日	42.42	8.4	3.0	11.4	3.7	7.1	0.5	7.6	22.7
		3 日	125.5	8.4	3.0	11.4	3.7	7.2	0.5	7.7	22.8
		5 日	205.5	8.5	3.0	11.5	3.8	7.3	0.5	7.8	23.1
		7 日	279.3	8.6	3.0	11.6	3.8	7.4	0.5	7.9	23.3
2003 年 9 月 4 日	48800	1 日	41.39	8.4	3.1	11.5	3.7	5.7	0.4	6.1	21.4
		3 日	120.7	8.2	2.9	11.1	3.7	5.4	0.4	5.8	20.6
		5 日	189.4	8.2	2.9	11.1	3.6	5.2	0.3	5.5	20.2
		7 日	252.5	8.2	2.9	11.1	3.6	5.1	0.3	5.4	20.1
2004 年 9 月 9 日	58700	1 日	49.16	9.1	3.1	12.2	3.6	6.6	0.5	7.1	22.9
		3 日	142.0	9.0	3.2	12.2	3.6	6.7	0.5	7.2	23.0
		5 日	224.1	8.8	3.2	12.0	3.6	6.5	0.4	6.9	22.5
		7 日	289.4	8.7	3.1	11.8	3.6	6.2	0.4	6.6	22.0
2005 年 8 月 31 日	44800	1 日	38.36	9.1	3.2	12.3	4.1	6.2	0.4	6.6	23.0
		3 日	112.4	9.2	3.2	12.4	4.1	6.1	0.4	6.5	23.0
		5 日	179.9	9.1	3.2	12.3	4.0	6.0	0.4	6.4	22.7
		7 日	236.0	9.1	3.2	12.3	4.0	5.9	0.4	6.3	22.6

时 间	枝城站			松滋口分流比/%			太平口分流比/%	藕池口分流比/%			三口分流比/%
	洪峰流量/(m³/s)	历时	洪量/亿 m³	新江口站	沙道观站	合计		藕池站（管）	藕池站（康）	合计	
2007 年 7 月 31 日	48700	1 日	42.08	9.2	3.1	12.3	3.8	6.6	0.4	7.0	23.1
		3 日	122.3	9.2	3.1	12.3	3.7	6.4	0.4	6.8	22.8
		5 日	199.8	9.1	3.0	12.1	3.7	6.4	0.4	6.8	22.6
		7 日	268.2	9.1	3.0	12.1	3.6	6.3	0.4	6.7	22.4
2008 年 8 月 17 日	40200	1 日	34.7	8.45	2.9	11.35	3.5	4.75	0.28	5.03	18.9
		3 日	100.05	8.67	2.99	11.66	3.5	4.87	0.29	5.16	19.3
		5 日	159.06	8.76	2.99	11.75	3.5	4.96	0.29	5.25	19.5
		7 日	219.5	8.8	2.98	11.78	3.5	4.77	0.27	5.04	19.3
2009 年 8 月 5 日	39600	1 日	34.2	8.96	3.1	12.06	4.07	5.03	0.30	5.33	21.5
		3 日	101.7	8.97	3.1	12.07	4.00	5.06	0.30	5.36	21.4
		5 日	166.5	9.03	3.1	12.04	4.00	5.14	0.31	5.45	21.5
		7 日	230.6	9.00	3.1	12.01	3.98	5.03	0.30	5.33	21.3
2010 年 7 月 26 日	42300	1 日	36.5	10.28	3.36	13.64	4.85	6.52	0.42	6.94	25.4
		3 日	108.8	10.32	3.37	13.69	4.78	6.54	0.42	6.96	25.4
		5 日	179.7	10.29	3.36	13.65	4.75	6.50	0.42	6.92	25.3
		7 日	243.8	10.23	3.34	13.57	4.65	6.40	0.41	6.81	25.0
2012 年 7 月 30 日	47500	1 日	39.8	10.7	3.7	14.4	4.3	6.5	0.4	7.0	25.6
		3 日	119.0	10.7	3.7	14.4	4.2	6.5	0.4	7.0	25.6
		5 日	191.5	10.8	3.7	14.5	4.3	6.6	0.4	7.0	25.8
		7 日	261.8	10.7	3.7	14.4	4.3	6.5	0.4	6.9	25.6
2013 年 7 月 23 日	35300	1 日	29.5	9.6	3.2	12.8	3.6	4.3	0.2	4.5	20.8
		3 日	88.4	9.5	3.2	12.7	3.6	4.3	0.2	4.4	20.7
		5 日	146.2	9.6	3.2	12.8	3.6	4.3	0.3	4.6	21.0
		7 日	201.6	9.6	3.2	12.7	3.6	4.3	0.2	4.5	20.8
2014 年 9 月 19 日	47800	1 日	40.1	9.2	3.2	12.4	3.2	4.3	0.2	4.5	20.1
		3 日	111.2	9.5	3.4	12.8	3.3	4.5	0.2	4.7	20.8
		5 日	180.4	9.7	3.5	13.1	3.3	4.7	0.2	4.9	21.4
		7 日	243.2	9.8	3.5	13.3	3.4	4.8	0.2	5.0	21.8
2015 年 7 月 1 日	31600	1 日	27.3	8.9	2.8	11.7	3.5	4.7	0.2	4.9	20.1
		3 日	76.9	8.8	2.8	11.6	3.3	4.9	0.2	5.0	20.0
		5 日	122.2	9.0	2.8	11.8	3.3	5.1	0.2	5.3	20.4
		7 日	167.4	9.1	2.9	12.0	3.3	5.2	0.2	5.4	20.7
2016 年 7 月 1 日	34000	1 日	29.4	9.8	3.2	13.1	2.8	5.2	0.2	5.4	21.2
		3 日	86.6	10	3.3	13.4	2.9	5.4	0.2	5.6	21.8
		5 日	142.4	10.1	3.3	13.4	2.8	5.5	0.2	5.7	21.9
		7 日	197.1	10	3.3	13.4	2.8	5.5	0.2	5.7	21.9

时间	枝城站			松滋口分流比/%			太平口分流比/%	藕池口分流比/%			三口分流比/%
	洪峰流量/(m³/s)	历时	洪量/亿 m³	新江口站	沙道观站	合计		藕池站(管)	藕池站(康)	合计	
2017年7月11日	28800	1日	24.9	8.7	2.9	11.6	3.5	5.8	0.2	6.1	21.1
		3日	72.7	8.7	2.9	11.5	3.5	5.9	0.2	6.1	21.1
		5日	118.6	8.5	2.8	11.3	3.4	5.7	0.2	5.9	20.5
		7日	158.6	8.4	2.6	11	3.2	5.5	0.2	5.7	20
2017年10月7日	30100	1日	26.0	7.9	2.6	10.5	2.7	3	—	3	16.2
		3日	73.7	7.8	2.5	10.3	2.5	3.1	—	3.1	15.9
		5日	112.4	7.6	2.3	10	2.3	3.1	—	3.1	15.4
		7日	149.6	7.6	2.2	9.8	2.2	3.1	—	3.2	15.1
2018年7月14日	43000	1日	37.2	9.7	3.3	13.0	2.7	4.8	0.2	5.0	20.8
		3日	110.7	9.7	3.3	13.0	2.7	4.8	0.2	5.0	20.7
		5日	183.9	9.6	3.2	12.8	2.7	4.7	0.2	4.9	20.4
		7日	253.4	9.6	3.2	12.8	2.7	4.7	0.2	4.9	20.4
2019年7月1日	30500	1日	26.4	8.8	3.0	11.8	2.8	5.1	0.2	5.3	19.9
		3日	78.4	8.6	2.9	11.5	2.7	4.9	0.2	5.0	19.2
		5日	119.6	8.6	2.9	11.3	2.6	5.0	0.2	5.2	19.1
		7日	154.5	8.5	2.7	11.2	2.4	5.1	0.2	5.3	18.9
2019年8月2日	34100	1日	29.5	9.1	3.5	12.6	3.0	5.3	0.2	5.5	21.1
		3日	88.0	9.1	3.4	12.5	3.0	5.3	0.2	5.5	21.0
		5日	144.5	9.1	3.4	12.4	3.0	5.3	0.2	5.5	20.9
		7日	199.2	9.0	3.3	12.3	3.0	5.3	0.2	5.5	20.8

另外，根据三口控制站与上游干流枝城站洪峰峰值相关关系（图3.50、图3.51），可以看出，1993年以来枝城站日平均洪峰流量-荆江三口分流比关系没有发生明显变化，2003—2019年与1992—2002年相比，松滋口站、新江口站、沙道观站与枝城站洪峰流量关系变化不大，太平口站、藕池口站分流能力有所减弱，尤以管家铺站变化最明显，但数量变化不大。

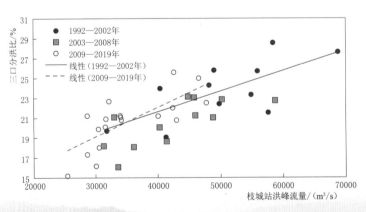

图 3.50　1992—2019 年枝城站洪峰流量对应三口分流比

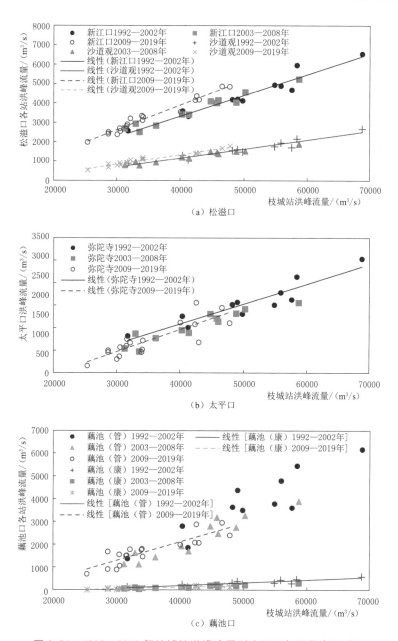

图 3.51　1992—2019 年枝城站洪峰流量对应三口各站分流比对比

3.3.2.4　断流时间变化

多年以来，三口洪道以及三口口门段的逐渐淤积萎缩造成了三口通流水位抬高，加之上游来流过程的影响，松滋口东支沙道观站、太平口弥陀寺站、藕池（管）站、藕池（康）站四站连续多年出现断流，且年断流天数有所增加。三峡水库蓄水运行后，由于枯水期三峡水库的补水作用，与 1999—2002 年断流天数相比，除藕池（康）站断流时间由 235 天增加至 2009—2019 年的 282 天外，其他三口断流时间均有所减少，荆江三口控制站年平均断流天数统计及断流时枝城相应流量见表 3.29 和图 3.52。

表 3.29　　　　　　　　　　　不同时段三口控制站年平均断流天数表

年份	多年平均年断流天数/d				断流时枝城相应流量/(m³/s)			
	沙道观站	弥陀寺站	藕池(管)站	藕池(康)站	沙道观站	弥陀寺站	藕池(管)站	藕池(康)站
1956—1966	0	35	17	213	—	4290	3930	13100
1967—1972	0	3	80	241	—	3470	4960	16000
1973—1980	71	70	145	258	5330	5180	8050	18900
1981—1998	167	152	161	251	8590	7680	8290	17600
1999—2002	189	170	192	235	10300	7650	10300	16500
2003—2008	201	146	186	257	9730	7490	8910	15400
2009—2019	178	133	177	282	9870	7200	9410	16200

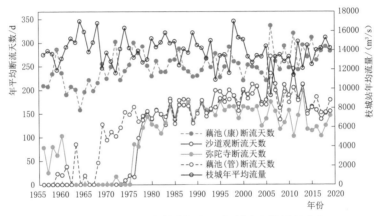

图 3.52　荆江三口各控制站年平均断流天数历年变化

在三峡水库主要蓄水期（9月、10月），三口断流有所增加，沙道观站、弥陀寺站、藕池（管）站、藕池（康）站 9—10 月平均断流天数分别由 1999—2002 年的 6 天、0 天、4 天、25 天增加至 2003—2008 年的 10 天、2 天、5 天、29 天，2009—2019 年增加至 11 天、2 天、11 天、48 天（表 3.30）。

表 3.30　　　　　　　不同时段蓄水期（9—10月）三口控制站年断流天数统计表

年　　份	分时段多年平均年断流天数/d			
	沙道观站	弥陀寺站	藕池（管）站	藕池（康）站
1956—1966	0	0	0	7
1967—1972	0	0	0	20
1973—1980	0	0	0	25
1981—1998	1	0	1	21
1999—2002	6	0	4	25
2003—2008	10	2	5	29
2009—2019	11	2	11	48

总体而言，三峡工程蓄水后，荆江三口的分沙量明显减少，有利于减缓洞庭湖区的泥沙淤积。目前，三口的分流比仍保持在 12％左右，比 20 世纪 50—60 年代减少将近一半，对于三口分流比和分沙比的发展趋势，今后还应继续注意观测和研究。

3.3.3　洞庭湖与鄱阳湖入湖、出湖水沙变化

3.3.3.1　洞庭湖水沙变化

洞庭湖水沙主要来自荆江三口分流和湘江、资水、沅江、澧水等湖南四水，经湖区调蓄后由城陵矶注入长江。

洞庭湖四水入湖水量变化不大，沙量呈明显减小趋势，如图 3.53 和图 3.54 所示。2003—2008 年，洞庭湖四水与荆江三口分流年平均入湖水量、沙量分别为 2038 亿 m^3、2340 万 t，较 1981—2002 年的平均值分别减少 15％、78％；城陵矶年平均出湖水量、沙量分别为 2295 亿 m^3、1530 万 t，较 1981—2002 年的平均值分别减少了 16％、45％（表 3.31）。

2009—2019 年，洞庭湖四水与荆江三口分流入湖水量与城陵矶出湖水量分别为 2151 亿 m^3、2500 亿 m^3，较 2003—2008 年的平均值分别增加了 6％、9％；入湖、出湖沙量分别为 1300 万 t、1980 万 t，与 2003—2008 年的平均值相比，入库沙量偏少 44％，出库沙量则偏多了 29％。洞庭湖入湖、出湖年水沙量变化过程如图 3.53 和图 3.54 所示。

表 3.31　　　　　　　　　　　　　洞庭湖入湖、出湖水沙量时段变化表

项目	年份	荆江三口	湘江	资水	沅水	澧水	四水合计	入湖合计	城陵矶出湖
径流量 /亿 m^3	1956—1980	1100	622	218	639.9	149	1629	2729	2983
	1981—2002	685.3	698.7	240.1	640	144.9	1724	2409	2738
	2003—2008	498.6	615.3	201.9	582.7	139.4	1539	2038	2295
	2009—2019	468.5	667.1	218.8	656.1	140.3	1682	2151	2500
输沙量 /万 t	1956—1980	15600	1070	229	1450	677	3430	19000	5070
	1981—2002	8660	865	149	664	453	2130	10800	2780
	2003—2008	1350	528	42.6	138	285	994	2340	1530
	2009—2019	551	479	66.3	120	81.1	746	1300	1980

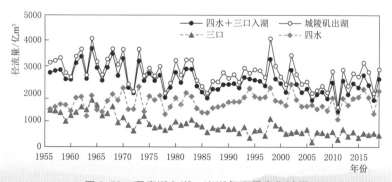

图 3.53　洞庭湖入湖、出湖年水量变化过程

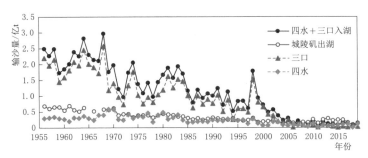

图 3.54 洞庭湖入湖、出湖年沙量变化过程

3.3.3.2 鄱阳湖水沙变化

鄱阳湖承纳赣江、抚河、信江、饶河、修水等江西五河的来水，经调蓄后由湖口注入长江，湖区泥沙绝大部分来源于赣江。

1956—2002 年五河年平均入鄱阳湖水量、沙量分别为 1098 亿 m³、1420 万 t，湖口出湖年平均水量、沙量分为 1476 亿 m³、938 万 t。湖区年平均淤积泥沙为 482 万 t，淤积主要集中在五河尾闾和入湖三角洲。

三峡水库蓄水运行后的 2003—2008 年，五河年平均入鄱阳湖水量、沙量分别为 915.5 亿 m³、479 万 t，较蓄水前分别减少了 17%、66%；湖口出湖年平均水量、沙量分别为 1278 亿 m³、1340 万 t，水量较蓄水前减少了 13%，沙量则偏多 43%，见表 3.32。

表 3.32　　鄱阳湖入湖、出湖水沙量时段变化统计表

项目	年份	赣江	抚河	信江	饶河	修水	江西五河	湖口
径流量 /亿 m³	1956—2002	685	127.3	179	71.28	35.29	1098	1476
	2003—2008	599.9	90.03	143.8	53.81	27.96	915.5	1278
	2009—2019	729.2	134.9	200.8	76.67	38.96	1181	1633
输沙量 /万 t	1956—2002	955	150	221	59.5	38.4	1420	938
	2003—2008	306	62.3	68.2	25.7	17.1	479	1340
	2009—2019	226	129	126	136	26.1	643	948

2009—2019 年，鄱阳湖五河入湖和湖口出湖的径流量分别为 1181 亿 m³、1633 亿 m³，较 2003—2008 年的平均值偏多 29%、28%；入湖和出湖输沙量分别为 643 万 t、948 万 t，入湖沙量较 2003—2008 年的平均值偏多 34%，出湖则减少了 29%。鄱阳湖入湖、出湖年水沙量变化过程如图 3.55 和图 3.56 所示。

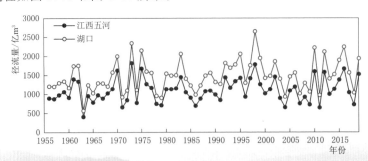

图 3.55 鄱阳湖入湖、出湖年水量变化过程

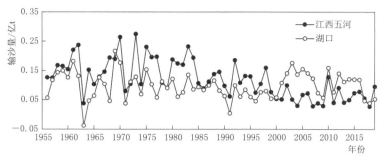

图 3.56 鄱阳湖入湖、出湖年沙量变化过程

3.4 坝下游枯水位变化

枯水位是河流研究中的重要参数，在河势变化、通航安全、涉水工程、生态保护等诸多领域都具有重要意义，而极低水位作为枯水位的极端情况，更是制约河流安全、水资源高效利用的关键因素。三峡水库蓄水运行后，长江中下游河道发生了明显的冲刷下切，枯水位发生趋势性下降。枯水期三峡水库补水调度一定程度上减缓了因河床下切造成的水位下降，沙市以上河段受三峡补水调度影响明显，枯水位下降趋势有所缓和，而沙市及以下河段河床下切的影响大于补水影响。

3.4.1 三峡水库运行后长江中下游河段枯水位变化

3.4.1.1 同流量下枯水位变化

通过分析三峡水库蓄水运行以来各站历年枯水水位流量关系线，得到各站同流量下的枯水位累计变化值。如图 3.57 所示，除大通站水位流量关系基本保持不变外，其余各站同流量下枯水位均表现为累计性降低。其中，宜昌站枯水位累计降低幅度最小，在 7000m³/s 条件下 2003—2019 年枯水位累计下降 0.8m 左右，流量越大枯水位降低越明显。沙市站枯水位累计降低幅度最大，在 6000m³/s 条件下 2003—2019 年枯水位累计下降 3m 左右，流量越小枯水位降低越明显。螺山站、汉口站水位同样表现为流量越小枯水位降低越明显，2003—2019 年枯水位累计降低幅度在 1.5~2m。大通站历年水位流量关系变化较小，未出现趋势性变化。综上所述，三峡水库蓄水以来枯水位降低主要集中在长江中游，下游大通站枯水水位流量关系尚未发生变化。

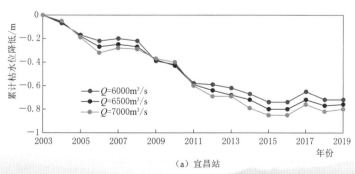

(a) 宜昌站

图 3.57（一） 长江干流主要控制站 2003—2019 年同流量下的枯水位变化

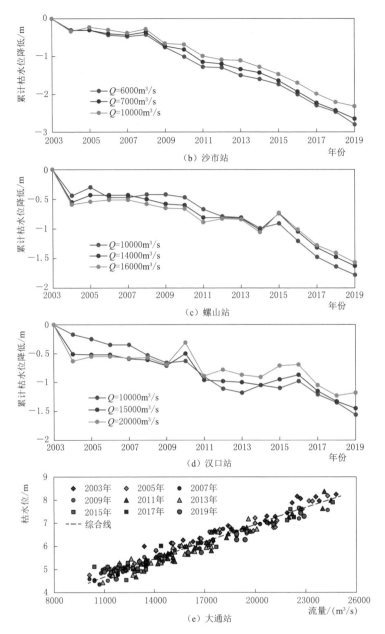

图 3.57（二） 长江干流主要控制站 2003—2019 年同流量下的枯水位变化

3.4.1.2 年最枯水位变化

与枯水位累计性降低不同，三峡水库运行后长江中下游河段年最枯水位有升有降，不同河段差异显著。如图 3.58 所示，宜昌站受三峡水库枯水期补水调度影响，年内最枯流量逐渐增大，相应的年最枯水位年际间也呈现逐渐抬升的规律，2019 年最枯水位为 39.41m，比2003—2018 年平均年最枯水位 39.16m 抬升了 0.25m；沙市站年最枯流量呈现逐渐增大的规律，但年最枯水位年际间呈现先抬升后降低的规律，2008 年之前，年最枯水位不断抬升，最大值为 2008 年的 31.35m，此后年最枯水位不断降低，尤其是 2014 年以后，年最枯水位下降速率显著加快，2019 年最枯水位为 29.74m，较 2003—2018 年平均年最枯水位降低 1.00m，为沙市站 2003 年以来的最低水位；螺山站、汉口站、大通站年最枯水位年际间随流量变化波动性较大，枯水位未出现趋势性的抬高或降低。从三站的年最枯水位值来看，2019 年螺山站、汉口站、大通站最枯水位分别为 18.63m、13.52m、4.45m，较 2003—2018 年平均年最枯水位分别偏低 0.57m、0.56m、0.24m，均位于历史较低水平。

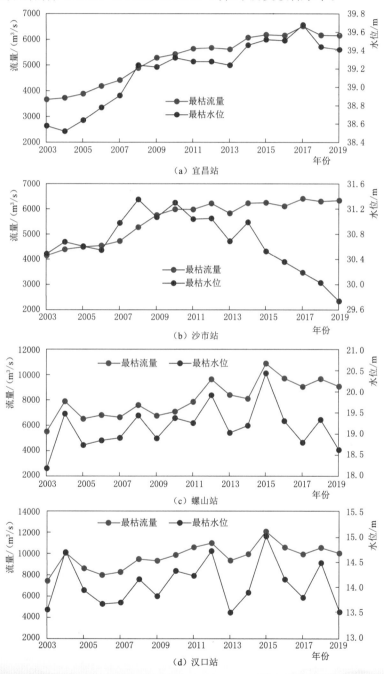

图 3.58 长江干流主要控制站年最枯水位及最枯流量变化

3.4.1.3 极低水位变化

对三峡水库蓄水后 11 月至次年 4 月的枯水期水位进行排频，取保证率为 95% 的水位作为极低水位临界值，统计 2003 年以来各站极低水位历时及进入极低水位的时间，见表 3.33。从极低水位历时变化来看，宜昌站极低水位主要集中在三峡水库蓄水初期，随着三峡水库枯水期补水流量逐渐增大，极低水位不再出现。沙市站极低水位主要出现在 2009 年以后，尤其是 2019 年极低水位历时多达 59 天，进入极低水位时间也有所提前。螺山站、汉口站、大通站 2008 年以前极低水位出现频率较高，2009 年以后极低水位出现时间显著减少，但 2019 年极低水位历时又创新高，极低水位开始时间更是大幅度提前。

表 3.33　　　　　　　　　　长江干流主要控制站极低水位历时统计

站名	极低水位值（冻结吴淞）/m	2003—2008 年		2009—2018 年		2019 年	
		平均极低水位历时/d	最早开始时间	平均极低水位历时/d	最早开始时间	极低水位历时/d	开始时间
宜昌	39.01	27	12 月 21 日	0	—	0	—
沙市	30.53	1	1 月 31 日	10	12 月 1 日	59	11 月 28 日
螺山	19.04	16	12 月 22 日	3	12 月 22 日	35	11 月 29 日
汉口	13.90	11	12 月 28 日	6	12 月 9 日	37	11 月 30 日
大通	4.55	23	12 月 30 日	2	12 月 5 日	6	12 月 5 日

综合以上分析，三峡水库蓄水运行后，长江中游河段枯水位均出现累计性降低，但年最枯水位变化在各河段差异较大，其中宜昌河段表现为趋势性抬升，沙市河段表现为趋势性降低，而螺山、汉口、大通等河段表现为随流量波动变化。从极低水位变化来看，沙市以下河段在 2019 年出现了三峡水库蓄水以来最为严重的极低水位，进入极低水位的时间大幅度提前，极低水位历时也有所延长，枯水形势严峻。

3.4.2　2019 年极低水位成因分析

2019 年汛后，受枯水河槽冲刷和支流来水减少等因素影响，长江中下游河段出现三峡水库蓄水以来最严重的极低水位，沙市站、螺山站、汉口站、大通站较 2003 年以来年最低水位平均值分别偏低 1.00m、0.57m、0.56m、0.24m，严重影响到河流取水、航运、水利工程安全。其中，沙市站极低水位主要是枯水河槽严重冲刷下切所致，2008 年以来沙市河段枯水河槽累计冲刷强度已达到 400 万 m³/km，为长江中下游之最；螺山站、汉口站极低水位则是枯水河槽冲刷和支流来水偏少共同导致的结果，其中枯水河槽冲刷下切是枯水位降低的根本原因，洞庭湖、汉江、鄱阳湖等支流 2019 年枯水期来水严重偏枯是导致极低水位出现的直接原因；大通站极低水位主要是受支流来水严重偏枯的影响。

3.4.2.1 河床冲淤变化

三峡水库蓄水运行以来，受清水下泄影响，坝下游河段经历了显著的冲刷过程，且冲刷主要集中在枯水河槽内，枯水河槽冲刷下切必然导致枯水位下降。长江中下游主要控制站同流量下的枯水位变化和枯水河槽累计冲刷强度显示（图 3.59），除大通站外，其余各站在同流量下枯水位均表现为持续降低，说明河床累计性冲刷下切对枯水位的影响显著。

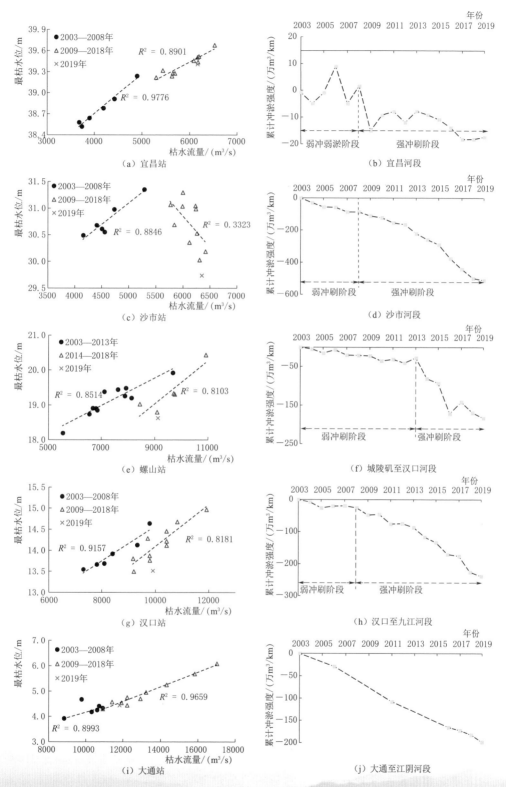

图 3.59 主要控制站历年最枯水位与枯水河槽累计冲刷强度关系

　　年最枯水位与对应流量之间的关系如图 3.59 所示，各站年最枯水位流量关系线存在明显的转折点，而转折点出现的时间又与枯水河槽冲刷由弱转强的临界点时间基本一致。其中，宜昌站、沙市站、汉口站所在河段于 2008 年前后冲刷强度显著加大，螺山站所在河段于 2013 年前后冲刷强度显著加大。转折点的年最枯水位流量关系均出现显著调整，同流量下的枯水位显著降低。河槽冲刷强度越大，水位降低越多，特别是沙市河段，如图 3.59（d）所示，2003—2008 年沙市河段枯水河槽累计冲刷强度为 100 万 m^3/km，而 2009—2019 年累计冲刷强度达到 400 万 m^3/km，枯水河槽冲刷加剧直接导致沙市站枯水水位和流量的关系发生了剧烈的调整［图 3.59（c）］。大通至江阴河段 2003 年以来无明显冲淤增强期，水位流量关系也无明显调整。枯水河槽冲刷下切是 2019 年宜昌以下长江干流出现严重极低水位的根本原因。

3.4.2.2　来水变化

　　枯水河槽冲刷下切虽然会带来枯水位的下降，但并不意味着一定会导致极低水位出现。如图 3.58（c）、图 3.58（d）所示，虽然螺山、汉口河段河槽在累积性冲刷下，但螺山站、汉口站年最枯水位年际间波动变化，特别是 2015 年两站年最枯水位更是三峡水库蓄水以来的最高值。从图 3.59 中各站 2019 年最枯水位对应的枯水流量大小来看，螺山站、汉口站、大通站出现极低水位时对应的流量均为 2008 年以来偏枯值，由此推测 2019 年长江中下游极低水位可能与来水偏少有关。考虑到年最枯水位出现时间一般集中在 11 月至次年 1 月间，以下内容主要对 11 月至次年 1 月期间的来水变化进行分析。

　　三峡水库自 2003 年蓄水运行以来，在 1 月至 6 月上旬进行枯期补水调度，即在三峡入库流量的基础上加大流量下泄，从而使下游河道枯水流量增大。图 3.60 为 2003—2019 年三峡水库枯水期平均补水流量统计。统计结果显示，在补水调度初期的补水流量较小，至 2008 年之后，随着三峡水库试验性蓄水逐渐实施，蓄水位抬高，三峡水库枯期补水流量显著增加，平均补水流量在 1000m^3/s 以上。

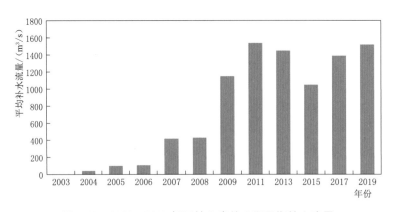

图 3.60　2003—2019 年三峡水库枯水期平均补水流量

　　长江干流来水主要受三峡水库下泄水量控制。坝下游宜昌站来流变化如图 3.61 所示，由于受三峡水库枯水期补水调度的影响，2003 年以来宜昌站 11 月至次年 1 月的平均流量呈现波动增大的趋势，2019年11月至次年1月的平均流量更成为历史最大值，较2003—2008年和2009—2018年平均流量分别偏大34％和16％（表3.34），沙市站2019年11月至次年1月来流也较2003—2008年和2009—2018年平均值分别偏大22％和10％。

从区间入汇水量看，长江中下游支流来水主要以汉江、洞庭湖、鄱阳湖来水最大，枯水期三条支流入汇水量占长江入海水量的30％以上。如图3.61所示，2019年11月至次年1月期间，汉江仙桃站、洞庭湖出口城陵矶站、鄱阳湖出口湖口站平均来流量均较小，分别为402m³/s、2900m³/s、1140m³/s，较2009—2018年同期的平均值分别偏枯48％、30％、62％。支流来水严重偏枯，导致洞庭湖以下长江干流螺山站、汉口站、大通站来水量偏少。表3.34显示，2019年螺山站、汉口站、大通站来水较2009—2018年同期的平均值分别偏少3％、8％、19％。因此，支流来水偏枯是2019年螺山站、汉口站、大通站出现极低水位的直接原因。

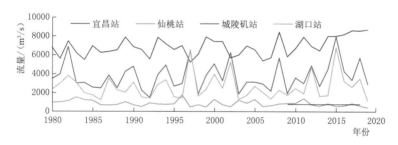

图3.61 长江中下游干、支流11月至次年1月平均流量变化

表3.34 长江中下游主要控制站11月至次年1月来流量变化

水文站	宜昌站	仙桃站	城陵矶站	湖口站	沙市站	螺山站	汉口站	大通站
1980—2002年流量/(m³/s)	6630	880	3710	2700	6500	10600	12400	16600
2003—2008年流量/(m³/s)	6500	876	3140	1880	6890	9990	12000	14600
2009—2018年流量/(m³/s)	7510	775	4160	3020	7640	11700	13500	17400
2019年流量/(m³/s)	8690	402	2902	1139	8390	11400	12400	14100
变化率1/％	34	−54	−8	−39	22	14	4	−3
变化率2/％	16	−48	−30	−62	10	−3	−8	−19

注 1. 变化率1为2019年水位值与2003—2008年的均值相比；变化率2为2019年水位值与2009—2018年的均值相比。
   2. 沙市站流量序列为1990—2019年。

3.5 长江中下游造床流量变化

造床流量是指其造床作用与多年流量过程的综合造床作用相当的某一特征流量。这种流量不等于最大洪水流量，最大洪水流量的造床作用剧烈，但是持续时间过短；它也不等于枯水流量，枯水流量作用时间长，但是流量过小。造床流量实际上是一个较大但又不是最大的洪水流量，是反映冲积河流河槽形态的重要参数，是衡量河道输沙能力大小的关键技术指标，同时也是河道演变分析、河流健康发育的重要判定依据，是进行河道规划和整治的重要基础。造床流量的大小与河道洪水量级、洪水过程、洪水持续时间、水流含沙量、水沙过程组合、河道边界条件等密切相关。

3.5.1 三峡水库蓄水前后长江中下游造床流量变化

国内外关于造床流量的计算方法很多，常见的有马卡维耶夫法、平滩水位法、输沙率法及水沙综合频率法等。我国关于造床流量的研究前期主要集中在黄河流域，先后形成了许多适用性较强的计算方法。目前，长江中下游河道造床流量的计算仍主要采用马卡维耶夫法、平滩水位法、流量保证率法。长江中下游干流受三峡为核心的梯级水库群调度影响，水沙条件发生显著改变，河床正处于剧烈的冲淤调整期，考虑到已有计算方法的适应性，研究基于河床冲淤变形的基本原理，提出了挟沙力指标法。

3.5.1.1 挟沙力指标法

长江中下游河道在当前及以后相当长的一段时间内处在非饱和水流作用下，河床冲刷将会是河道发育的主要现象。河道发育一直是水沙条件和河道边界相互作用的结果，因此造床流量的计算应同时考虑这两个因素，以往也不乏相关的尝试。但在具体运用到长江中下游现状条件下时，有些因素由主要变成非主要，可进行优化，比如含沙量，长江中下游含沙量极小，尤其是金沙江中下游梯级水电站相继建成运行后，自 2014 年开始宜昌站的年输沙量不足千万吨，2014—2016 年输沙量平均值相较于三峡水库蓄水前多年平均值减少 98% 以上，来沙量已经与河道具备的输沙能力极度不匹配，水流对河道的塑造将更多地取决于其从河床上冲起并携带泥沙的能力，也即水流挟沙力。从这个角度出发，提出了挟沙力指标法计算长江中下游造床流量。

结合长江中下游实际情况，选取几个具有高大滩体且受人类活动干扰相对较小的断面，进行不同水位下的断面水力特性计算，分别建立了水位与断面平均流速（$H - V$）、水位与断面挟沙力指标 $\left(H - \dfrac{u^3}{h}\right)$ 的相关关系。可以发现，随着水位的上涨，断面流速和挟沙力指标并不是持续增大的，而是在某一特定的水位出现转折（图 3.62、图 3.63），这个转折点即挟沙力指标的极值点，表征水流挟带泥沙塑造河床的能力达到最大值。初步认为这一极值点的水位对应的流量即为造床流量，即水流挟沙能力极值对应的流量。因此，将该法命名为挟沙力指标法，这一方法结合了来水条件和河道形态两方面因素，并且以当下的长江中下游面临的冲刷状态为背景，有望在长江中下游造床流量计算过程中得到应用，具体的计算步骤如下。

（1）在长江中下游河道内相对均匀地选取滩槽分明（受人类活动干扰较小）的控制断面，收集断面在三峡水库蓄水前后的观测资料。

（2）计算不同水位下的断面平均流速和挟沙力指标，并建立 $H - V$、$H - \dfrac{u^3}{h}$ 关系。

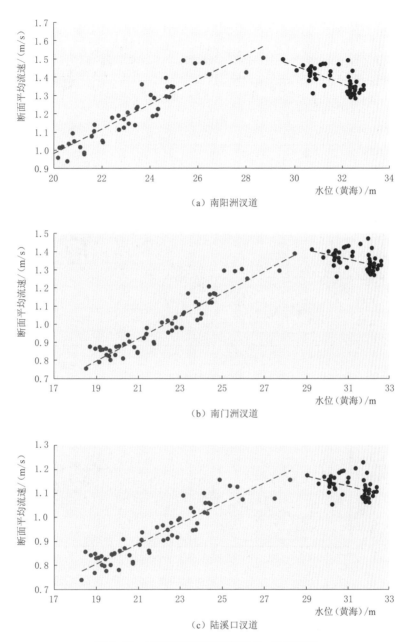

（a）南阳洲汊道

（b）南门洲汊道

（c）陆溪口汊道

图 3.62 长江中下游典型断面 $H-V$ 关系图

（3）通过上述相关关系图，寻找相关关系转折点，即断面挟沙力指标的极值点，统计相对应的水位，通过临近水文控制站的水位流量关系查询对应的流量，即为采用该法计算的造床流量。

3.5.1.2 其他方法

平行采用马卡维耶夫法、流量保证率法、平滩水位法和挟沙力指标法，计算得到的三峡水库蓄水前后长江中游各控制站造床流量结果及其变化值，统计整理结果见表 3.35。

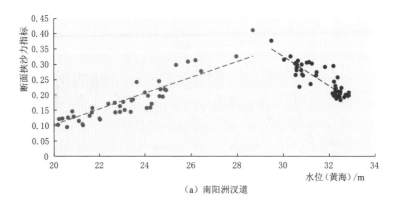

（a）南阳洲汉道

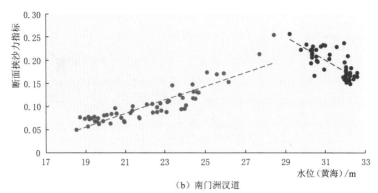

（b）南门洲汉道

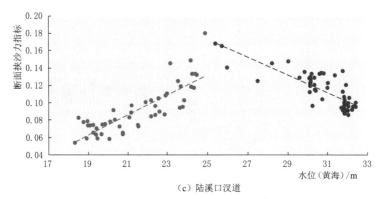

（c）陆溪口汉道

图 3.63 长江中下游典型断面 $H - \dfrac{u^3}{h}$ 关系图

表 3.35 四种方法计算造床流量结果对比 单位：m³/s

河段	三峡水库蓄水前造床流量				三峡水库蓄水后造床流量			
	马卡维耶夫法	流量保证率法	平滩水位法	挟沙力指标法	马卡维耶夫法	流量保证率法	平滩水位法	挟沙力指标法
宜昌	31500	46500	29400	33500	28500	37400	25200	29300
枝城	34500	50700	31400	34900	28500	37600	25200	30200
沙市	28500	40000	25900	30500	25500	31200	22100	27200
监利	19500	35000	24700	27500	16500	28400	21700	25000
螺山	34500	49500	39600	35000	31500	41100	34600	31700

河段	三峡水库蓄水前造床流量				三峡水库蓄水后造床流量			
	马卡维耶夫法	流量保证率法	平滩水位法	挟沙力指标法	马卡维耶夫法	流量保证率法	平滩水位法	挟沙力指标法
汉口	37500	53200	42800	43000	34500	45000	38400	40200
九江	37500	54800	43600	44000	34500	45700	38700	40700
大通	43500	57400	50200	50500	40500	50400	45400	47700

表 3.36　　　　　　　四种方法计算三峡水库蓄水前后造床流量变化量对比　　　　　单位：m³/s

河段	马卡维耶夫法	流量保证率法	平滩水位法	挟沙力指标法
宜昌	−3000	−9100	−4200	−4200
枝城	−6000	−13100	−6200	−4700
沙市	−3000	−8800	−3800	−3300
监利	−3000	−6600	−3000	−2500
螺山	−3000	−8400	−5000	−3300
汉口	−3000	−8200	−4400	−2800
九江	−3000	−9100	−4900	−3300
大通	−3000	−7000	−4800	−2800

对比造床流量不同计算方法的结果，无论是在三峡水库蓄水前还是蓄水后，采用马卡维耶夫法、平滩水位法计算的结果和挟沙力指标法的结果较为相近，且都与流量保证率法有较大差距，采用流量保证率法计算得出的造床流量均大于其他 3 种方法计算得出的造床流量。

（1）马卡维耶夫法计算得出的造床流量是在考虑了流量的输沙能力和流量历时长短两种因素后求出的，既考虑到了流量输沙能力对河床的塑造作用，又考虑到了流量级的持续时间对河床塑造作用的影响，具有一定的理论基础，物理意义明显，因此计算结果可靠性更高，但相对变化值往往受到流量分级的限制，难以体现沿程的变化。

（2）流量保证率法则是根据经验选择某一重现期的洪水流量来作为造床流量，该方法经验性比较强，同时蓄水后长江中游存在水量偏枯的事实，该法得出的结果能反映造床流量沿程的变化趋势，但单一地依赖于流量过程，无法体现河道的响应。

（3）平滩水位法的原理是基于水位的变化和受水沙条件和河道边界的双重影响，研究打破了常规的选用特定滩体高程确定平滩流量的方法，采用新的统计方式计算了长江中下游平滩水位，从计算出的造床流量绝对值及相对变化值分析，能够弥补马卡维耶夫法对沿程变化反应上的不足和流量分级的限制。

（4）挟沙力指标法作为新方法，同时考虑了水流塑造和河床响应两种因素，而且又采用了水流挟沙的基本特征进行验证，其造床流量绝对值的计算结果介于马卡维耶夫法和平滩水位法之间，相对变化值与马卡维耶夫法较为接近，且同时也能反映沿程的变化特点。

综上分析，现综合马卡维耶夫法、平滩水位法和挟沙力指标法 3 种方法得出造床流量变化值。三峡水库蓄水后，在宜昌至城陵矶段，沿程受分汇流的影响，造床流量自 30000m³/s 减小至 25000m³/s，造床流量相对于蓄水前减小幅度在 2500～4500m³/s；城陵矶以下河段造床流量自 32000m³/s 增大至 48000m³/s，造床流量相对于蓄水前减小约 3000m³/s。

3.5.2 长江中下游造床流量变化的主要影响因素

钱宁等在研究影响造床流量的因素时发现，对于不同的河流而言，采用同一种方法计算出来的造床流量的出现频率差别是相当大的，造床流量究竟更接近于小洪水或中水以下的流量，还是与较大的洪水流量相接近，取决于河流的性质。而河流性质的关键是流量大小与河岸和河床组成物质可动性的对应关系，涉及洪峰特点和物质组成两个主要变量，物质组成还应包括植被生长的因素在内。因而，影响造床流量的首要因素应是来水条件和河道边界条件，这在上文的多个计算方法中都有所体现，比如流量，除了平滩水位法以外，其他方法都是直接或间接（河床变形强度法断面流速也取决于来流量）的造床流量计算参数，而平滩水位法的原理则是单方面地从河道边界条件来反推造床流量。

除流量和河床边界以外，从以往的研究成果和上文梳理的多个造床流量计算方法来看，影响河道造床流量的因素还应包括来沙情况，尤其是多沙河流。来水来沙不仅在量值上影响造床流量，还有持续时间的问题，因为造床是一个长历时的持续性过程。因此，影响长江中下游造床流量的因素大致可以概括为两个基本方面：一是来水来沙条件，包括总量和过程，反映水流对河床的塑造强度；二是河道边界条件，体现河床的可塑造程度。而这两类的基本因素又可以衍生成许多具体的因素，比如造成水沙条件变化的有水文的周期性变化、水库的调度运行、江湖分汇流关系等，而河道边界条件则包括治理和保护工程、植被生长及河床组成的变化等，以下就影响长江中下游造床流量变化的几个具体因素展开分析。

3.5.2.1 水文周期变化的影响

长江流域的水情是具有一定的周期性的。通过小波分析，长江中游干流宜昌站年径流量呈明显的年际变化，存在8～10年和15～18年两类尺度的周期性变化规律（图3.64）。其中15～18年时间尺度在1970—2013年期间表现明显，其中心时间尺度在17年左右，正负位相交替出现；8～10年时间尺度在1975—1990年期间明显，在其他时段则不够明显，其中心时间尺度在9年左右。

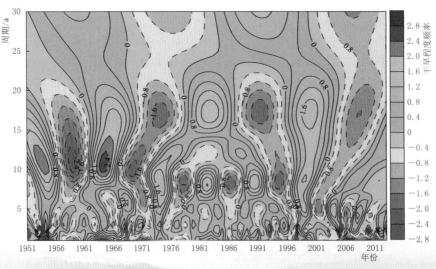

图 3.64 宜昌站年径流量序列小波变换系数实部时频图

近年来，尤其是三峡水库蓄水后，长江上游进入径流偏枯的水文周期，降水量偏少（图3.65），进入长江中游的径流量相应地偏小（三峡水库蓄水后除监利站以外，沿程其他各站年径流量都相对于蓄水前偏少）。由于降雨与输沙之间也存在一定的对应关系，降雨偏少同样也会导致河道沙量来源的减少，三峡水库蓄水后，长江上游降水量偏少与寸滩站沙量减少有一定关系（图3.66）。可见，三峡水库蓄水后，长江干流相对偏枯的水文周期是长江中游造床流量计算值相对于蓄水前偏小的重要因素之一。

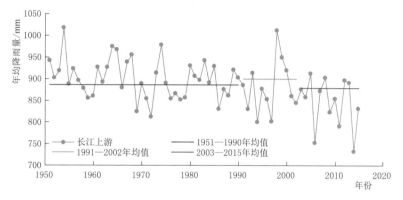

图 3.65　长江上游降雨量不同时段对比图

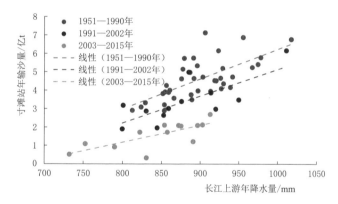

图 3.66　不同时段长江上游年降水量与寸滩站年输沙量的相关关系

3.5.2.2　水库调度运行的影响

水库调度运行对于坝下游河道造床流量的影响体现在水沙条件和河道边界两个方面，前者更为直接。对于长江中游而言，三峡水库可以作为上游梯级水库群调度的下边界，其调度对于径流过程和泥沙的影响最为直接。对于泥沙的影响基本已有定论，拦沙效应使得近几年宜昌站输沙减幅在98%以上，这会对采用马卡维耶夫法计算造床流量中 m 的取值产生直接的影响。水库调度基本上不改变出库的年径流总量，但随着水库陆续开展的枯期补水、汛期削峰和汛后提前蓄水等运行方式，水库对于坝下游河道径流过程的影响越来越明显，其中枯期补水和汛后提前蓄水主要影响中小水流量，对于造床流量的影响较小；汛期削峰调度改变的是天然的洪水过程，最为明显的是洪峰流量消减，本次研究采用还原计算，分析三峡水库对宜昌站的洪峰流量及峰现时间的影响（表3.37），自2009年开始，三峡水库对宜昌站洪峰流量的削减幅度大多在20%以上，因此当用马卡维耶夫法或者是流量保证率法计算造床流量时，三峡水库蓄水后的值应都有所偏小。

表3.37 宜昌站逐年实测与模拟的洪峰流量、出现时间表

年份	洪峰出现日期/（月.日）		洪峰流量/（m³/s）			减小程度/%
	实测	还原后	实测	还原前	还原后	
2003	9.4	9.4	47300	47300	47300	0
2004	9.9	9.8	58400	58400	60500	3.60
2005	8.31	8.31	46900	46900	47200	0.640
2006	7.10	7.10	29900	29900	29900	0
2007	7.31	8.1	46900	46900	51400	9.59
2008	8.17	8.17	37700	37700	37800	0.265
2009	8.5	8.7	39800	39800	51100	28.4
2010	7.27	7.22	41500	41500	58300	40.5
2011	6.27	9.22	27400	27400	37600	37.2
2012	7.30	7.26	46500	46500	60000	29.0
2013	7.20	7.23	35000	35000	47100	34.6
2014	9.20	9.21	46900	46900	49600	5.76
2015	7.1	9.14	31400	31400	36700	16.9

水库调度除了直接改变长江中游的水沙条件以外，还带来河道边界的变化，河床普遍冲刷，断面形态、纵剖面形态、洲滩形态乃至床面形态都会发生相应的调整，具体到某些冲刷相对剧烈的河段内，如荆江河段，断面过水面积增大、比降调平、洲滩萎缩及河床粗化等具体响应都开始显现，这些调整的最终目的都是通过减小河道水流流速，使得河道的挟沙能力与来沙匹配，从而使河流趋向于平衡状态。从这个意义上来讲，三峡水库蓄水后，长江中下游造床流量也应较蓄水前有所减小，进而促进河流向平衡状态演进。

3.5.2.3 河道（航道）治理工程的影响

三峡水库蓄水后，长江中下游河道普遍冲刷，滩体也以冲刷萎缩为主，同时局部伴随有崩岸发生，为了稳定重点河段河势条件，同时配合长江"黄金水道"的建设，保证和进一步改善、提升长江中下游的通航条件，水利和交通部门均在长江中下游河道实施了相应的整治工程，工程大多以守护为主体形式，包括中低滩滩体守护、高滩滩缘和河岸守护。这些工程改变了局部河道边界的可动性（图3.67），中断了被守护地貌单元对于水沙过程自然的、连续的响应，当选用这些滩体作为平滩水位法或者挟沙力指标法确定造床流量的对象时，滩体的变形受到限制，往往不能够反映出滩体冲淤与水沙条件变化的响应关系。尽管治理工程也会改变局部的水流结构，但对于长河段、长系列的水沙条件影响较小，因此，这一类工程对于造床流量的影响主要在于改变局部河道边界的可动性，造床流量对于河道部分组成单元的作用被人为消减或终止。

（a）崩岸守护

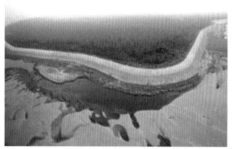
（b）高滩滩缘守护

（c）低矮心滩守护

（d）边滩守护

图 3.67 河道（航道）治理工程中被守护的岸滩

3.5.2.4 江湖分汇流关系变化的影响

长江中游水系庞大，尤其是长江与洞庭湖形成分汇流网络，江湖关系演变极为复杂。近几十年，受河湖治理工程、水利枢纽工程等多方面因素的影响，荆江三口分流分沙量不断地趋向于减小，中小水除个别口门外，陆续出现长时间断流的现象，即长江上游来流更多地经由中游干流河道下泄，三口分流量减小。这也是三峡水库蓄水后，监利站同期水量略偏丰的主要原因之一。但是，荆江三口分流的能力并没有明显的改变，尤其是中高水以上干流来流量与三口分流量的关系没有发生明显的变化（图 3.68），三峡水库蓄水后，荆江三口分流量的减少绝大部分原因在于来流偏枯，尤其是高水期径流量的减少（表 3.38），使得荆江三口年内分得大流量的概率下降。因此，相对于三峡水库蓄水前，蓄水后长江中游江湖关系尚未发生明显的改变，分汇量的改变仍主要与水文周期有关，对造床流量变化的贡献不大。

3.5.2.5 滩地开发利用的影响

据不完全统计，长江中下游干流河道内洲滩数为 406 个（不含长江口的太平洲、崇明岛、横沙岛和长兴岛），洲上人口合计为 129.3 万人，总面积为 2512.7km²，其中平垸行洪双退垸 120 个，平垸行洪已实施单退垸 223 个，未实施单退垸 14 个，未纳入平垸行洪规划洲滩民垸 49 个。滩地开发利用与上文的河道整治工程对于造床流量的影响存在相似之处，滩体开发利用、修堤坦垸，人为减少了高洪水漫滩的概率，洲滩过流机会减少后草木生长，过流阻力也会相应地增大，对于造床流量有加大的作用。

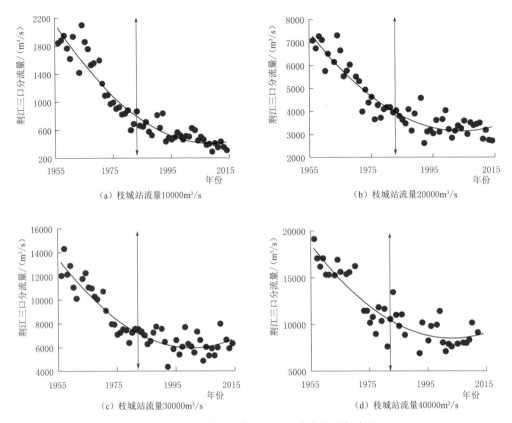

图 3.68 枝城站同流量下三口分流量历年变化

表 3.38　　　　　　　　不同时期枝城站年径流量与三口分流量变化　　　　　　单位：亿 m³

时段	枝城站		荆江三口	
	年径流总量	汛期径流总量	年分流量	汛期分流量
1956—1967 年	4530	2720	1320	993
1968—1985 年	4460	2700	880	686
1986—2002 年	4370	2650	635	529
2003—2014 年	4090	2400	490	418
差值 1	−70	−20	−440	−307
差值 2	−90	−50	−245	−157
差值 3	−280	−250	−145	−111

综上来看，影响造床流量的因素大体可以分为两大类：一类是水沙条件及其过程，反映水沙对于河流的主动塑造能力；另一类是河道边界，体现河流的可塑造潜力。具体到长江中下游，这两类因素又可以衍生成较为具体的水文周期变化、水库调度运行、河道（航道）治理工程、江湖分汇流关系变化及滩地开发利用等方面，且以水文周期变化和水库调度运行为主，前者侧重于影响水沙条件，后者既影响水沙条件，也会改变河道边界条件，部分河道（航道）整治工程规模较大的河段，工程实施对造床流量也有明显影响。

参 考 文 献

［1］ 曹广晶，王俊. 长江三峡工程水文泥沙［M］. 北京：科学出版社，2015.

［2］ 中国工程院三峡工程阶段性评估项目组. 三峡工程阶段性评估评估报告：综合卷［M］. 北京：中国水利水电出版社，2010.

［3］ 国务院三峡工程建设委员会办公室泥沙专家组. 三峡水库上游来水来沙的变化及其影响研究［M］. 北京：知识产权出版社，2008.

［4］ 李丹勋，毛断新. 三峡水库上游来水来沙变化趋势研究［M］. 北京：科学出版社，2010.

［5］ 董炳江，张欧阳，许全喜，等. 2018年汛期三峡水库上游暴雨产沙特性研究［J］. 人民长江，2019，50（12）：21-25.

［6］ 刘毅. 上游重点产沙区对三峡水库来水来沙条件的影响［J］. 中国三峡建设，1995（5）：24-25.

［7］ 刘惠英，程冬兵，张平仓，等. 三峡库区龙河流域降雨和人类活动对水沙关系变化贡献率分析［J］. 长江科学院院报，2015，32（3）：20-26.

［8］ 秦智伟，陈玺. 三峡水库蓄水后坝下游干流枯水期水位变化研究［J］. 人民长江，2018.

［9］ 喻中文，胡魁德. 鄱阳湖低枯水位变化及趋势性分析研究［J］. 江西水利科技，2014.

［10］ 朱思瑾，余明辉，鲍正风，等. 三峡水库下游宜昌至汉口河段干支流平枯水遭遇特点分析［J］. 泥沙研究，2018，43（3）：7-14.

［11］ 朱玲玲，杨霞，许全喜. 上荆江枯水位对河床冲刷及水库调度的综合响应［J］. 地理学报，2017，72（07）：1184-1194.

［12］ 马卡维耶夫. 造床流量［J］. 泥沙研究，1957，2（2）：40-43.

［13］ 吉祖稳，胡春宏，阎颐，等. 多沙河流造床流量研究［J］. 水科学进展，1994，5（3）：229-234.

［14］ 李福田. 造床流量计算方法初探［J］. 河海大学学报，1990，18（4）：113-116.

［15］ 闫金波，唐庆霞，邹涛. 三峡坝下游河道造床流量及水流挟沙力的变化［J］. 长江科学院院报，2014，31（2）：114-118.

第 4 章

三 峡 水 库 泥 沙 淤 积

三峡水库泥沙淤积牵扯到水库寿命、库区淹没、库尾段航道和港区演变等问题。在三峡工程论证阶段，针对长江多沙的特征，研究提出"蓄清排浑"运用方式作为长期保留三峡水库有效库容的基本措施。通过大量的调查研究、理论分析并汲取国内外水库运行经验，认为三峡水库库区河段，在建库前水流挟沙力是不饱和的，建库后库区淤积形成的平衡河床坡降远小于建库前的河床坡降。结合国内外水库泥沙处理的经验和工程综合利用要求，采用汛期结合防洪降低水位以排沙，枯水季蓄水以兴利的"蓄清排浑"的调度运行方式，可以长期保留三峡水库的大部分有效库容。

4.1 水库淤积量与排沙比

三峡工程蓄水运行以来，由于入库泥沙较初步设计值大幅度减小，三峡水库库区泥沙淤积大为减轻。根据对三峡水库主要控制站——朱沱站、北碚站、寸滩站、武隆站、清溪场站、黄陵庙站（2003 年 6 月至 2006 年 8 月三峡水库入库站为清溪场站，2006 年 9 月至 2008 年 9 月为寸滩站＋武隆站，2008 年 10 月至 2019 年 12 月为朱沱站＋北碚站＋武隆站）水文观测资料的统计分析，2003 年 6 月至 2019 年 12 月三峡水库入库悬移质泥沙 24.040 亿 t，出库（黄陵庙站）悬移质泥沙 5.715 亿 t，不考虑三峡水库库区区间来沙（下同），水库淤积泥沙 18.325 亿 t，年均淤积泥沙 1.099 亿 t，仅为论证阶段（数学模型采用 1961—1970 年系列年预测成果）的 33%，水库排沙比为 23.8%。库区淤积物中以粒径 $d \leqslant 0.062$mm 的泥沙为主，其淤积量为 15.834 亿 t，占总淤积量的 86.4%，对应水库排沙比 25.7%，粒径 0.062mm$< d \leqslant 0.125$mm 和 $d > 0.125$mm 的泥沙淤积量分别为 1.328 亿 t 和 1.152 亿 t，对应排沙比分别为 6.9% 和 11.9%。三峡水库进出库泥沙与水库淤积量见表 4.1 和图 4.1，三峡水库淤积量年内变化如图 4.2 所示。

4.1.1 围堰发电期

2003 年 6 月至 2006 年 8 月（三峡工程围堰发电期），三峡水库入库悬移质泥沙为 7.004 亿 t，出库悬移质泥沙为 2.590 亿 t，不考虑三峡水库库区区间来沙，水库淤积泥沙为 4.414 亿 t，年均淤积泥沙为 1.358 亿 t，水库排沙比为 37.0%（表 4.2），2004—2019 年三峡水库汛期排沙比与坝前平均水位变化如图 4.3 所示。

表 4.1　三峡水库进出库泥沙与水库淤积量

时间	坝前平均水位(汛期5~10月)/m	入库/亿t					出库(黄陵庙)/亿t					水库淤积/亿t			
		水量/亿m³	各粒径级沙量				水量/亿m³	各粒径级沙量				各粒径级沙量			
			$d \leq 0.062$mm	0.062mm$<d \leq 0.125$mm	$d > 0.125$mm	小计		$d \leq 0.062$mm	0.062mm$<d \leq 0.125$mm	$d > 0.125$mm	小计	$d \leq 0.062$mm	0.062mm$<d \leq 0.125$mm	$d > 0.125$mm	小计
2003年6—12月	135.23	3254	1.85	0.11	0.12	2.0821	3386	0.72	0.03	0.09	0.84	1.13	0.08	0.03	1.240
2004年	136.58	3898	1.47	0.1	0.09	1.66	4126	0.607	0.006	0.027	0.637	0.863	0.094	0.063	1.020
2005年	136.43	4297	2.26	0.14	0.14	2.54	4590	1.010	0.010	0.010	1.03	1.25	0.13	0.13	1.510
2006年	138.67	2790	0.948	0.0402	0.0323	1.021	2842	0.088	0.0012	0.00027	0.0891	0.860	0.039	0.032	0.932
2007年	146.44	3649	1.923	0.149	0.132	2.204	3987	0.500	0.002	0.007	0.509	1.423	0.147	0.125	1.695
2008年	148.06	3877	1.877	0.152	0.149	2.178	4182	0.318	0.003	0.001	0.322	1.559	0.149	0.148	1.856
2009年	154.46	3464	1.606	0.113	0.111	1.83	3817	0.357	0.003	0.001	0.36	1.249	0.111	0.110	1.470
2010年	156.37	3722	2.053	0.132	0.103	2.29	4034	0.322	0.005	0.001	0.328	1.731	0.127	0.102	1.960
2011年	154.52	3015	0.924	0.057	0.036	1.02	3391	0.065	0.003	0.001	0.069	0.860	0.054	0.034	0.948
2012年	158.17	4166	1.844	0.169	0.177	2.19	4642	0.439	0.010	0.005	0.453	1.405	0.159	0.172	1.737
2013年	155.73	3346	1.155	0.059	0.056	1.27	3694	0.322	0.005	0.001	0.328	0.834	0.0540	0.0550	0.942
2014年	156.36	3820	0.489	0.035	0.030	0.554	4436	0.100	0.003	0.002	0.105	0.389	0.0317	0.0281	0.449
2015年	154.87	3358	0.282	0.018	0.020	0.320	3816	0.038	0.002	0.002	0.0425	0.244	0.0153	0.0184	0.277
2016年	153.44	3719	0.370	0.027	0.024	0.422	4247	0.082	0.004	0.003	0.0884	0.288	0.0229	0.0216	0.333
2017年	155.42	3728	0.312	0.018	0.014	0.344	4365	0.030	0.002	0.001	0.0323	0.282	0.0165	0.0135	0.312
2018年	155.81	4294	1.310	0.066	0.054	1.430	4717	0.378	0.007	0.003	0.3880	0.932	0.0592	0.0505	1.042
2019年	153.05	4016	0.623	0.041	0.021	0.685	4441	0.089	0.003	0.001	0.0936	0.534	0.0381	0.0193	0.591
总计		62413	21.297	1.426	1.309	24.040	68723	5.465	0.098	0.156	5.715	15.834	1.328	1.152	18.325

注　1. 入库水沙量未考虑三峡库区区间来水来沙；2006年1—8月入库控制站为清溪场，2006年9月至2008年9月入库控制站为寸滩站+武隆站，2008年10月至2019年12月入库控制站为朱沱站+北碚站+武隆站。

2. 2010—2019年长江干流各主要测站的悬移质泥沙颗粒分析均采用激光粒度仪。

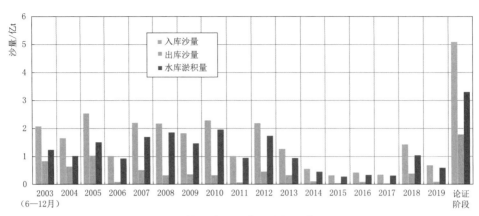

图 4.1 三峡水库进出库泥沙与水库淤积量

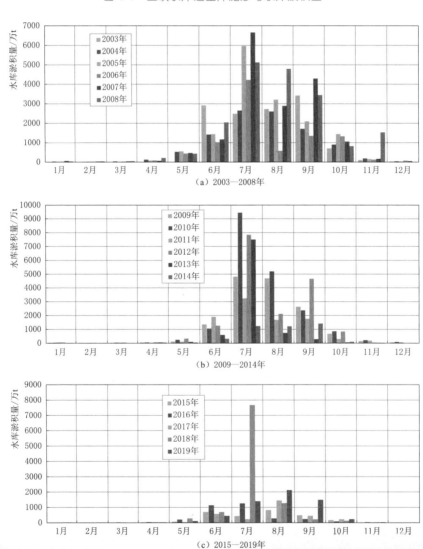

图 4.2 三峡水库淤积量年内变化

表 4.2　　　　　　　　　　　　　三峡水库进出库泥沙与水库淤积量

时段	入库		出库		水库淤积/亿t	排沙比/%	备注
	水量/亿m³	沙量/亿t	水量/亿m³	沙量/亿t			
2003.06—2006.08	13277	7.004	14097	2.590	4.414	37.0	围堰发电期
2006.09—2008.09	7619	4.435	8178	0.832	3.603	18.8	初期蓄水期
2008.10—2019.12	41518	12.601	46448	2.293	10.308	18.2	试验性蓄水期
2003.06—2019.12	62414	24.040	68723	5.715	18.325	23.8	

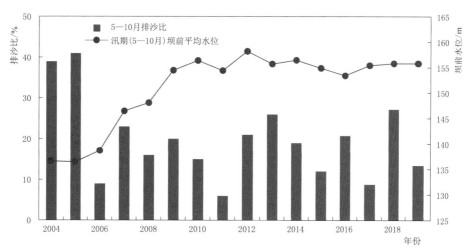

图 4.3　2004—2019 年三峡水库汛期排沙比与坝前平均水位变化

4.1.2　初期蓄水期

2006 年 9 月至 2008 年 9 月（三峡工程初期蓄水期），三峡水库入库悬移质泥沙为 4.435 亿 t，出库悬移质泥沙为 0.832 亿 t，不考虑三峡水库库区区间来沙，水库淤积泥沙 3.603 亿 t，年均淤积泥沙 1.729 亿 t，水库排沙比为 18.8％，见表 4.2。

4.1.3　试验性蓄水期

三峡水库 175m 试验性蓄水后，2008 年 10 月至 2019 年 12 月三峡水库入库悬移质泥沙为 12.601 亿 t，出库悬移质泥沙为 2.293 亿 t，不考虑区间来沙，水库淤积泥沙 10.308 亿 t，水库排沙比为 18.2％，小于围堰蓄水期和初期蓄水期，重要原因就是水位，特别是汛期水位较前有所抬高，见表 4.2 和图 4.3。

4.2　水库泥沙淤积特性

三峡水库 175m 试验性蓄水后，回水末端上延至江津附近（距大坝约 660km），变动回水区为江津至涪陵段，长约 173.4km，占库区总长度的 26.3％；常年回水区为涪陵至大坝段，长约 486.5km，占库区总长度的 73.7％。

三峡工程蓄水运行以来，主要受入库沙量大幅度减小、河道采砂和水库调度等影响，水库变动回水区总体表现为冲刷，泥沙淤积主要集中在涪陵以下的常年回水区。2003 年 3 月至 2019 年 10 月库区干流累计淤积泥沙 16.120 亿 m³，其中，变动回水区累计冲刷泥沙 0.830 亿 m³，常年回水区淤积量为 16.950 亿 m³。

从库区冲淤量沿时分布来看，三峡水库围堰发电期（2003 年 3 月至 2006 年 10 月），库区累计淤积泥沙 5.436 亿 m³，年均淤积量为 1.81 亿 m³，泥沙主要淤积在丰都至奉节段和奉节至大坝段，丰都至李渡镇库段冲淤基本平衡；初期运行期（2006 年 10 月至 2008 年 10 月），库区累计淤积泥沙 2.502 亿 m³，年均淤积量为 1.25 亿 m³；进入 175m 试验性蓄水后，2008 年 10 月至 2019 年 10 月库区累计淤积泥沙 8.182 亿 m³，年均淤积量为 0.74 亿 m³，见表 4.3。

表 4.3　　　　　　　　　　变动回水区及常年回水区冲淤量　　　　　　　　单位：亿 m³

时段	变动回水区				常年回水区				合计
	江津—大渡口	大渡口—铜锣峡	铜锣峡—涪陵	小计	涪陵—丰都	丰都—奉节	奉节—大坝	小计	
2003.03—2006.10	—	—	−0.017	−0.017	0.020	2.698	2.735	5.453	5.436
2006.10—2008.10	—	0.098	0.008	0.107	−0.003	1.294	1.104	2.396	2.502
2008.10—2019.10	−0.424	−0.296	−0.199	−0.919	0.397	6.402	2.303	9.102	8.182
2003.03—2019.10	−0.424	−0.198	−0.208	−0.830	0.414	10.394	6.142	16.950	16.120

4.2.1　变动回水区

4.2.1.1　江津至大渡口段

江津至大渡口段长约 26.5km，175m 试验性蓄水之前为天然河道，年际间冲淤基本平衡。三峡水库 175m 试验性蓄水后，该河段逐渐受三峡水库蓄水影响。2008 年 10 月至 2019 年 10 月，江津至大渡口河段累计冲刷泥沙 4240 万 m³（表 4.4），其中主槽冲刷 5210 万 m³，边滩淤积 970 万 m³。

表 4.4　　　　　　　　　　江津至大渡口段冲淤计算成果表　　　　　　　　单位：万 m³

计算时段	边滩	主槽	合计	计算时段	边滩	主槽	合计
2008.11—2009.11	−329	128	−201	2014.10—2015.10	−543	223	−320
2019.11—2010.11	283	60	343	2015.10—2016.10	−1508	438	−1070
2010.11—2011.10	−586	−30	−616	2016.10—2017.10	−210	−32	−242
2011.10—2012.10	263	−479	−216	2017.10—2018.10	−113	56	−57
2012.10—2013.10	−1420	137	−1283	2018.10—2019.10	−184	−6	−190
2013.10—2014.10	−862	471	−391	2008.11—2019.10	−5209	966	−4243

4.2.1.2 大渡口至铜锣峡段

大渡口至铜锣峡段长约 35.5km，为重庆主城区长江干流段。三峡水库 175m 试验性蓄水之前为天然河道，175m 试验性蓄水后，该河段逐渐受三峡水库蓄水影响。2008 年 10 月至 2019 年 10 月，大渡口至铜锣峡河段累计冲刷量 1977.9 万 m^3（表 4.5）。从冲淤分布看，长江干流朝天门以上河段冲刷泥沙 1881.7 万 m^3，长江干流朝天门以下河段冲刷泥沙 96.2 万 m^3。

表 4.5　　　　　　　　　　大渡口至铜锣峡段冲淤量成果表　　　　　　　单位：万 m^3

计 算 时 段	朝天门以下	朝天门以上	合 计
2008.09—2008.12	−37.4	−24.6	−62.0
2008.12—2009.11.16	−51.8	−78.2	−130
2009.11.16—2010.12.16	130.8	135.4	266.2
2010.12.16—2011.12.19	−130	−1.3	−131.3
2011.12.19—2012.10.15	94.1	−252.9	−158.8
2012.10.15—2013.10.18	−103.2	−361.8	−465
2013.10.18—2014.10.13	−65.9	−374.4	−440.3
2014.10.13—2015.10.13	43.4	−183.2	−139.8
2015.10.13—2016.12.15	−87.9	−62.6	−150.5
2016.12.15—2017.12.12	57.8	−195.0	−137.2
2017.12.12—2018.12.13	−30.8	−263.3	−294.1
2018.12.13—2019.12.12	84.7	−219.8	−135.1
2008.09—2019.12.12	−96.2	−1881.7	−1977.9

4.2.1.3 铜锣峡至涪陵段

铜锣峡至涪陵段长约 111.4km，2003 年 3 月至 2019 年 10 月，该河段累计冲刷 2080 万 m^3，其中 2008 年 10 月至 2019 年 10 月累计冲刷 1990 万 m^3。

4.2.2 常年回水区

4.2.2.1 涪陵至奉节段

涪陵至奉节段窄深和开阔段相间，长约 315.4km。该河段淤积强度较大，是库区淤积强度最大的河段之一。其中丰都至涪陵河段处于围堰发电期变动回水区近末端位置，但进入初期蓄水和试验性蓄水后，该河段水位抬高也较明显，已为库区常年回水区，出现累积淤积状态。

2003 年 3 月至 2019 年 10 月，该河段累计淤积 10.808 亿 m^3，单位河长淤积量为 343 万 m^3/km，其中万县至忠县段、云阳至万县段及忠县至丰都段单位河长淤积强度较大，分别为 505 万 m^3/km、497 万 m^3/km、441 万 m^3/km，见表 4.6。2008 年 10 月至 2019 年 10 月累计淤积 6.799 亿 m^3。

表 4.6　　　　涪陵至奉节段累计冲淤量及冲淤强度统计表（2003.03—2019.10）

河　段	断面	河段长度/km	冲淤量/万 m³	冲淤强度/(万 m³/km)
丰都—涪陵	S242—S267	55.1	4138	75.1
忠县—丰都	S214—S242	58.8	25945	441.2
万县—忠县	S172—S214	81.2	41049	505.5
云阳—万县	S142—S172	66.7	33180	497.4
关刀峡—云阳	S118—S142	53.6	3771	70.3

4.2.2.2　奉节至庙河段

奉节至庙河段长约 156km，其中峡谷段长 81.4km，宽谷段长 74.6km。2003 年 3 月至 2019 年 10 月，该河段累计淤积 4.397 亿 m³，单位河长淤积量为 282 万 m³/km，其中 2008 年 10 月至 2019 年 10 月累计淤积 1.617 亿 m³。从淤积部位来看，主槽部分淤积泥沙 4.260 亿 m³，占总淤积量的 97%；边滩部分淤积泥沙为 0.137 亿 m³，仅占总淤积量的 3%。

奉节至庙河段累积性淤积强度最大的为白帝城至奉节关刀峡段（长约 14.2km），累计淤积 1.141 亿 m³，单位河长淤积量为 804 万 m³/km，淤积强度仅次于近坝河段，主要淤积部位在河宽较大的臭盐碛河段，见表 4.7。其次为秭归至官渡口段，累计淤积泥沙 1.659 亿 m³，单位河长淤积量为 362 万 m³/km。

表 4.7　　　　奉节至庙河段累计冲淤量及冲淤强度统计表（2003.03—2019.10）

河　段	断面	河段长度/km	冲淤量/万 m³	冲淤强度/(万 m³/km)
白帝城—关刀峡	S111—S118	14.2	11409	803.5
大溪—白帝城	S107—S111	6.7	603	90.0
巫山—大溪	S93—S107	28.8	6609	229.5
官渡口—巫山	S70—S93	44.0	5277	119.9
秭归—官渡口	S49—S70	45.8	16586	362.1
庙河—秭归	S40—1—S49	16.5	3480	210.9

4.2.2.3　庙河至大坝段

庙河至大坝段为近坝段，长约 15.1km。2003 年 3 月至 2019 年 10 月，该河段累计淤积 1.745 亿 m³，单位河长淤积量为 1156 万 m³/km，为三峡库区蓄水以来累积性淤积强度最大的河段，其中 2008 年 10 月至 2019 年 10 月累计淤积 0.686 亿 m³。

库区重点河段各个时期泥沙冲淤情况见表 4.8～表 4.10。

4.2.3　沙量平衡分析

4.2.3.1　干容重变化情况

根据三峡水库 2005—2010 年、2014 年和 2017 年三峡水库的实测断面平均干容重成果统计，大坝至李渡镇河段实测干容重呈现坝前向上游河段逐渐增大的现象，坝前河段平均干容重最小，这符合泥沙在水库内沿程分选的规律，即自上而下粒径变小，表现为越靠坝前泥沙颗粒越细，而泥沙淤积物的干容重与粒径是正比例关系，泥沙粒径越小则干容重越小。

根据 2017 年观测成果来看，三峡水库干容重的主要特征值如下。

（1）大坝至李渡镇段 2017 年汛前淤积物中值粒径变化范围为 0.006～0.214mm，平

表 4.8　三峡库区干流泥沙冲淤量统计表（断面法）

河段	大坝—庙河	庙河—秭归	秭归—官渡口	官渡口—巫山	巫山—大溪	大溪—白帝城	白帝城—关刀峡	关刀峡—云阳	云阳—万县	万县—忠县	忠县—丰都	丰都—涪陵	涪陵—李渡镇	李渡镇—铜锣峡	大坝—李渡镇	大坝—铜锣峡	备注
断面	大坝—S40-1	S40-1—S49	S49—S70	S70—S93	S93—S107	S107—S111	S111—S118	S118—S142	S142—S172	S172—S214	S214—S242	S242—S267	S267—S273	S273—S323	大坝—S273	大坝—S323	
段面间距/km	15.1	16.5	45.8	44	28.8	6.7	14.2	53.6	66.7	81.2	58.8	55.1	12.5	98.9	499	597.9	
1996.12—2003.03 /万 m³ 高水	214	154	614	177	314	74	223	464	-540	-228	473	-225	-169		1714		蓄水前
1996.12—2003.03 /万 m³ 低水	221	201	694	169	436	47	199	316	41	127	299	-96			2652		
2003.03—2006.10 /万 m³ 低水	7418	1744	8041	1954	3332	60	4805	1209	8155	11289	6329	197	—	—	54365		135~139m 蓄水期
2006.10—2008.10 /万 m³ 高水	3179	567	2720	1574	1200	245	1557	13	4643	4589	3696	-27	82	984	24036	25020	156m 蓄水期
2006.10—2008.10 /万 m³ 低水	2854	540	2584	1487	1148	226	1520	112	4769	5011	3920	319	54	887	24542	25429	
2008.10—2019.10 /万 m³ 高水	6857	1169	5825	1749	2077	298	5047	2549	20382	25171	15920	3968	303	-3280	91315	88035	175m 试验性蓄水期
2008.10—2019.10 /万 m³ 低水	6371	1104	5742	1743	1905	300	4360	2427	19495	23839	16149	3207	225	-4010	86867	82857	
2003.03—2019.10 /万 m³ 高水	17454	3480	16586	5277	6609	603	11409	3771	33180	41049	25945	4138	216	-2296	169717	167421	总蓄水期
2003.03—2019.10 /万 m³ 低水	16643	3388	16367	5184	6385	586	10685	3748	32419	40139	26398	3723	110	-3123	165775	162652	

表 4.9　三峡库区干流泥沙冲淤强度统计表（断面法）

单位：万 m³/km

河段 断面		大坝—庙河 大坝—S40-1	庙河—秭归 S40-1—S49	秭归—官渡口 S49—S70	官渡口—巫山 S70—S93	巫山—大溪 S93—S107	大溪—白帝城 S107—S111	白帝城—关刀峡 S111—S118	关刀峡—云阳 S118—S142	云阳—万县 S142—S172	万县—忠县 S172—S214	忠县—丰都 S214—S242	丰都—涪陵 S242—S267	涪陵—李渡镇 S267—S273	李渡镇—铜锣峡 S273—S323	大坝—李渡镇 大坝—S273	大坝—铜锣峡 大坝—S323	备注
段面间距/km		15.1	16.5	45.8	44	28.8	6.7	14.2	53.6	66.7	81.2	58.8	55.1	12.5	98.9	499	597.9	
1996.12—2003.03 /(万 m³/km)	高水	14.2	9.3	13.4	4	10.9	11	15.7	8.7	-8.1	-2.8	8	-4.1	14.2	—	3.4	—	蓄水前
	低水	14.6	12.2	15.2	3.8	15.1	7	14	5.9	0.6	1.6	5.1	-1.7	14.6	—	5.3	—	
2003.03—2006.10 /(万 m³/km)	低水	491.3	105.7	175.6	44.4	115.7	9.0	338.4	22.6	122.3	139.0	107.6	3.6	-13.5		108.9		135~139m 蓄水期
2006.10—2008.10 /(万 m³/km)	高水	210.5	34.4	59.4	35.8	41.7	36.6	109.6	0.2	69.6	56.5	62.9	-0.5	6.6	9.9	48.2	41.8	156m 蓄水期
	低水	189.0	32.7	56.4	33.8	39.9	33.7	107.0	2.1	71.5	61.7	66.7	5.8	4.3	9.0	49.2	42.5	
2008.10—2019.10 /(万 m³/km)	高水	454.1	70.8	127.2	39.8	72.1	44.5	355.4	47.6	305.6	310.0	270.8	72.0	24.3	-33.2	183.0	147.2	175m 试验性蓄水期
	低水	421.9	66.9	125.4	39.6	66.1	44.7	307.0	45.3	292.3	293.6	274.6	58.2	18.0	-40.5	174.1	138.6	
2003.03—2019.10 /(万 m³/km)	高水	1155.9	210.9	362.1	119.9	229.5	90.0	803.5	70.3	497.4	505.5	441.2	75.1	17.3	-23.2	340.1	280.0	总蓄水期
	低水	1102.2	205.4	357.4	117.8	221.7	87.4	752.4	69.9	486.0	494.3	448.9	67.6	8.8	-31.6	332.2	272.0	

表 4.10 三峡库区干流不同形态河段冲淤量统计表

河段	起止断面	河段形态	河长/km	2003.03—2006.10/万 m³	2006.10—2008.10/万 m³	2008.10—2012.10/万 m³	2012.10—2013.10/万 m³	2013.10—2014.10/万 m³	2014.10—2015.10/万 m³	2015.10—2016.11/万 m³	2016.11—2017.10/万 m³	2017.10—2018.10/万 m³	2018.10—2019.10/万 m³	2003.03—2019.10/万 m³
大坝—官渡口	大坝—S70	宽谷	77.4	17203	6466	7821	1220	2078	149	−616	752	2334	113	37520
官渡口—巫山	S70—S93	窄深	44	1954	1574	920	228	269	55	237	−186	80	146	5277
巫山—大溪	S93—S107	宽谷	28.8	3332	1200	1224	10	204	205	79	94	−44	304	6609
大溪—白帝城	S107—S111	窄深	6.7	60	245	140	68	11	45	24	−44	28	26	603
白帝城—关刀峡	S111—S118	宽谷	14.2	4805	1557	2343	480	677	134	378	−176	808	404	11409
关刀峡—云阳	S118—S142	窄深	53.6	1209	13	853	1434	−436	264	54	−93	94	378	3771
云阳—涪陵	S142—S267	宽谷	261.8	25970	12901	42904	9504	137	−872	2870	1819	4372	4707	104312
涪陵—李渡镇	S267—S273	窄深	12.5	−169	82	134	12	−49	−90	222	42	79	−46	216
李渡镇—铜锣峡	S273—S323	宽谷	89.0	—	904	611	−849	−1222	−1088	−568	−239	−148	−8	−2606
		窄深	9.9	—	80	323	−30	−7	−59	139	−49	0.1	−87	310
大坝—李渡镇	大坝—S273		499	54364	24038	56339	12956	2891	−110	3248	2208	7751	6032	169717
大坝—铜锣峡	大坝—S323		597.9	—	25022	57273	12077	1662	−1257	2819	1921	7604	5937	167421

均中值粒径为 0.039mm，干容重变化范围为 0.568～1.505t/m³，平均干容重为 0.897t/m³；汛后淤积物中值粒径变化范围为 0.007～0.319mm，平均中值粒径为 0.041mm，干容重变化范围为 0.550～1.804t/m³，平均干容重为 0.837t/m³。

（2）常年回水区下段（大坝至丰都段）2017 年汛前淤积物中值粒径变化范围为 0.006～0.210mm，平均中值粒径为 0.031mm，干容重变化范围为 0.568～1.403t/m³，平均干容重为 0.866t/m³；汛后淤积物中值粒径变化范围为 0.007～0.187mm，平均中值粒径为 0.029mm，干容重变化范围为 0.550～1.456t/m³，平均干容重为 0.778t/m³。

（3）常年回水区上段（丰都至李渡镇段）2017 年汛前淤积物中值粒径变化范围为 0.020～0.214mm，平均中值粒径为 0.093mm，干容重变化范围为 0.928～1.505t/m³，平均干容重为 1.176t/m³；汛后淤积物中值粒径变化范围为 0.018～0.319mm，平均中值粒径为 0.147mm，干容重变化范围为 0.807～1.804t/m³，平均干容重为 1.273t/m³。

从多年变化情况来看，2014 年及 2017 年三峡水库淤积物干容重较之前偏小，特别是汛后淤积物干容重偏小更明显。初步分析主要是由于金沙江下游梯级水电站陆续投入使用，使得三峡水库入库泥沙量及粒径都有所减小。

三峡水库不同时期淤积物干容重变化如图 4.4 所示，三峡水库历年各河段淤积物干容重年内年际变化和平均中值粒径沿程变化如图 4.5、图 4.6 所示。

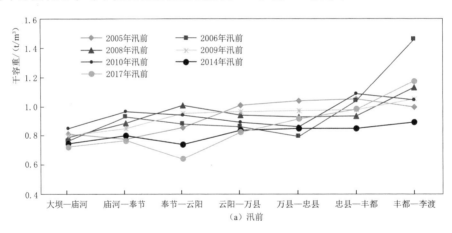

（a）汛前

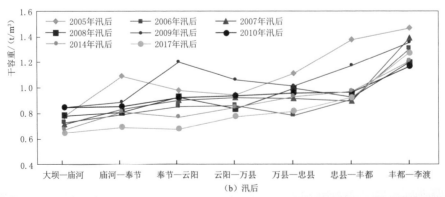

（b）汛后

图 4.4 三峡水库不同时期淤积物干容重变化

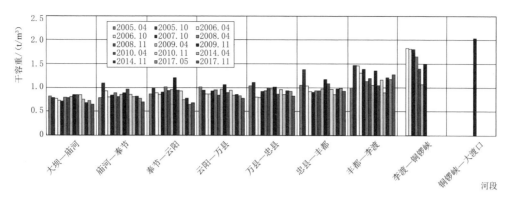

图 4.5　三峡水库各河段淤积物干容重年内年际变化图

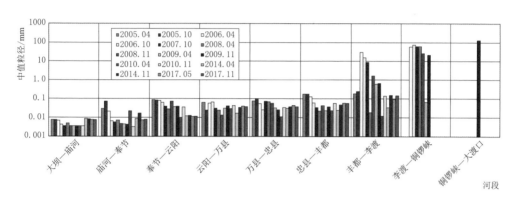

图 4.6　三峡水库各河段淤积物粒径年内年际变化图

4.2.3.2　冲淤量的匹配验证分析

三峡水库朱沱至大坝河段河道冲淤量输沙量法及断面法计算成果见表 4.11。根据 2005—2010 年、2014 年、2017 年三峡库区淤积物干容重观测成果，对库区各河段进行输沙法和地形法换算，由于朱沱至寸滩河段淤积物干容重未实施测量，故采用同时段寸滩至清溪场河段干容重观测成果。由表 4.11 可见，2003—2018 年三峡库区朱沱至大坝河段输沙量法、断面法计算得到的淤积量分别为 17.64 亿 t、14.24 亿 t，两者相差 24%。

表 4.11　　　　　　　　　三峡库区各河段输沙量法与地形法计算结果对比

河段	年份	输沙量法/万 t				断面法		绝对偏差/万 t	相对偏差/%
		$d \leqslant 0.062$mm	0.062mm$< d \leqslant 0.125$mm	$d > 0.125$mm	小计	万 m³	万 t		
朱沱—寸滩	2009	327	331	202	860	−393	−505	1365	−270
	2010	769	277	173	1220	609	674	546	81
	2011—2013	933	462	724	2120	−2870	−2578	4698	−182
	2014	−347	22	45	−280	−831	−1058	778	−74
	2015—2016	−740	57	114	−569	−1680	−2174	1605	−74
	2017	−125	−15	−32	−172	−380	−522	350	−67
	2018	583	63	94	740	−350	−480	1220	−254
	2003—2018	1401	1198	1320	3919	−5895	−6643	10562	−159

续表

河段	年份	输沙量法/万 t				断面法		绝对偏差 /万 t	相对偏差 /%
		$d \leqslant 0.062$mm	0.062mm$< d \leqslant 0.125$mm	$d > 0.125$mm	小计	万 m^3	万 t		
寸滩— 清溪场	2007	−906	515	730	340	458	824	−484	−59
	2008	1607	417	762	2786	577	878	1908	217
	2009	−1169	54	360	−756	−364	−468	−288	62
	2010	2011	10	239	2260	2390	2647	−387	−15
	2011—2013	1466	412	818	2695	−1649	−1481	4176	−282
	2014	54	70	110	234	−1381	−1759	1993	−113
	2015—2016	295	−35	76	336	−1573	−2036	2372	117
	2017	432	52	86	570	−102	−140	710	−507
	2018	162	31	156	349	−70	−96	445	−463
	2003—2018	3952	1526	3336	8814	−1714	−1631	10445	−640
清溪场— 大坝	2003	11087	844	309	12240	19240	18450	−6210	−34
	2004	8636	949	645	10230	12870	12860	−2630	−20
	2005	12430	1376	1294	15100	9410	9040	6060	67
	2006	8233	287	209	8729	12420	11560	−2831	−24
	2007	15134	961	515	16610	10030	9490	7120	75
	2008	13923	1124	633	15680	14210	13090	2590	20
	2009	13340	721	539	14600	23600	24000	−9400	−39
	2010	14530	979	611	16120	14065	13100	3020	23
	2011—2013	28576	1797	1055	31428	31689	28315	3113	11
	2014	4189	226	125	4540	2461	1955	2585	132
	2015—2016	5771	359	211	6341	2865	2248	4093	182
	2017	2508	127	82	2717	2264	1498	1219	81
	2018	8567	498	255	9320	7670	5075	4245	84
	2003—2018	146924	10247	6484	163655	162794	150681	12974	9
朱沱— 大坝	2003—2018	152276	12971	11141	176388	155185	142407	33982	24

注　1. 2003—2018 年进行断面法计算时，采用江津—铜锣峡河段冲淤量近似代替朱沱—寸滩河段；2018 年进行断面法计算时，采用铜锣峡—涪陵近似代替寸滩—清溪场河段，涪陵—大坝近似代替清溪场—大坝河段。

　　2. 2003—2004 年干容重采用 2005 年成果，2011—2013 年干容重值采用的 2010、2014 年干容重平均值，2015—2016 年干容重值采用的 2014、2017 年干容重平均值，2018 年干容重采用 2017 年成果。

　　3. 相对偏差＝（输沙量法－断面法）/断面法，下同。

变动回水区朱沱至寸滩、寸滩至清溪场段输沙量法计算结果表明，河床以淤积为主，其淤积量分别为0.39亿t、0.88亿t；而断面法则为冲刷，其冲刷量分别为0.66亿t、0.16亿t。两者在定性上出现相反的结果。河道采砂是变动回水区输沙量法与断面法计算河道冲淤量产生差异的主要原因之一。

根据《长江上游干流宜宾以下河道采砂规划（2015—2019年）》，宜宾以下干流河道规划可采区年度采砂总量控制在1530万t左右。长江委水文局采砂调查表明，2017年江津至涪陵段由采砂引起的地形变化量为1232万m³（约合1691万t）。三峡水库蓄水后的2003—2018年，朱沱—清溪场河段按输沙量法为淤积1.27亿t，断面法则为冲刷0.82亿t，两者累计相差约2.1亿t，年均相差0.13亿t，与上游年均采砂量基本相当。

常年回水区清溪场至大坝段以粒径$d \leqslant 0.062$mm的泥沙落淤为主，输沙量法与断面法计算河段冲淤量分别为16.37亿t、15.07亿t，两者仅相差9%。

4.3 水库泥沙冲淤形态

4.3.1 库区干流

4.3.1.1 深泓纵剖面变化

与三峡水库蓄水前相比，库区大坝至李渡镇河段平均淤积抬高8.0m，最深点和最高点的高程分别淤高10.2m和1.4m。深泓抬高较大的断面多集中在近坝段、香溪宽谷段、臭盐碛河段、黄花城河段等淤积较大的区域。其中，近坝段河床淤积抬高最为明显（图4.7），变化最大的深泓点为S34断面（位于坝上游5.6km），淤高65.8m，淤后高程为36.8m；其次为近坝河段S31+1断面（距坝2.2km）深泓点淤高58.4m，淤后高程为57.8m；第三为近坝河段S31断面（距坝1.9km），其深泓最大淤高57.0m，淤后高程为58.7m。

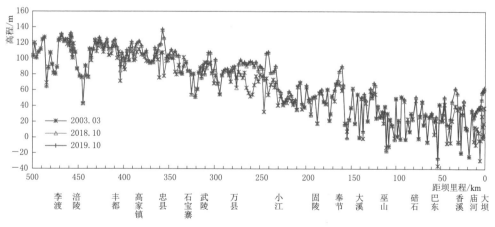

图4.7 三峡库区李渡至大坝干流段深泓纵剖面变化

4.3.1.2 典型横断面变化

三峡库区两岸一般为基岩组成，岸线基本稳定，断面变化主要表现在河床的垂向冲淤变化。自蓄水以来，三峡库区淤积形态主要有以下几种。

（1）主槽平淤，此淤积方式分布于库区各河段内，如坝前段、臭盐碛河段、黄花城河段等。

（2）沿湿周淤积，此淤积方式也分布于库区各河段内。

（3）以一侧淤积为主的不对称淤积，此淤积形态主要出现在弯曲型河段，以土脑子河段为典型。

冲刷形态主要表现为主槽冲刷和沿湿周冲刷，一般出现在河道水面较窄的峡谷段和回水末端位置。

近坝区段淤积形态主要有平淤和沿湿周淤积两种。平淤主要出现在窄深型河段，如 S31+1 断面 [图 4.8（a）]、S34 断面 [图 4.8（b）]，S34 断面位于西天咀，是全河段抬升最大断面；沿湿周淤积一般出现在宽浅型、滩槽差异较小的河段，主槽在前期很快淤平，之后淤积则沿湿周发展，如 S32+1 断面 [图 4.8（c）]。

三峡河段断面多呈 U 形断面。蓄水以来峡谷段冲淤变化不大，甚至部分断面出现冲刷，如瞿塘峡 S109 断面 [图 4.9（a）]，2003 年 3 月至 2019 年 10 月主槽累计刷深 8m，为全河段刷深量最大的断面。

库区库面较宽段滩、槽淤积明显，且以主槽淤积为主，如臭盐碛河段的 S113 断面（距坝里程 160km），蓄水以来主槽最大淤积厚度达 35.3m [图 4.9（b）]，主槽基本淤平，主槽淤后高程为 94.7m。2003 年 3 月至 2019 年 10 月过水面积减少了 17.5%。

库区部分主流摆动较大的分汊河段，枯水期主汊逐渐淤积，河型逐渐由分汊型向单一型转化，如黄花城、土脑子等河段。黄花城河段上游分流段的 S207 断面（图 4.10）左侧明显淤积，其最大淤积厚度为 62.6m，淤后高程约为 138.4m。土脑子河段的 S253 断面右侧也出现累积性泥沙淤积，最大淤积厚度约为 30.6m，淤积后的高程约为 154.1m（图 4.11）。

而对于水库变动回水区而言，河床冲淤变形不大，河床断面形态没有发生明显变化，如图 4.12 所示。

4.3.2 库区主要支流

三峡水库支流分布众多，水库 175m 试验性蓄水后，回水末端上抵江津，库区入汇大小支流共计 66 条，支流沿程分布如图 4.13 所示，含流域面积 100km² 以上一级支流 44 条，流域面积为 1000km² 以上约 15 条，支流河谷纵比降在 0.942‰~33.2‰，基本属于山区河流的范围。常年回水区内分布有 55 条支流，其中流域面积在 1000km² 以上的有渠溪河、龙河、小江、汤溪河、磨刀溪、长滩河、梅溪河、火炮溪（大溪河、五马河）、大宁河、沿渡河（龙船河）、香溪河等；变动回水区内分布有 11 条支流，其中流域面积在 1000km² 以上的有嘉陵江、御临河、龙溪河和乌江。就入汇岸别来看，有 38 条支流于干流左岸入汇，其余于右岸入汇；就入汇主泓与干流深泓的交角来看，左岸入汇支流有 24 条交角超过 90°，右岸入汇支流有 12 条交角超过 90°，见表 4.12，支流编号对应图 4.13，干支流入汇交角统计方式如图 4.14 所示。

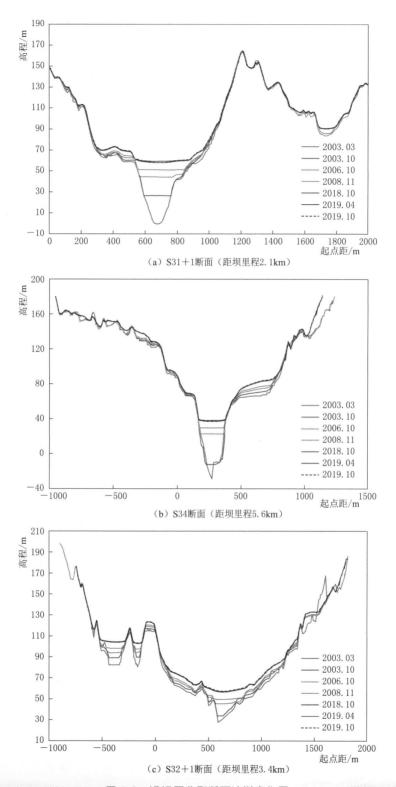

（a）S31+1断面（距坝里程2.1km）

（b）S34断面（距坝里程5.6km）

（c）S32+1断面（距坝里程3.4km）

图4.8　近坝区典型断面冲淤变化图

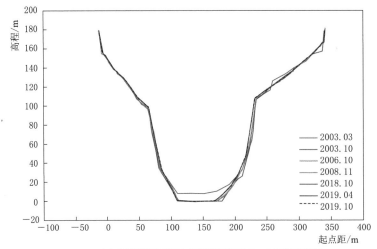

（a）瞿塘峡S109断面（距坝里程154.5km）冲淤变化图

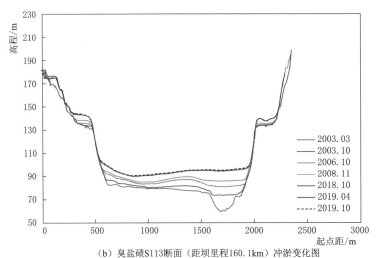

（b）臭盐碛S113断面（距坝里程160.1km）冲淤变化图

（c）云阳S148断面（距坝里程240.6km）冲淤变化图

图 4.9　三峡河段典型断面冲淤变化图

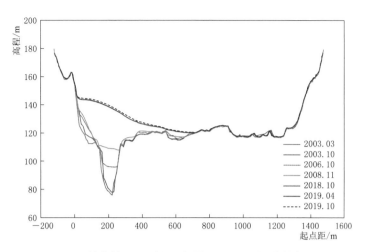

图 4.10 黄花城 S207 断面（距坝 360.4km）冲淤变化图

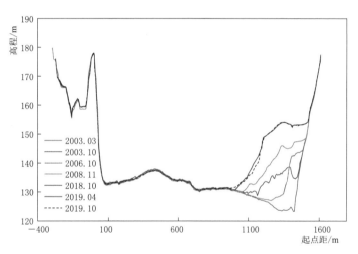

图 4.11 土脑子河段 S253 断面（距坝 458.5km）冲淤变化图

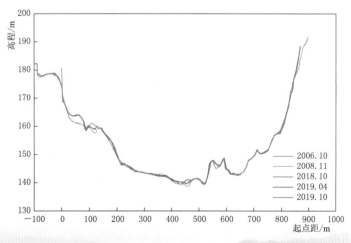

图 4.12 洛碛河段 S302 断面（距坝 555.0km）冲淤变化图

表 4.12　　　　　　　　　　三峡水库库区 66 条支流基本特征

编号	支流名称	河口距坝里程/km	入汇角/(°)	岸别	编号	支流名称	河口距坝里程/km	入汇角/(°)	岸别
1	靖江溪	3.8	80	左岸	34	火炮溪	151	85	右岸
2	下小溪	4.9	95	左岸	35	草堂河	158	105	左岸
3	太平溪	5.8	90	左岸	36	梅溪河	161	90	左岸
4	百岁溪	7.2	85	左岸	37	木瓜溪	169	90	右岸
5	曲溪	7.7	75	右岸	38	朱衣河	170	100	左岸
6	兰陵溪	11	85	右岸	39	上沟下沟	171	90	右岸
7	端坊溪	11.4	95	左岸	40	长滩河	206	105	右岸
8	杉木溪	11.9	85	右岸	41	磨刀溪	221	95	右岸
9	横溪	14.3	90	左岸	42	汤溪河	225	85	左岸
10	九畹溪	18.6	90	右岸	43	小江	252	80	左岸
11	龙马溪	24.9	75	左岸	44	普里河*	60.1	75	左岸
12	香溪河	30.9	120	左岸	45	东河*	74.8	80	左岸
13	卜庄河	32.3	105	右岸	46	南河*	74.9	70	左岸
14	旧州河	35.8	85	右岸	47	苎溪河	284	90	左岸
15	胜利河	39.6	80	左岸	48	磨滩河	314	50	左岸
16	青港河	44.4	90	右岸	49	武陵河	322	90	左岸
17	陈家小河	46.9	85	左岸	50	汝溪河	346	90	左岸
18	紫阳沟	69.8	110	左岸	51	戚家河	369	100	左岸
19	沿渡河	76.5	95	左岸	52	长道河	373	95	左岸
20	纸厂沟	78.7	85	左岸	53	龙河	432	70	右岸
21	链子溪	81.6	85	右岸	54	渠溪河	460	100	左岸
22	富里碛	91.5	90	左岸	55	乌江	485	75	右岸
23	小溪河	94	85	右岸	56	梨香溪	511	80	右岸
24	鳊鱼溪	98.6	95	左岸	57	龙溪河	533	95	左岸
25	下山羊溪	99.9	85	右岸	58	桃花溪	535	95	左岸
26	山羊溪	101	75	右岸	59	御临河	561	70	左岸
27	抱龙河	105	90	左岸	60	木洞河	574	90	右岸
28	神女溪	109	55	右岸	61	渔溪河	589	100	右岸
29	大宁河	123	110	左岸	62	嘉陵江	611	50	左岸
30	赤溪沟	130	95	左岸	63	花溪河	630	95	右岸
31	乌峰溪	139	80	右岸	64	箭滩河	643	90	右岸
32	马腹溪	144	90	左岸	65	杨柳溪	660	90	左岸
33	错开峡	145	90	右岸	66	綦江	666	60	右岸

*　表示距小江河口的里程。

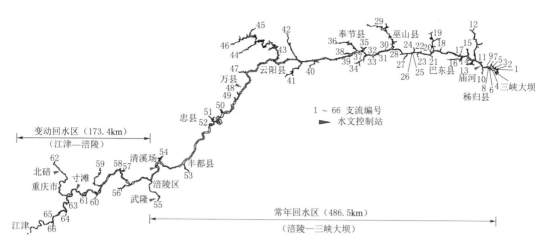

图 4.13 三峡水库支流分布图

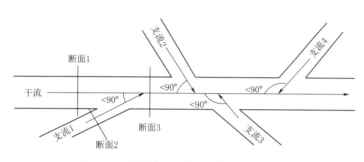

图 4.14 干支流入汇交角统计模式示意图

4.3.2.1 支流口门淤积分布特征

2003 年三峡水库蓄水以来，支流淤积以口门或近口门区域淤积为主，主要变化区域分布在河口以上 1～15km 范围内，均以主河槽淤积为主，边滩淤积较少，淤积厚度最大的出现在清港河、梅溪河和磨刀溪，最大淤积厚度均为 16.0m，见表 4.13。现状河床高程高于 145.0m 的支流有嘉陵江、箭滩河、梨香溪、木洞河、綦江、桃花溪、杨柳溪、渔溪河、御临河，见表 4.14 和图 4.15。

表 4.13 2003 年以来主要支流入汇口典型断面淤积情况

河名	距坝里程/km	河口宽/m	河槽底高程/m	最大淤积厚度/m	河名	距坝里程/km	河口宽/m	河槽底高程/m	最大淤积厚度/m
香溪河	30.8	780	75.9	14.4	汤溪河	225.2	300	107	17
清港河	44.4	380	86.6	16.0	小江河	252	600	106.8	13.7
沿渡河	76.5	180	79.7	12.1	龙河	432	340	135.1	3.9
大宁河	123	1600	87.5	14.8	渠溪河	460	180	139.6	5.7
梅溪河	161	350	104.3	16.0	乌江	487	500	132.0	1.9
磨刀溪	221	265	106.0	16.0	嘉陵江	612	547	147.5	−2.4

注 乌江、嘉陵江的统计时段为 2003 年至 2018 年 12 月，其余支流的统计时段为 2003 年至 2017 年 12 月。

表 4.14　　　　2011 年新增主要支流入汇口典型断面情况统计表

河名	距坝里程/km	河口宽/m	河底高程/m	河名	距坝里程/km	河口宽/m	河底高程/m
长道河	373.2	225	142	赤溪沟	129.7	395	97
长滩河	206	365	101	乌峰溪	137.7	410	95
花溪河	629.9	370	101	错开峡	144.2	415	98
箭滩河	644.3	90	173	火炮溪	149.5	885	81
梨香溪	512.3	320	148	草堂河	156.7	915	92
磨滩河	314.4	750	127	木瓜溪	168.2	285	118
旧洲河	35.7	425	83	朱衣河	168.7	530	102
胜利河	39.5	410	84	下沟	169.9	310	121
陈家小河	46.8	430	82	上沟	169.9	200	111
紫阳沟	69.6	550	84	杨柳溪	661.1	50	177
链子溪	81.3	280	78	渔溪河	589	160	165
富里碛	91.2	380	85	御临河	562.4	190	152
小溪河	93.5	470	79	苎溪河	286.1	530	128
鳊鱼溪	98.3	160	71	靖江溪	4.1	1140	83
下山羊溪	99.5	170	98	下小溪	4.9	830	96
山羊溪	100.4	210	99	太平溪	5.8	1330	81
木洞河	574.1	175	155	百岁溪	7.6	600	77
戚家河	369.5	360	139	曲溪	7.4	540	98
綦江	666	145	170	兰陵溪	10.9	480	85
汝溪河	345.1	520	130	端坊溪	11.4	340	78
桃花溪	535.1	245	153	杉木溪	12	350	87
武陵河	321.8	265	131	横溪	14.5	375	97
抱龙河	105.1	150	83	卜庄河	32.3	555	75

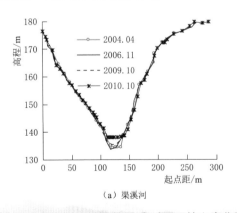

（a）渠溪河

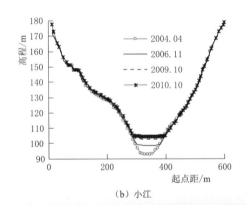

（b）小江

图 4.15（一）　三峡水库典型支流河口附近横断面套绘图

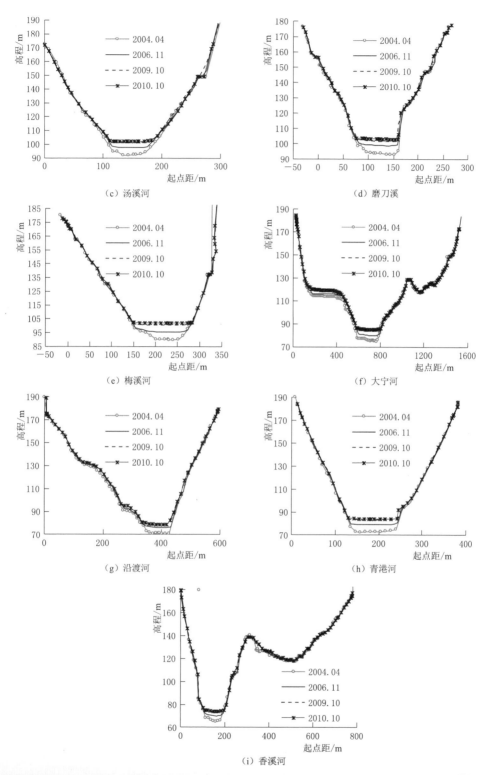

图 4.15（二） 三峡水库典型支流河口附近横断面套绘图

　　2006—2016 年三峡库区支流口门附近河床冲淤图见图 4.16，对比分布于库区河段不同位置的支流来看，嘉陵江、龙溪河、乌江河口距三峡大坝里程较远，支流口门淤积不明显；下游的磨刀溪、梅溪河、沿渡河、清港河和香溪河自水库运行起就位于常年回水区内，支流河口段都产生了较为明显的淤积现象，最大淤积幅度在 8m 以上，表现出距坝址越近，淤积幅度越大的规律。同时，支流河口段的淤积厚度与干流的淤积厚度有一定相关性，梅溪河汇口处干流河道放宽，淤积厚度大，是其 2002 年以来累计最大淤积厚度接近 20m 的主要原因之一。此外，入汇交角对淤积范围有一定影响，梅溪河入汇交角较小，尽管其河口附近淤积幅度大，但淤积上溯范围却不及上游的磨刀溪和下游的香溪河。

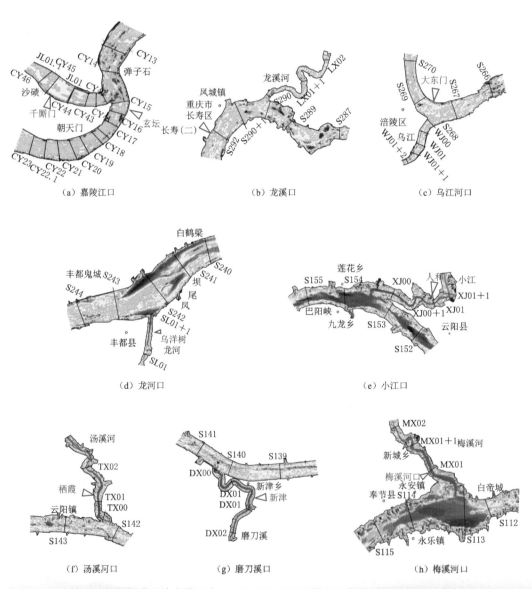

（a）嘉陵江口　　（b）龙溪口　　（c）乌江河口

（d）龙河口　　（e）小江口

（f）汤溪河口　　（g）磨刀溪口　　（h）梅溪河口

图 4.16（一）　三峡库区支流口门附近河床冲淤厚度分布图（2006—2016 年）

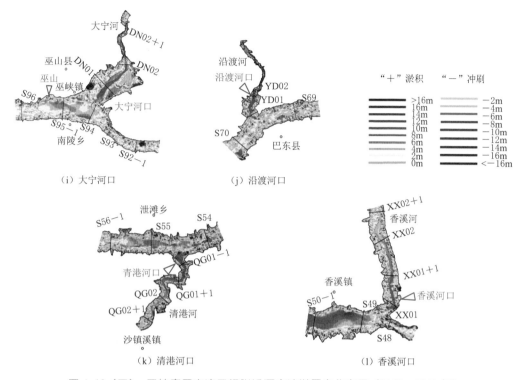

图 4.16（二） 三峡库区支流口门附近河床冲淤厚度分布图（2006—2016 年）

4.3.2.2 淤积量左右岸分布特征

三峡水库常年回水区涪陵—坝址段内共分布有 55 条支流，其中 33 条自左岸入汇，冲淤计算总河长为 479km，淤积总量为 1.389 亿 m³，淤积强度为 29 万 m³/km；22 条自右岸入汇，冲淤计算总河长为 258km，淤积总量为 5420 万 m³，淤积强度为 21 万 m³/km，左岸入汇支流的淤积强度大于右岸（表 4.15）。同时，分别统计左岸入汇、右岸入汇交角小于 90°与大于 90°的支流河口泥沙淤积强度，左岸、右岸入汇的支流，若入汇交角大于 90°，即顶托效应更容易上溯或发生倒灌的支流，其淤积强度明显大于入汇交角小于 90°的情况。如左岸入汇的支流，入汇交角大于 90°河口段的淤积强度为 45.0 万 m³/km，小于 90°河口段的淤积强度仅 6.89 万 m³/km；同样，右岸入汇的支流，入汇交角大于 90°河口段的淤积强度为 41.3 万 m³/km，小于 90°河口段的淤积强度仅 7.27 万 m³/km。以往研究表明三门峡水库渭河口的拦门沙坎的产生是黄河洪水倒灌造成的，小浪底水库支流大多时段也为异重流倒灌淤积，丹江口水库支流淤积则是干流倒灌与支流来沙淤积共同作用的结果，异重流倒灌淤积是水库支流河口拦门沙形成的共性因素。可以推断，三峡水库支流河口泥沙淤积也与干流的倒灌关系密切，干流水流挟泥沙倒灌支流，并沿程落淤，为其河口堆积提供物质来源，尤其是对来沙极少的支流，倒灌泥沙占淤积量的比例较大。这一机理也很好地解释了入汇交角与淤积强度之间的关系。2010 年上游来水量偏大，汛期和水库高水位运行期内，香溪河均观测到水流从干流倒灌进入的现象。

表 4.15 不同入汇交角的支流河口段淤积强度统计

入汇岸别	冲淤计算总河长/km	入汇交角/(°)	冲淤总量/万 m³	单位河长冲淤量/(万 m³/km)
左岸	195.7	>90	8800	45.0
	220.6	<90	1520	6.89
右岸	58.6	>90	2420	41.3
	152.6	<90	1110	7.27

4.3.3 水库泥沙淤积部位

4.3.3.1 175m、145m 水面线下库区干流

2003 年 3 月至 2019 年 10 月,库区大坝至铜锣峡河段 175m 水面线以下累计淤积泥沙 16.7421 亿 m³,其中:145m 水面线以下淤积泥沙 16.265 亿 m³,占该段总淤积量的 97.2%;145~175m 水面线之间淤积泥沙 0.477 亿 m³,占该段总淤积量的 2.8%。此外,库区淤积量的 93.9% 集中在宽谷段,且以主槽淤积为主,窄深段淤积量仅占 6.1%。

4.3.3.2 175m、145m 高程下库区干流

2003 年 3 月至 2019 年 10 月,175m 高程下库区干流累计淤积泥沙 15.738 亿 m³,145m 高程下累计淤积泥沙 14.577 亿 m³,占该段 175m 高程下总淤积量的 92.6%,见表 4.16,库区干流淤积在高程 145~175m 静防洪库容内的泥沙为 1.161 亿 m³。

表 4.16 蓄水以来 145m、175m 高程以下库区干流冲淤量 单位:万 m³

时 段/(年.月)	不同高程	大坝—铜锣峡	铜锣峡—大渡口	大渡口—江津	合计	防洪库容内淤积
2003.03—2011.10	175m 高程以下	123381	−186	−499	122697	14604
	145m 高程以下	108150	−59	2	108093	
2011.10—2012.10	175m 高程以下	10151	−177	156	10130	855
	145m 高程以下	9247	12	16	9275	
2012.10—2013.10	175m 高程以下	12101	−559	−1384	10158	−1108
	145m 高程以下	11390	−124	0	11266	
2013.10—2014.10	175m 高程以下	1766	−428	−662	676	−1030
	145m 高程以下	1702	6	−2	1706	
2014.10—2015.10	175m 高程以下	−1170	−24	−449	−1644	−1030
	145m 高程以下	−676	60	1	−614	
2015.10—2016.11	175m 高程以下	2823	−206	−1738	879	−1455
	145m 高程以下	2326	16	−8	2334	
2016.11—2017.11	175m 高程以下	1914	−132	−191	1591	434
	145m 高程以下	1147	5	5	1157	

时 段 /（年.月）	不同高程	大坝— 铜锣峡	铜锣峡— 大渡口	大渡口— 江津	合计	防洪库容 内淤积
2017.11—2018.10	175m 高程以下	7582	−276	−65	7241	569
	145m 高程以下	6663	8	1	6672	
2018.10—2019.10	175m 高程以下	5936	−138	−151	5647	−233
	145m 高程以下	5789	90	1	5880	
2003.03—2019.10	175m 高程以下	164484	−2126	−4983	157375	11607
	145m 高程以下	145738	14	16	145768	

注 2003 年 3 月至 2011 年 10 月，大坝—铜锣峡干流段冲淤量采用《三峡水库库容复核计算》（2014 年）中地形法计算成果，其余均采用断面法计算成果。

从占防洪库容泥沙的沿程淤积分布看，侵占防洪库容的泥沙主要淤积于涪陵至云阳河段，占铜锣峡至大坝段总淤积量的 78.3%（长度占 44%），如图 4.17 所示。

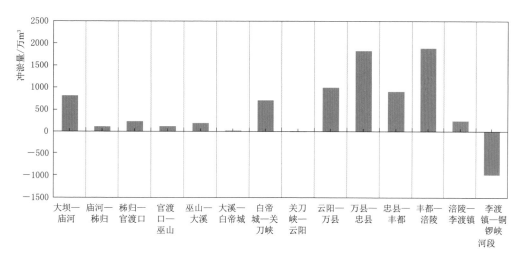

图 4.17　三峡蓄水以来防洪库容内泥沙沿程淤积分布（断面法）

三峡水库有效库容损失与上游来水来沙、水库调度、人类活动等密切相关。上游来水越大、来沙越大，干流防洪库容内泥沙淤积量也相对较大，汛期坝前水位的上浮，特别是在入库洪峰流量较大时，一定程度增加了防洪库容内的泥沙淤积，如 2012 年寸滩站洪峰流量达 63200m³/s，坝前最高水位上浮至 162.95m，防洪库容内泥沙淤积量达 855 万 m³，见表 4.17。近几年，三峡水库实施了消落期库尾减淤调度，尽可能多地将库尾淤积的泥沙输移至常年回水区，有利于减少防洪库容内泥沙淤积，2012 年、2013 年、2015 年、2019 年分别实施了库尾减淤调度，汛前消落期间，重庆主城区河段分别冲刷了 302 万 m³、330 万 m³、251 万 m³、139 万 m³，铜锣峡至涪陵河段分别冲刷了 540 万 m³、867 万 m³、1237 万 m³、141 万 m³。另外三峡库尾河段河道采砂对于减少防洪库容内泥沙淤积也起到了一定作用。

表 4.17　　　　　　　　　　库区干流防洪库容泥沙至淤积统计表

年份	年入库径流量/亿 m³	年入库沙量/万 t	汛期（6.10~9.10）沙量在全年中占比/%	汛期（6.10~9.10）坝前水位/m		寸滩洪峰流量/(m³/s)	防洪库容内淤积量/万 m³
				平均	最高		
2012	4166	21898	83	152.51	162.95	63200	855
2013	3345	12684	95	149.14	155.78	44100	−1108
2014	3820	5544	59	150.06	163.2	29400	−1030
2015	3358	3202	75	147.89	153	28800	−1030
2016	3719	4215	78	148.86	158.44	27500	−1455
2017	3728	3438	76	148.74	156.81	29100	434
2018	4294	14289	94	150.21	156.73	57100	569
2019	4016	6851	72	147.18	155.55	41200	−233

4.3.3.3　175m、145m 高程下库区主要支流

175m 高程下，2003—2011 年三峡库区 66 条支流累计淤积泥沙量为 1.80 亿 m³，其中淤积在 145m 高程下的泥沙为 1.734 亿 m³。2010 年 10 月至 2017 年 10 月，库区 13 条主要支流 175m、145m 高程以下分别淤积 0.457 亿 m³、0.404 亿 m³，防洪库容内淤积 532 万 m³。

综上所述，2003—2019 年，175m 高程下库区干流、支流累计淤积泥沙 17.995 亿 m³（干流、支流分别淤积泥沙 15.738 亿 m³、2.257 亿 m³）。其中：在 145m 高程下淤积泥沙 16.715 亿 m³（干流、支流分别淤积泥沙 14.577 亿 m³、2.138 亿 m³），占 175m 高程下库区总淤积量的 92.8%，淤积在水库防洪库容内的泥沙为 1.280 亿 m³，占 175m 高程下库区总淤积量的 7.1%，占水库防洪库容（221.5 亿 m³）的 0.58%。

4.4　重庆主城区河段冲淤特性

重庆主城区河段位于三峡水库 175m 变动回水区内。河段从长江干流大渡口至铜锣峡、支流嘉陵江井口至朝天门，全长约 60km。受地质构造作用的影响，重庆主城区河段在平面上呈连续弯曲的河道形态，其中长江干流段有 6 个连续弯道，嘉陵江段有 5 个弯道，如图 4.18 所示。弯道段之间由较顺直的过渡段连接，弯道段与顺直过渡段所占比例约为 1 : 1。

4.4.1　水流特性

4.4.1.1　水位流量关系

三峡水库 175m 蓄水试验性前，寸滩站流量水位为单一线性关系，多年走势基本一致，表明寸滩站水位流量关系还未受到影响，仍维持天然状况，如图 4.19 所示。

2008 年三峡水库开始进行 175m 试验性蓄水，坝前水位抬高，回水影响范围上延，寸滩站水位流量关系发生了调整，寸滩站在干流来流小于 25000m³/s 时，受下游水位抬高

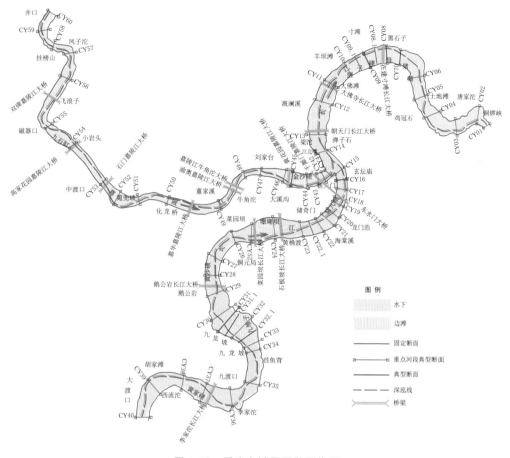

图 4.18　重庆主城区河段河势图

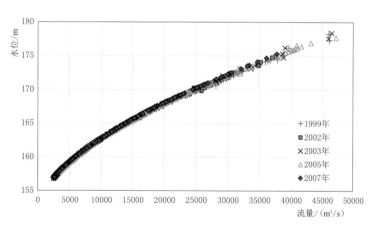

图 4.19　三峡水库 175m 蓄水前寸滩站水位流量关系

的影响，水位流量关系出现绳套现象，与蓄水期和消落期下游水位抬高有关，来流大于 25000m³/s 后，水位流量关系呈较为单一关系线，如图 4.20 所示。根据三峡水库坝前水位对寸滩站水位流量关系受影响程度进行分类统计，不同坝前水位下寸滩站水位流量关系如

图 4.21 所示。三峡水库坝前水位在 156m（吴淞，下同）以下时寸滩站水位流量关系基本
不受三峡水库蓄水的影响；坝前水位在 156～160m 时，水位流量点据多位于 2002—2007
年综合线上方，表明开始受到坝前回水顶托，寸滩站同流量下水位抬高；坝前水位在
160m 以上时，水位流量点据已明显偏离 2002—2007 年综合线，当坝前水位在 175m 左右
运行时，来水量在 4000m³/s 时，水位较天然情况抬高约 15m。

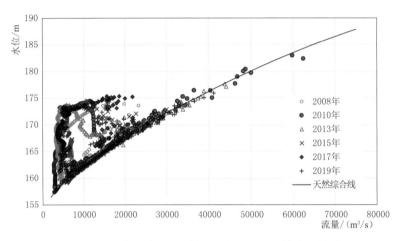

图 4.20　三峡水库 175m 蓄水以来寸滩站水位流量关系

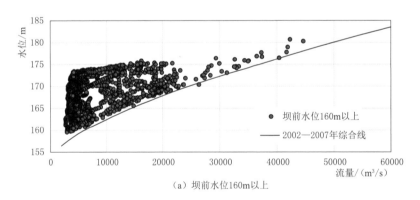

（a）坝前水位160m以上

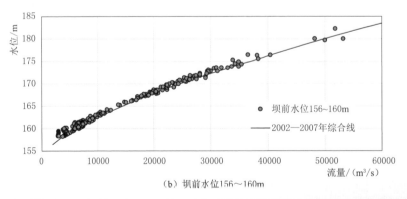

（b）坝前水位156～160m

图 4.21（一）　三峡水库 175m 蓄水以来寸滩站不同坝前水位下水位流量关系

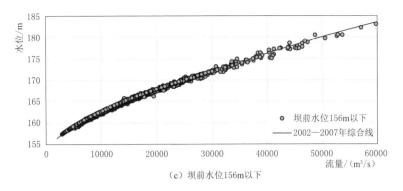

（c）坝前水位156m以下

图4.21（二）　三峡水库175m蓄水以来寸滩站不同坝前水位下水位流量关系

4.4.1.2　水面比降

三峡水库175m试验性蓄水前，重庆主城区河段未受蓄水影响，处于天然状态，重庆主城区河段水面比降主要受河道形态、两江来水相互顶托等综合影响，变化比较复杂。朝天门以上长江干流段、嘉陵江段和朝天门以下河段水面坡降变化成果分别见表4.18、表4.19，可见天然情况下朝天门以上河段水面坡降大小主要取决于汇流比与寸滩站流量。

表4.18　　175m试验性蓄水前朝天门以上水面比降与汇流比（$Q_{北碚}/Q_{朱沱}$）关系　　10^{-4}

河　　　段		寸滩站流量/(m³/s)	汇流比（$Q_{北碚}/Q_{朱沱}$）					
			0.1	0.3	0.5	0.7	1.0	1.2
长江干流	大渡口—鹅公岩	≤7000	3.72	3.72	3.72			
		10000	3.62	3.32	3.10	2.92		
		20000	3.50	2.98	2.62	2.38	2.10	
		≥30000	3.10	2.08	1.60	1.28	0.92	0.78
	鹅公岩—朝天门	5000	3.60	3.06	2.68			
		10000	3.05	2.45	2.07	1.80	1.52	
		≥20000	2.28	1.68	1.31	1.08	0.80	0.65
嘉陵江	井口—磁器口	≤7000	4.32	4.31	4.30			
		10000	3.84	3.93	4.00	4.07		
		20000	1.52	2.30	2.88	3.32	3.86	
		≥30000	0.38	0.96	1.46	1.92	2.46	
	磁器口—朝天门	5000	1.50	2.52	3.37			
		10000	0.50	1.21	1.82	2.39		
		≥20000	0.10	0.42	0.78	1.10	1.50	1.70

表4.19　　175m试验性蓄水前朝天门以下河段水面比降与流量关系成果表　　10^{-4}

河　　　段	寸滩站流量/(m³/s)				
	2000	7000	25000	40000	60000
朝天门—寸滩	2.11	2.11	2.11	2.03	1.96
寸滩—铜锣峡	1.40	0.80	1.30	1.46	1.83
铜锣峡—鱼嘴	2.08	2.00	1.92	2.00	2.15

表 4.20　　　　　　　　175m 试验性蓄水前两江汇流比年内变化

月份	1	2	3	4	5	6	7	8	9	10	11	12
汇流比 $(Q_{北碚}/Q_{朱沱})$	0.15	0.14	0.18	0.29	0.37	0.24	0.29	0.22	0.27	0.23	0.20	0.17

三峡水库 175m 试验性蓄水后，坝前水位对重庆主城区河段河道比降有重要影响，比降主要控制因素由天然情况的来流量、汇流比两因素增加为来流量、汇流比、坝前水位变化等因素，见表 4.21 和图 4.22。

表 4.21　　　　　　　175m 试验性蓄水后重庆主城区河段各月水面平均比降表

项目	1 月	2 月	3 月	4 月	5 月	6 月	7 月	8 月	9 月	10 月	11 月	12 月
坝前平均水位/m	168.4	165.2	161.5	159.3	153.1	144.9	147.6	147.6	155.4	168.2	172.2	171.6
寸滩站流量 /(m³/s)	4531	4033	4569	5738	7678	12124	23269	20470	19136	13003	7475	4925
汇流比 $(Q_{北碚}/Q_{朱沱})$	0.17	0.15	0.17	0.25	0.30	0.29	0.32	0.22	0.32	0.22	0.23	0.19
长江汇合口以上平均比降/10^{-4}	0.49	0.84	1.76	2.24	2.86	2.75	2.16	2.41	2.07	1.00	0.23	0.15
长江汇合口以下平均比降/10^{-4}	0.18	0.23	0.44	0.69	1.29	1.53	1.59	1.58	1.32	0.47	0.12	0.06
嘉陵江平均比降 /10^{-4}	0.30	0.62	1.39	1.83	2.14	1.71	1.04	0.92	0.96	0.37	0.07	0.05

注　表内水位值高程系统为 1985 国家高程基准。

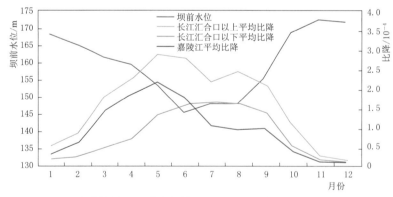

图 4.22　175m 试验性蓄水后重庆主城区河段水面比降与坝前水位过程线关系图

（1）消落期：受三峡水库回水影响，重庆主城区河段比降较小，各河段比降与坝前水位呈反比，随着坝前水位的逐步消落，重庆主城区河段从上游往下游逐渐脱离蓄水影响，各河段比降逐渐增大，直至整个河段完全脱离蓄水影响，恢复为天然状态。每年至 5 月底重庆主城区全河段能基本恢复为天然河道。

（2）汛期：重庆主城区河段基本为天然河段状态，河段比降与试验性蓄水前天然状态比降特性基本一致，主要受径流量和汇流比等因素影响。

（3）蓄水期：随着坝前蓄水位的抬高，本河段从下游向上游逐渐受蓄水影响，河道由天然状态逐渐转变为三峡水库变动回水区河段，比降主要控制因素逐渐由径流量、汇流比等转变为坝前水位，各河段比降随坝前水位壅高逐渐减小。

4.4.2 河床冲淤

4.4.2.1 天然情况河床冲淤特性

三峡水库围堰发电期和初期运行期，重庆主城区河段尚未受三峡水库壅水影响，属自然条件下的演变。由表4.22来看，蓄水前1980年2月至2008年9月重庆主城区河段累计冲刷泥沙1328万 m^3 。

表4.22　　　　　　　　天然情况下重庆主城区河段冲淤量成果表　　　　　　　　单位：万 m^3

计算时段 /（年·月）	长江干流		嘉陵江	全河段	备　注
	朝天门以上	朝天门以下			
1980.02—2003.05	−485	−466	−296	−1247	三峡水库蓄水前
2003.05—2006.09	−90	−108	−250	−448	三峡水库围堰发电期
2006.09—2008.09	−23	354	36	367	三峡水库初期蓄水期
1980.02—2008.09	−599	−220	−509	−1328	三峡水库试验性蓄水前

从各时段来看，三峡水库蓄水运行前（1980年2月至2003年5月）重庆主城区冲刷泥沙1247.2万 m^3 ，三峡水库135~139m围堰发电期（2003年5月至2006年9月）冲刷泥沙447.5万 m^3 ，三峡水库144~156m初期蓄水期（2006年9月至2008年9月）则淤积泥沙366.8万 m^3 。监测成果表明，天然情况下，重庆主城区河段年内演变规律一般表现为"洪淤枯冲"，一般也可概括为三个阶段，即年初至汛初的冲刷阶段、汛期的淤积阶段、汛末及汛后的冲刷阶段，具有明显周期性。但因各年汛初涨水时间和汛末退水时间不一，故三个冲淤阶段的时间分界点不能准确划分，有的年份提前，有的年份推迟。

天然情况下，重庆主城区河段汛后主要走沙期大多在9月中旬至10月中旬（相应寸滩站流量12000~25000m³/s），次要走沙期在10月中旬至12月下旬（相应寸滩站流量5000~12000m³/s），当寸滩站流量小于5000m³/s时，走沙过程基本结束，见表4.23。

表4.23　　　天然情况下重庆主城区河段汛末及汛后走沙过程与流量（水位）关系

走沙特性	主要走沙期	次要走沙期	走沙基本停止期
走沙强度/[万 m^3/（d·km）]	1.2~0.5	0.5~0.1	<0.1
走沙流量（寸滩站）/（m³/s）	25000~12000	12000~5000	<5000
寸滩站相应水位（吴淞）/m	171.6~165.6	165.6~161.1	<161.1
寸滩站断面平均流速/（m/s）	2.5~2.1	2.1~1.8	<1.8
铜锣峡相应水位（吴淞）/m	170.6~164.9	164.9~160.4	<160.4

4.4.2.2 试验性蓄水期河床冲淤

2008年9月三峡水库开始175m试验性蓄水，2008年9月至2019年12月，重庆主城区河段累计冲刷泥沙 2268 万 m³，其中边滩淤积 167 万 m³，主槽冲刷 2435 万 m³。从淤积分布看，长江干流朝天门以上河段、以下河段及嘉陵江河段全部表现为冲刷，分别冲刷泥沙 1882 万 m³、96 万 m³、290 万 m³，平均冲刷深度分别为 1.11m、0.09m 和 0.25m，见表 4.24。最大淤积厚度为 12.1m，位于 CY02（汇合口以下 14km）深槽右侧，淤后高程 133m 左右，如图 4.23 所示。

表 4.24　　　　　　　　　　重庆主城区河段冲淤量及冲淤厚度

(2008 年 9 月 5 日至 2019 年 12 月 13 日)

河　段	冲淤量 /万 m³	冲淤厚度/m		
		平均	最大	最大淤积部位及影响
全河段	−2268	−0.57	12.1	最大淤积厚度为 12.1m，位于 CY02（汇合口以下 14km）深槽右侧，淤后高程 133m 左右
朝天门汇口以上	−1882	−1.11	3.1	最大淤积厚度为 3.1m，位于 CY34（九龙坡河段）断面中部，淤后高程 154m 左右
朝天门汇口以下	−96	−0.09	12.1	最大淤积厚度为 12.1m，位于 CY02（汇合口以下 14km）深槽右侧，淤后高程 133m 左右
嘉陵江	−290	−0.25	2.1	最大淤积厚度 2.1m，位于 CY43（嘉陵江，汇合口上游约 1.2km）主槽内，淤后高程 155.5m 左右

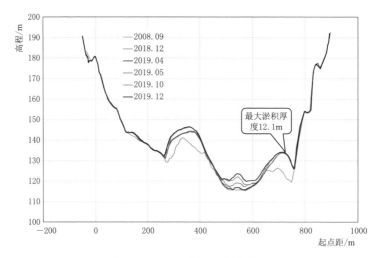

图 4.23　CY02 断面冲淤变化图

4.4.3　重点河段冲淤

重庆主城区主要有九龙坡（CY30—CY34，长 2.364km）、猪儿碛（CY15—CY23，长 3.717km）、寸滩（CY07—CY10，长 2.578km）、金沙碛（CY41—CY46，长 2.671km）和胡家滩（CY38—CY40，长 2.85km）等 5 个重点港区河段。

三峡水库 175m 试验性蓄水以来，胡家滩、九龙坡、猪儿碛等河段冲刷量较大，河床分别冲刷 552 万 m^3、272 万 m^3 和 154 万 m^3，河段主要受采砂影响较大，寸滩河段略淤积泥沙 13 万 m^3，金沙碛河段微冲 30 万 m^3，见表 4.25。近年来受上游水库影响，来沙进一步减少，寸滩和金沙碛河段已经开始受其影响，河段淤积幅度减少甚至部分年份转变为冲刷，其余重点河段所受影响暂不明显。

表 4.25　　　　　　　　　　　重庆主城区重点港区河段冲淤量及冲淤厚度表

（2008 年 9 月至 2019 年 12 月）

河段	冲淤量/万 m^3	冲淤厚度/m		
		平均	最大	最大淤积部位及影响
胡家滩	−552	−2.80	—	各断面主要受采砂影响，其余各处冲淤变化较均匀
九龙坡	−272	−1.10	3.1	最大淤积厚度为 3.1m，位于 CY34（九龙坡河段）断面中部，淤后高程 154m 左右
猪儿碛	−154	−0.65	2.4	最大淤积厚度为 2.4m，位于 CY15 深槽，淤后高程约 141m
寸滩	13	0.07	2.7	最大淤积厚度为 2.7m，位于 CY09 断面深槽右侧，淤后高程 143m 左右
金沙碛	−30	−0.03	2.2	最大淤积厚度 2.2m，位于 CY43（嘉陵江，汇合口上游约 1.2km）断面主槽内，淤后高程 155m 左右

4.5　库区重点河段冲淤特性

目前库区泥沙淤积主要发生在弯曲、开阔、分汊河段，如变动回水区的洛碛至长寿河段、青岩子河段和常年回水区的土脑子河段、凤尾坝河段、兰竹坝河段、黄花城河段，各重点淤积河段位置如图 4.24 所示。

2006—2019 年，果园港区河段淤积泥沙 173 万 m^3，洛碛、青岩子河段分别累计冲刷 1599 万 m^3、1379 万 m^3；2003—2019 年，土脑子、凤尾坝、兰竹坝、黄花城河段分别淤积 1927 万 m^3、2661 万 m^3、5375 万 m^3、11889 万 m^3，库区重点河段各时段冲淤成果见表 4.26。

表 4.26　　　　　　　　　　库区重点河段冲淤量成果表　　　　　　　　　单位：万 m^3

不同时段/（年.月）	果园港区	洛碛—长寿	青岩子	土脑子	凤尾坝	兰竹坝	黄花城
2003.03—2006.10	—	—		462	331	1449	3871
2006.10—2008.10	−19	−40	439.1	591	507	1204	2525
2008.10—2019.10	192	−1559	−1818	874	1823	2722	5493
2003.03—2019.10	173	−1599	−1379	1927	2661	5375	11889
2018.10—2019.10	48	−22	−223	−23	55	26	216

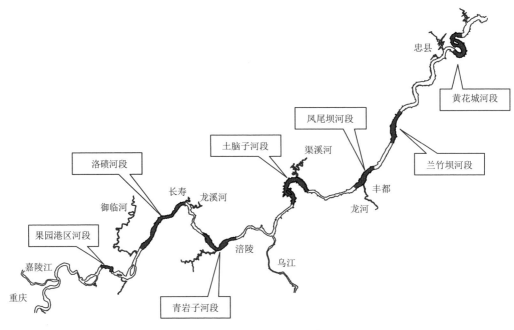

图 4.24 重点淤积河段分布图

4.5.1 果园港区河段

果园港区河段位于重庆市江北区长江鱼嘴河段，上距重庆朝天门约 32km，距三峡大坝约 583.0km，长约 4.8km，属长江上游山区性河段，河道总体较顺直，果园港区位于该河段左岸区域。

2006 年 10 月至 2019 年 10 月期间，果园港区河段河床有冲有淤，累计淤积泥沙 173 万 m³，各时段泥沙冲淤成果见表 4.27，泥沙淤积主要分布在鱼嘴镇、明月沱等岸边回流缓流区域，河道主槽及码头前沿均无明显变化，如图 4.25 所示。果园港区河段 S316 断面（距坝 583.0km）冲淤变化强度如图 4.26 所示。

表 4.27 果园港区河段冲淤量成果表

统 计 时 段 /(年．月)	冲 淤 量 /万 m³	单位河长冲淤量 /(万 m³/km)	备　注
2006.10—2008.10	−19.0	−4.0	156m 蓄水期
2008.10—2013.10	193.2	40.3	
2013.10—2014.10	−23.4	−4.9	
2014.10—2015.10	42.6	8.9	
2015.10—2016.11	−56.5	−11.8	175m 试验性蓄水期
2016.11—2017.10	0.2	0.04	
2017.10—2018.10	−12.4	−2.6	
2018.10—2019.10	48	10.0	
2006.10—2019.10	172.7	36.0	总蓄水期

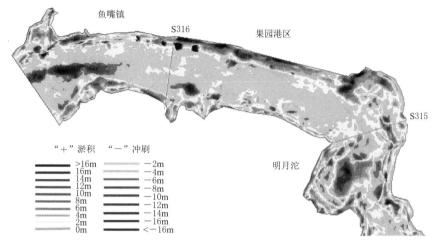

图 4.25　果园港区河段冲淤厚度图（2006—2016 年）

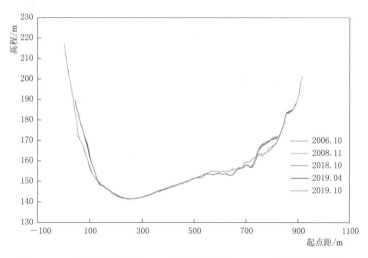

图 4.26　果园港区河段 S316 断面（距坝 583.0km）冲淤变化图

4.5.2　洛碛至长寿河段

洛碛至长寿河段（S289—S306，长约 30km）位于重庆下游，地处三峡水库变动回水区内，出口距三峡大坝约 532km，是川江上宽浅、多滩的典型河段之一。三峡水库初期蓄水运行前，洛碛河段基本为天然河道。2006 年 10 月三峡水库初期蓄水运行后，洛碛河段虽属回水范围内，但河段整体仍表现为冲刷，2008 年 10 月三峡水库 175m 试验性蓄水后河段才出现累积性淤积，近年来由于上游来沙持续减少，加之受采砂影响，洛碛河段淤积程度降低，甚至有时呈现冲刷。

2006 年 10 月至 2019 年 10 月期间，洛碛至长寿河段累计表现为冲刷，冲刷量为1599 万 m³，各时段泥沙冲淤成果见表 4.28，在洲滩、回流缓流的岸边区域仍有淤积，河槽总体稳定，如图 4.27 所示。洛碛河段 S302 断面（距坝 555.0km）冲淤变化如图 4.28 所示。

表 4.28　　　　　　　　　　洛碛至长寿河段冲淤量成果表

统计时段 /（年. 月）	冲淤量 /万 m³	单位河长冲淤量 /（万 m³/km）	备　注
2006.10—2008.10	−40	−1.3	156m 蓄水期
2008.10—2013.10	275.4	9.2	
2013.10—2014.10	−655.1	−21.8	
2014.10—2015.10	−557.9	−18.6	
2015.10—2016.11	−221.9	−7.4	175m 试验性蓄水期
2016.11—2017.10	−269.1	−9.0	
2017.10—2018.10	−108.0	−3.6	
2018.10—2019.10	−22.3	−0.7	
2006.10—2019.10	−1598.9	−53.3	总蓄水期

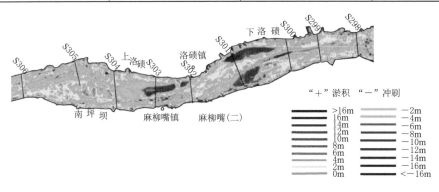

（a）东西向河段

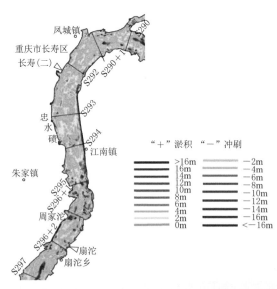

（b）南北向河段

图 4.27　洛碛至长寿河段冲淤厚度图（2006—2016 年）

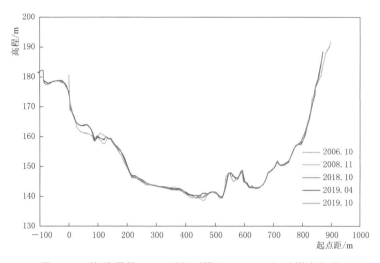

图 4.28 洛碛河段 S302 断面（距坝 555.0km）冲淤变化图

4.5.3 青岩子河段

青岩子河段（S275+1～S283+1，长约 15km）位于三峡水库初期蓄水期变动回水区中下段，试验性蓄水期变动回水区和常年回水区之间的过渡段，具有山区河流及水库的双重属性。其上游为黄草峡，下游为剪刀峡，进出口均为峡谷段，峡谷段之间为宽谷段，其中有金川碛、牛屎碛 2 个分汊段，峡谷段最窄河宽约 150m，最大河宽为 1500m，河段内主要有沙湾、麻雀堆和燕尾碛等 3 个主要淤沙区，分别位于宽谷段的汇流缓流区、分汊段的洲尾汇流区和峡谷上游的壅水区。

2006 年 10 月至 2019 年 10 月期间，青岩子河段河床有冲有淤，累计冲刷泥沙 1379 万 m³，淤积主要发生在岸边区域，河道主槽除牛屎碛放宽段外，其余区域无明显淤积，各时段泥沙冲淤成果见表 4.29，青岩子河段冲淤分布如图 4.29 所示。青岩子河段冲淤厚度如图 4.30 所示。

表 4.29 青岩子河段冲淤量成果表

统 计 时 段 /（年·月）	冲 淤 量 /万 m³	单位河长冲淤量 /（万 m³/km）	备 注
2006.10—2008.10	439.1	29.3	156m 蓄水期
2008.10—2013.10	−179.1	−11.9	
2013.10—2014.10	−212.2	−14.1	
2014.10—2015.10	−620.4	−41.4	
2015.10—2016.11	−551.2	−36.7	175m 试验性蓄水期
2016.11—2017.10	72.8	4.9	
2017.10—2018.10	−104.5	−7.0	
2018.10—2019.10	−223.1	−14.9	
2006.10—2019.10	−1378.6	−91.9	总蓄水期

图 4.29　青岩子河段冲淤厚度图（2006—2016 年）

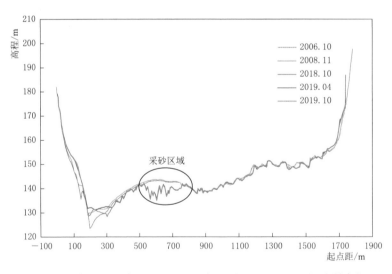

图 4.30　青岩子牛屎碛河段 S277＋1 断面（距坝 509.9km）冲淤变化图

4.5.4　土脑子河段

　　土脑子河段（S252—S254，长约 5km）位于三峡库区涪陵珍溪镇至南沱镇，其下距三峡大坝 456.1km。三峡水库蓄水运行前，土脑子河段年内冲淤变化主要受来水来沙及主流摆动影响，年际冲淤基本平衡，无多年累积性淤积或冲刷现象。三峡水库蓄水运行后，该河段汛后水位抬升幅度较大，由天然情况下的冲刷转变为淤积，原有的冲淤平衡被打破，造成土脑子河段右侧发生较为严重的累积性淤积。

2003 年 3 月至 2019 年 10 月期间，土脑子河段累计淤积 1926.8 万 m³，各时段泥沙冲淤成果见表 4.30，该河段淤积区域主要集中在平绥坝、兔儿坝河段右槽内，其他区域淤积较小，如图 4.31 所示。土脑子断面冲淤变化如图 4.32 所示。

表 4.30　　　　　　　　　　三峡水库蓄水后土脑子河段冲淤成果统计表

统　计　时　段 /（年．月）	冲　淤　量 /万 m³	单位河长冲淤量 /（万 m³/km）	备　　　注
2003.03—2006.10	462	92.4	135～139m 蓄水期
2006.10—2008.10	591	118.2	156m 蓄水期
2008.10—2013.10	1303.3	260.7	
2013.10—2014.10	42.2	8.4	
2014.10—2015.10	−311.9	−62.4	
2015.10—2016.11	−38.7	−7.7	175m 试验性蓄水期
2016.11—2017.10	−122.1	−24.4	
2017.10—2018.10	24.3	4.9	
2018.10—2019.10	−23.3	−4.7	
2003.03—2019.10	1926.8	385.4	总蓄水期

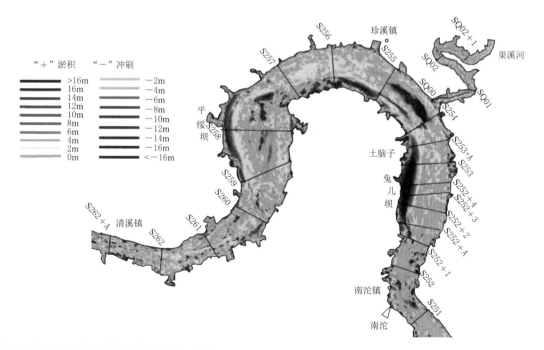

图 4.31　土脑子河段冲淤厚度图（2006—2016 年）

175

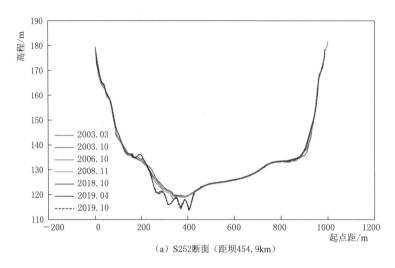

（a）S252断面（距坝454.9km）

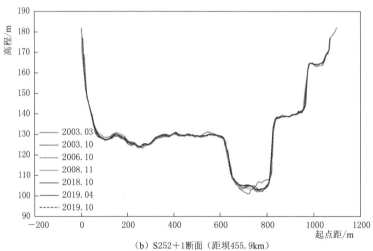

（b）S252＋1断面（距坝455.9km）

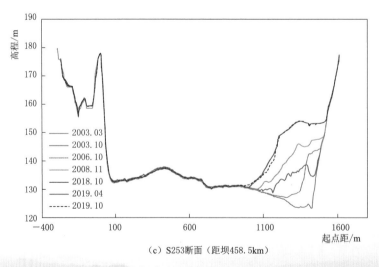

（c）S253断面（距坝458.5km）

图4.32（一）　土脑子断面冲淤变化图

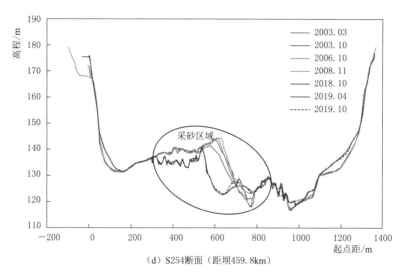

（d）S254断面（距坝459.8km）

图 4.32（二） 土脑子断面冲淤变化图

4.5.5 凤尾坝河段

凤尾坝河段（S240—S243），长约 5.5km，位于丰都县城附近，天然情况凤尾坝横卧江心，将河道分为左右两槽，凤尾坝坝顶高程 160.0m 左右。三峡水库蓄水后，凤尾坝河道一直处于常年库区，水面展宽，易造成泥沙大量落淤，也是蓄水以来淤积最严重的河段之一。

2003 年 3 月至 2019 年 10 月期间，凤尾坝河段累计淤积 2661 万 m³，各时段泥沙冲淤成果见表 4.31，该河段淤积区域主要集中在宽阔段的深槽及河段左侧，如图 4.33 所示。凤尾坝断面冲淤变化如图 4.34 所示。

表 4.31　　　　　　　　　三峡水库蓄水后凤尾坝河段冲淤成果统计表

统 计 时 段 /（年.月）	冲 淤 量 /万 m³	单位河长冲淤量 /（万 m³/km）	备　　注
2003.03—2006.10	331	60.2	135～139m 蓄水期
2006.10—2008.10	507	92.2	156m 蓄水期
2008.10—2013.10	1624	295.3	
2013.10—2014.10	142	25.8	
2014.10—2015.10	−1.6	−0.29	
2015.10—2016.11	18.3	3.33	175m 试验性蓄水期
2016.11—2017.10	−27.3	−4.96	
2017.10—2018.10	13.1	2.38	
2018.10—2019.10	54.8	10.0	
2003.03—2018.10	2661.3	483.9	总蓄水期

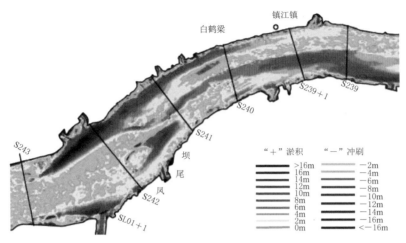

图 4.33　凤尾坝河段冲淤厚度图（2006—2016 年）

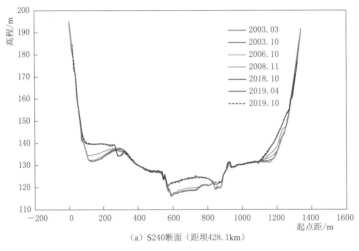

（a）S240断面（距坝428.1km）

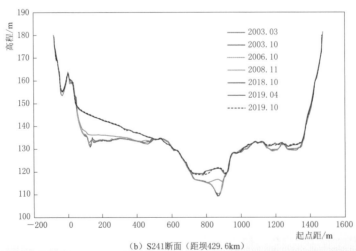

（b）S241断面（距坝429.6km）

图 4.34（一）　凤尾坝断面冲淤变化图

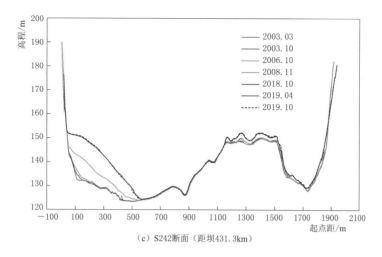

（c）S242断面（距坝431.3km）

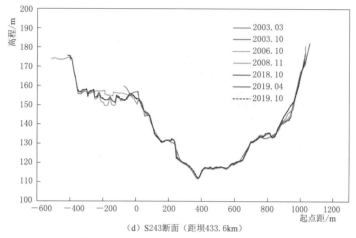

（d）S243断面（距坝433.6km）

图 4.34（二）　凤尾坝断面冲淤变化图

4.5.6　兰竹坝河段

兰竹坝河段（S230—S233）长约 6.1km，天然情况兰竹坝横卧江心，将河道分为左右两槽，左槽为主槽，右槽为副槽，兰竹坝坝顶高程约 138.0m，三峡蓄水后该河段泥沙大量落淤，是蓄水以来淤积较严重的河段之一。

2003 年 3 月至 2019 年 10 月期间，兰竹坝河段累计淤积 5375 万 m³，各时段泥沙冲淤成果见表 4.32，该河段淤积区域主要集中在深槽及河道左侧，如图 4.35 所示。兰竹坝断面冲淤变化如图 4.36 所示。

表 4.32　　　　　　　三峡水库蓄水后兰竹坝河段冲淤成果统计表

统 计 时 段 /（年.月）	冲 淤 量 /万 m³	单位河长冲淤量 /（万 m³/km）	备　　注
2003.03—2006.10	1449	237.5	135～139m 蓄水期
2006.10—2008.10	1204	197.4	156m 蓄水期

续表

统 计 时 段 /(年.月)	冲 淤 量 /万 m³	单位河长冲淤量 /(万 m³/km)	备　　注
2008.10—2013.10	2208	362.0	
2013.10—2014.10	280	45.9	
2014.10—2015.10	44.0	7.2	
2015.10—2016.11	58.4	9.6	175m 试验性蓄水期
2016.11—2017.10	70.7	11.6	
2017.10—2018.10	35.1	5.8	
2018.10—2019.10	25.5	4.2	
2003.03—2019.10	5374.7	881.1	总蓄水期

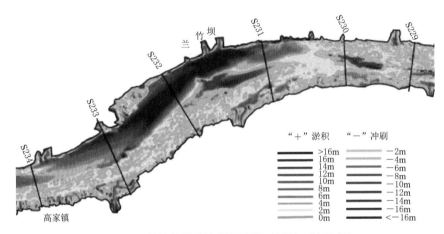

图 4.35　兰竹坝河段冲淤厚度图（2006—2016 年）

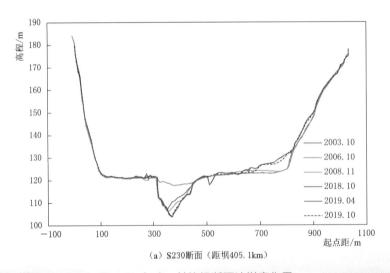

(a) S230断面（距坝405.1km）

图 4.36（一）　兰竹坝断面冲淤变化图

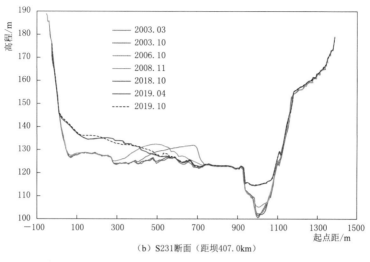

（b）S231断面（距坝407.0km）

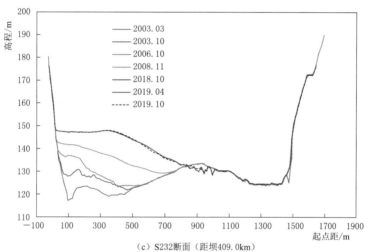

（c）S232断面（距坝409.0km）

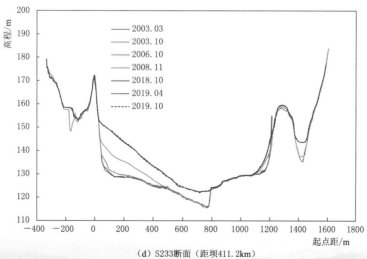

（d）S233断面（距坝411.2km）

图4.36（二） 兰竹坝断面冲淤变化图

4.5.7　黄花城河段

黄花城河段（S203—S207）长约5.1km，为著名的"忠州三弯"之一。该河段为弯曲分汊型河段，整体河形呈S状，左槽为主槽，右槽为副槽。天然情况下，在上游弯道、分汊放宽、下游岸壁顶托作用下，一些放宽段为重要的淤沙浅滩，但是汛前汛后的冲刷带走大量泥沙，航道基本保持稳定。三峡水库蓄水运行后，黄花城河道一直处于常年库区，库区水流条件有较大改变，加上特殊的河道地形条件，造成泥沙大量落淤，成为蓄水以来淤积最严重的河段之一。

2003年3月至2019年10月期间，黄花城河段累计淤积11889万 m³，各时段泥沙冲淤成果见表4.33，该河段淤积区域主要集中在左岸深槽及左汊主槽内，S204—S206各断面均有明显淤积，右汊出口S203断面形态基本稳定，无明显淤积，如图4.37所示。黄花城断面冲淤变化如图4.38所示。

表 4.33　　　　　　　　　　三峡水库蓄水后黄花城河段冲淤成果统计表

统 计 时 段 /（年．月）	冲 淤 量 /万 m³	单位河长冲淤量 /（万 m³/km）	备　　注
2003.03—2006.10	3871	759.0	135～139m 蓄水期
2006.10—2008.10	2525	495.1	156m 蓄水期
2008.10—2013.10	4083	800.6	
2013.10—2014.10	305	59.8	
2014.10—2015.10	84.6	16.6	
2015.10—2016.11	190.3	37.3	175m 试验性蓄水期
2016.11—2017.10	129.4	25.4	
2017.10—2018.10	484.3	95.0	
2018.10—2019.10	216.0	42.4	
2003.03—2019.10	11888.6	2331.1	总蓄水期

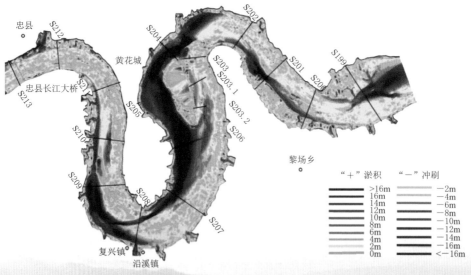

图 4.37　黄花城河段冲淤厚度图（2006—2016 年）

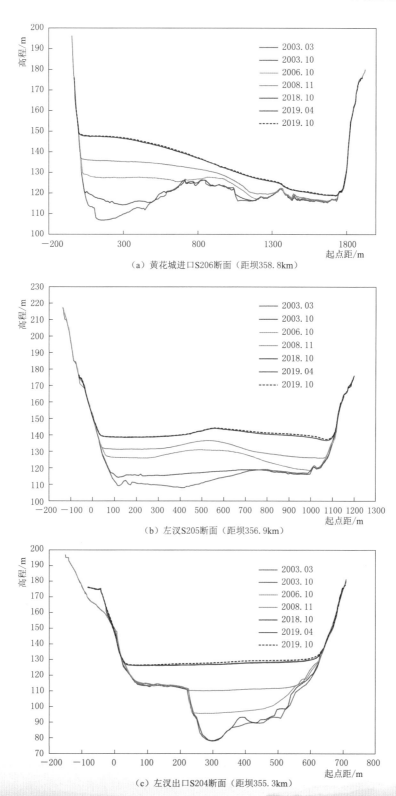

（a）黄花城进口S206断面（距坝358.8km）

（b）左汊S205断面（距坝356.9km）

（c）左汊出口S204断面（距坝355.3km）

图 4.38（一）　黄花城断面冲淤变化图

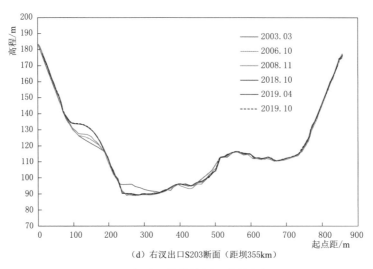

(d) 右汊出口S203断面（距坝355km）

图 4.38（二） 黄花城断面冲淤变化图

4.6 坝区泥沙及冲淤变化

4.6.1 坝区水流泥沙特性

2018 年监测布置实施了坝前水流流速观测，消落期、汛期、蓄水期水流特征值统计成果见表 4.34。

2018 年水库运行不同时期，受来水流量、大坝泄流和电厂发电的影响，坝前引水区域水流较复杂。消落期坝前水位 145m 左右时各垂线最大流速在 0.10～1.99m/s 变化，汛期坝前水位在 150m 左右时各垂线最大流速在 0.09～1.01m/s 变化，蓄水期坝前水位在 175m 左右时各垂线最大流速在 0.04～0.23m/s 变化。

消落期 145m 测验时间为 6 月 9 日，坝前平均流量为 13500m³/s，坝前引水区域水流最大点流速达到 1.99m/s，位于右岸地下电厂引水区前沿凤凰山咀与副坝相连的拐角区；汛期 150m 测验时间为 7 月 15 日，坝前平均流量为 42400m³/s，坝前引水区域水流最大点流速为 1.01m/s，位于右岸地下电厂前沿引水区；蓄水期 175m 测验时间为 10 月 29 日，坝前平均流量为 10300m³/s，坝前引水区域水流最大点流速为 0.23m/s，位于左电厂和右电厂前沿水域。坝前引水区域主流水流流速基本与来流量呈正相关系。

坝前左岸电厂、右岸电厂引水区域水流流向较为顺直，地下电厂引水区域的水流流向较紊乱，顺直、逆向、横向等水流均存在。观测资料显示，坝前左岸电厂、右岸电厂及地下电厂引水区的水流分布未见异常情况，机组均能顺利引水。

4.6.2 近坝区河床冲淤

自三峡水库蓄水运行以来，2003 年 3 月至 2019 年 11 月，坝前段全河槽高水条件下河床总计淤积量达到 17454 万 m³，90m 高程以下河槽占总淤积量的 74.4%，110m 高程以下河槽占总淤积量的 82.2%。其中 S38 断面（监测断面布置如图 4.39 所示）以下至大坝段的淤积尤其明显，全河槽高水条件下河段淤积量占全河段总淤积量的 92.9%。

表 4.34　坝前引水区域水流特征值统计

时期	断面名称	坝前水位(吴淞)/m	断面实测流量/(m³/s)	施测时间/(年-月-日 时:分)	主泓平均流速/(m/s)	最大流速 相应位置(起点距)/m	最大流速 相应位置水深/m	最大流速 相应位置高程/m	实测流速/(m/s)	备注
2018-1测次(消落期)	S30-2	145.56	13200	2018-06-09 15:48	0.17	1770	24	121.56	0.48	
	S30-1	145.55	12400	2018-06-09 16:46	0.26	712	64	81.55	0.32	横向,起点距>1900m区域为地下电厂引水区
	S30+1	145.54	13000	2018-06-09 17:21	0.22	510	64	81.54	0.25	
	S30+2	145.38	15200	2018-06-09 19:02	1.09	2702	2(水面)	143.38	1.99	
	DX01	145.42	3400	2018-06-09 18:22	0.21	269	40	105.42	0.36	纵向,地下电厂连通道
	DX02	145.47	1500	2018-06-09 17:54	0.22	334	24	121.47	0.28	纵向,地下电厂引水区
2018-2测次(汛期)	S30-2	151.55	45100	2018-07-15 10:50	0.55	2324	20	131.55	1.01	
	S30-1	151.60	41000	2018-07-15 11:28	0.58	585	32	119.60	0.80	横向,起点距>1900m区域为地下电厂引水区
	S30+1	151.64	43200	2018-07-15 12:02	0.56	510	36	115.64	0.73	
	S30+2	151.72	40300	2018-07-15 12:40	0.62	692	2(水面)	149.72	0.84	
	DX01	151.86	8110	2018-07-15 13:33	0.29	405	2(水面)	149.86	0.39	纵向,地下电厂连通道
	DX02	151.82	5260	2018-07-15 13:14	0.59	201	2(水面)	149.82	0.64	纵向,地下电厂引水区
2018-3测次(蓄水期)	S30-2	174.38	10300	2018-10-29 09:30	0.13	2213	52	122.38	0.16	
	S30-1	174.37	10300	2018-10-29 10:10	0.11	1091	88	86.37	0.21	横向,起点距>1900m区域为地下电厂引水区
	S30+1	174.37	10100	2018-10-29 10:48	0.12	899	88	86.37	0.22	
	S30+2	174.36	10600	2018-10-29 11:28	0.12	960	88	86.36	0.23	
	DX01	174.40	3580	2018-10-29 12:26	0.09	817	72	102.40	0.16	纵向,地下电厂连通道
	DX02	174.36	2280	2018-10-29 12:02	0.13	201	52	122.36	0.19	纵向,地下电厂引水区

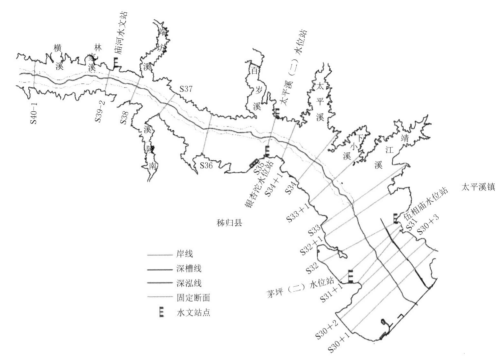

图 4.39　三峡大坝坝前河段断面布置图

2018 年 11 月至 2019 年 11 月，近坝河段总体表现为轻微冲刷，175m 高程以下全河槽冲刷量为 18 万 m^3，其中 90m 高程以下河槽冲刷量为 47 万 m^3，110m 高程以下河槽下冲刷量为 38 万 m^3，2019 年度坝前河段沿程冲淤变化不同，S34 以上区域轻微冲刷，S34 以下坝前区域轻微淤积。

从坝前泥沙淤积时空分布上看，水库不同运行期泥沙的淤积幅度各不相同。泥沙淤积主要发生在 135～139m 水库围堰发电期，该时段坝前 90m 高程下主槽泥沙淤积量占水库蓄水运行以来同高程下泥沙淤积总量的 42.5%，年均淤积量为 2170 万 m^3/a；145～156m 水库初期发电期年均淤积量为 1307 万 m^3/a；2008 年汛后水库进入 175m 试验性蓄水运行期，2008—2019 年年均淤积量为 562 万 m^3/a，受上游来沙减少及水库泥沙淤积分布发生变化的影响，坝前近坝河段泥沙淤积量呈减少趋势。2018 年为典型的大水大沙年，由于上游来沙量大幅度增加，坝前近坝河段的泥沙淤积明显增大，为三峡水库试验性蓄水运行以来淤积最严重的一年，2019 年前期大幅度淤积的泥沙密实下沉，河床表现为"冲刷"，如图 4.40 所示。

2003 年 3 月至 2019 年 11 月，坝前河段深泓均表现为淤高，深泓平均淤厚 36.7m，其中淤积厚度最大的为 S34 断面（距离大坝 5.565km），深泓淤高达到 65.8m，S33 断面河床底处于高平台向低平台过渡区域，该断面深泓淤高 12.5m，是庙河水文站（S39－2）以下河段淤积最小的断面，如图 4.41 所示。

2018 年 11 月至 2019 年 11 月，坝前河段深泓受河床泥沙密实下沉影响总体表现"冲刷"0.6m，深泓泥沙密实下沉最明显区域为上一年度淤高 15.9m 的 S39－2 断面，深泓高程降低 3.7m，坝前有少量断面深泓轻微淤积，深泓淤积最大为 S33 断面，淤高了0.6m，如图 4.42 所示。

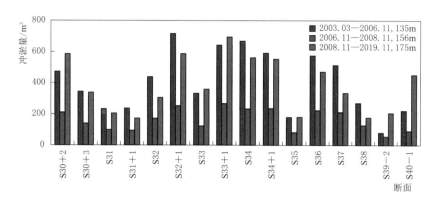

图 4.40 不同时段坝前河段淤积量沿程分布

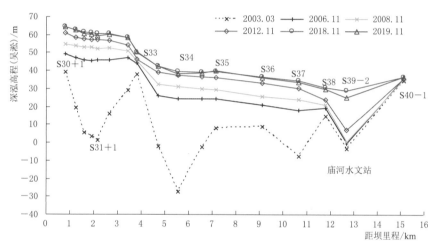

图 4.41 三峡大坝坝前河段深泓纵剖面变化

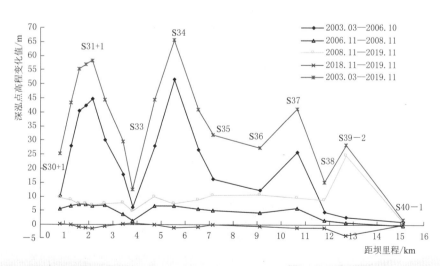

图 4.42 三峡大坝近坝河段深泓点高程变化沿程分布图

图 4.43 所示为距坝体 137m 断面变化情况，坝体前沿河床低于左、右电厂进水口的底高程 108m，对左、右电厂取水未造成影响。

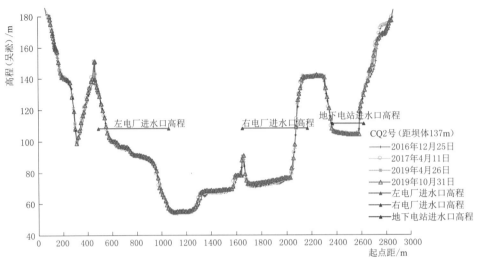

图 4.43 坝前引水区域变化情况

4.6.3 地下电厂引水区域冲淤

三峡枢纽右岸地下电厂引水区域位于三峡大坝坝前右岸一侧，止于茅坪副坝，以原偏岩子山体为界，偏岩子山右侧为右岸地下电厂引水区域，偏岩子山体左侧则为右电厂厂前水域（图 4.44），断面布置如图 4.45 所示。

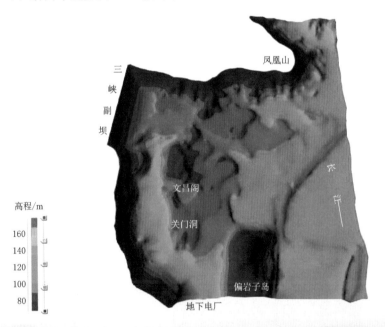

图 4.44 2019 年 10 月地下电厂前沿河床示意图

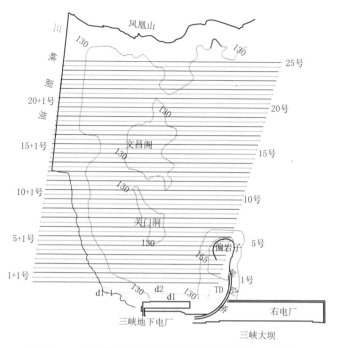

图 4.45 三峡枢纽右岸地下电厂引水区域断面布置图

从 2006 年开始对地下电厂引水区域进行地形观测开始，2006 年 3 月至 2019 年 10 月，右岸地下电厂前沿引水区域总计淤积量达到 445.1 万 m³，年均淤积量为 33.0 万 m³/a。从泥沙淤积量空间分布上看，关门洞以上区域的泥沙淤积量较为明显，而靠近大坝的区域（即关门洞以下的河段）淤积幅度相对较小，见表 4.35。

表 4.35　　　　　　　　　　　地下电厂运行以来引水区域冲淤统计

河　段	关门洞以下段 (1~5 号)		关门洞段 (5~11 号)		文昌阁及以上段 (11~25 号)		全区域 (1~25 号)	
间距/m	200		300		700		1200	
时　段 /（年.月）	冲淤量 /万 m³	冲淤率 /（万 m³/m）	冲淤量 /万 m³	冲淤率 /（万 m³/m）	冲淤量 /万 m³	冲淤率 /（万 m³/m）	冲淤量 /万 m³	冲淤率 /（万 m³/m）
2006.03—2011.04	19.4	0.1	78.1	0.26	99.8	0.14	197.3	0.16
2011.04—2011.11	−2.4	−0.01	1.5	0	3.6	0.01	2.7	0
2011.11—2012.11	1.6	0.01	14.9	0.05	38.3	0.05	54.8	0.05
2012.11—2013.10	10.3	0.05	16.8	0.06	53.3	0.08	80.4	0.07
2013.10—2014.10	−3.6	−0.02	3.7	0.01	7.1	0.01	7.2	0.01
2014.10—2015.10	5.9	0.03	6.9	0.02	13.7	0.02	26.5	0.02
2015.10—2016.11	−5.6	−0.03	−8.2	−0.03	−14.5	−0.02	−28.3	−0.02
2016.11—2017.10	5.2	0.03	2.9	0.01	15.3	0.02	23.4	0.02
2017.10—2018.10	2.8	0.01	16.1	0.05	41.1	0.06	60.0	0.05
2018.10—2019.10	0.9	0.00	2.0	0.01	18.2	0.03	21.1	0.02

续表

河　段	关门洞以下段 （1～5 号）		关门洞段 （5～11 号）		文昌阁及以上段 （11～25 号）		全区域 （1～25 号）	
间距/m	200		300		700		1200	
时　段 /（年.月）	冲淤量 /万 m³	冲淤率 /（万 m³/m）	冲淤量 /万 m³	冲淤率 /（万 m³/m）	冲淤量 /万 m³	冲淤率 /（万 m³/m）	冲淤量 /万 m³	冲淤率 /（万 m³/m）
2006.03—2019.10	34.5	0.17	134.7	0.45	275.9	0.39	445.1	0.37
2011.04—2019.10	15.1	0.08	56.6	0.19	176.1	0.25	247.8	0.21

　　从泥沙淤积时空分布上看，2006 年 3 月至 2011 年 4 月（约 5 年时间）地下电厂运行前的时期引水区域的泥沙淤积量为 197.3 万 m³，该时段地下电厂引水区域泥沙淤积量占总淤积量的 44.3%，年均泥沙淤积量为 39.5 万 m³/a。

　　2011 年 5 月地下电厂机组开始陆续发电，发电运行后至 2019 年 10 月（约 8.5 年时间）地下电厂引水区域的泥沙淤积量为 247.8 万 m³，该时段地下电站引水区域泥沙淤积量占总淤积量的 55.7%，年均泥沙淤积量为 29.1 万 m³/a，年淤积强度较发电前有一定程度的减弱，这主要是由于 2014—2017 年、2019 年上游来沙量少，导致地下电厂前沿泥沙淤积量相应减少。

　　2018 年 10 月至 2019 年 10 月，地下电站引水区域总体上表现为泥沙淤积，淤积强度小于多年平均淤积强度，呈现枯"冲"汛淤的特点。2019 年泥沙淤积主要分布在文昌阁（14～18 号）和文昌阁以上（22～25 号）的区域，淤积部位主要在河床低洼区域。

　　2019 年地下电厂前沿 300m 区域护岸工程已修建完成，2018 年 10 月至 2019 年 10 月，地下电厂引水区域河床横向变化幅度较小，没有较明显的泥沙冲淤发生，如图 4.46 所示。坝前 500m 范围文昌阁以下区域河床有轻微泥沙淤积 [图 4.46（a）～（c）]，最大淤积厚度 0.4m（3 号），文昌阁以上区域右侧低洼区域有一定程度泥沙淤积 [图 4.46（d）～（g）]，最大淤积厚度 0.8m（11 号）。目前地下电厂前沿平均高程为 104.8m，高出地下电厂排沙洞口底板高程 2.3m。

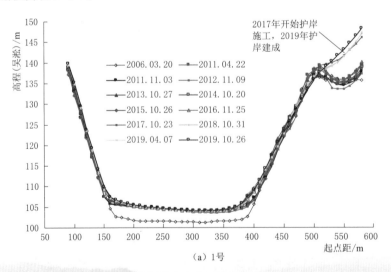

图 4.46 （一）　右岸地下电厂引水区域横断面变化

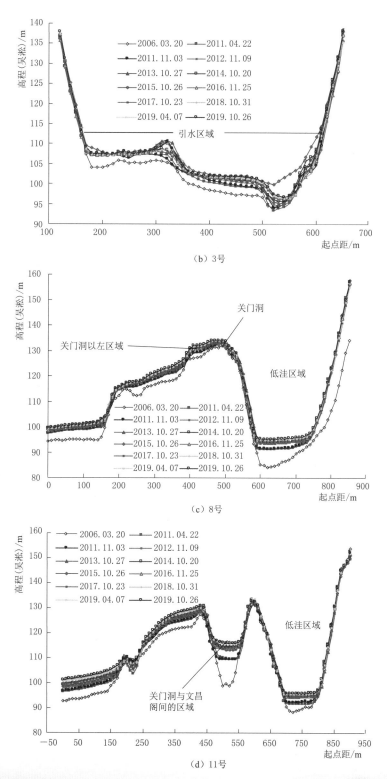

（b）3号

（c）8号

（d）11号

图 4.46（二） 右岸地下电厂引水区域横断面变化

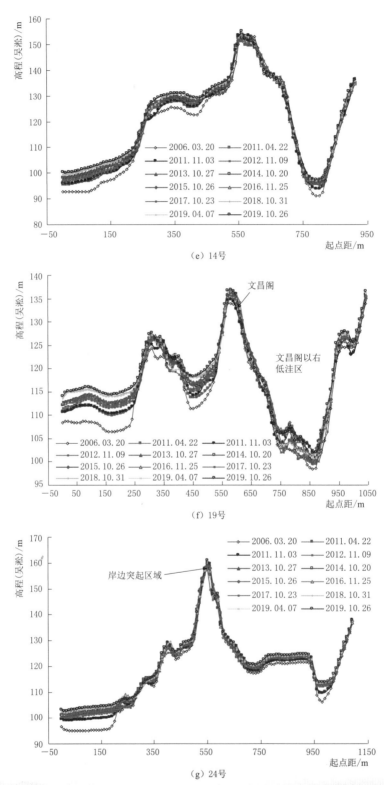

（e）14号

（f）19号

（g）24号

图4.46（三）　右岸地下电厂引水区域横断面变化

2019 年 4 月及 10 月，地形显示地下电厂取水口前沿 20～70m 水域河床没有明显泥沙淤积，目前底板平均高程为 104.8m，高出地下电厂排沙洞口底板高程 2.8m，如图 4.47 所示。

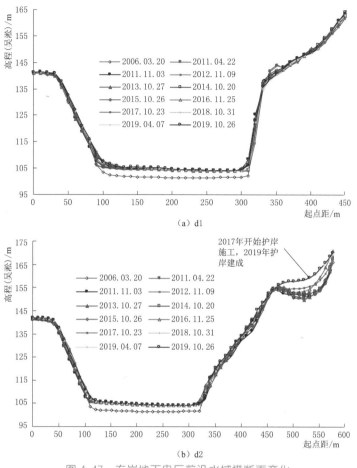

图 4.47　右岸地下电厂前沿水域横断面变化

2018 年 10 月至 2019 年 10 月，地下电厂引水区域没有发生明显泥沙淤积。右岸低洼地等高线 100m 深槽没有明显萎缩现象，头部向上扩展 25m，尾部位置未变，槽宽、深槽面积基本没有变化，同时右岸低洼地等高线 110m 深槽整体上变化不大，局部区域稍微向内有微弱缩小。此外，2019 年靠近右电厂前的低洼地 100m 的等高线因泥沙淤积向左偏移最大距离为 24m，自 2006 年以来局部区域最大左移达 480m（图 4.48）。

偏岩子岛前高架桥下地下电厂引水通道横断面变化如图 4.49 所示，桥下通道区域平均高程为 141.2m，仅比 2011 年 4 月通道区域平均高程淤高

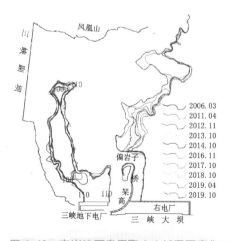

图 4.48　右岸地下电厂取水水域平面变化

193

0.2m。目前通道区域较为平坦，泥沙淤积速度较缓，不影响地下电厂发电机组经该通道从右电厂前区域引水。

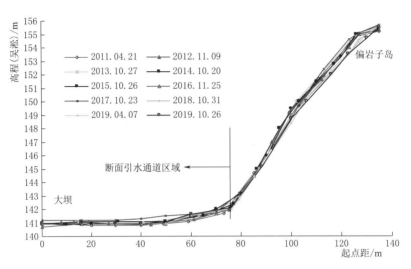

图 4.49　偏岩子岛前高架桥下地下电厂引水通道横断面（TD）变化

4.6.4　过机泥沙

根据前期监测资料及分析成果，2019 年过机泥沙监测在入库预报流量级为 30000m³/s、40000m³/s 时择机实施，取样机组位置和监测内容与 2016—2018 年保持不变。

4.6.4.1　含沙量

2019 年机组悬移质含沙量在 0.019~0.151kg/m³ 变化，明显小于 2018 年含沙量；悬移质含沙量最大值及最小值均出现在 6 号机组，31 号机组也出现极小值，2019 年 6 号机组平均含沙量大于其他机组。历年过机泥沙含沙量监测成果见表 4.36，当水体含沙量稍小时，左电厂机组易出现极小值，这是由于水体流量较大而含沙量较小所致。

表 4.36　　　　　　　　　历年过机泥沙含沙量监测成果表

项目 \ 年份	2011	2012	2013	2014	2015	2016	2017	2018	2019
最大值/(kg/m³)	0.083	0.871	1.41	0.55	0.14	0.245	0.034	1.48	0.151
最小值/(kg/m³)	0.007	0.017	0.018	0.021	0.016	0.018	0.012	0.051	0.019
最大值位置	14 号	1 号	21 号	16 号	26 号	6 号	16 号	16 号	6 号
最小值位置	1 号	31 号	31 号	2 号	26 号	6 号	16 号	16 号	6 号、31 号

监测资料表明，各机组涡壳门和锥管门的含沙量均大于坝前各机组进水口对应的含沙量，由于坝前水深较大且流速较缓，水体悬移质在流动过程中不断下沉，每年各机组悬移质含沙量变化稍滞后于入库流量变化过程，7 月底含沙量较大。

4.6.4.2 粒径

平均粒径：2019 年平均粒径在 0.010～0.062mm 变化（表 4.37），变化范围较大，6 号机组的平均粒径的最大值高于其他机组。

中值粒径：2019 年过机泥沙颗粒比较均匀，中值粒径在 0.006～0.018mm 变化，变化范围较小，平均中值粒径为 0.010mm，接近 2011—2016 年的中值粒径，与 2018 年中值粒径相等。

最大粒径：2019 年最大粒径值范围为 0.124～0.674mm，接近 2014 年的水平，各测次悬移质最大粒径值随着入库流量的不同有所改变，最大粒径值出现机组无明显规律。

表 4.37　　　　　　　　　　　　历年过机泥沙粒径特征表　　　　　　　　　　单位：mm

项目	年份	2011	2012	2013	2014	2015	2016	2017	2018	2019
平均粒径	最大值	0.042	0.035	0.042	0.075	0.049	0.034	0.076	0.034	0.062
	最小值	0.011	0.01	0.012	0.011	0.013	0.011	0.015	0.011	0.01
	最大值位置	4 号、31 号	1 号、19 号	31 号	26 号	26 号	31 号	31 号	31 号	6 号
中值粒径	最大值	0.018	0.016	0.02	0.019	0.016	0.022	0.033	0.019	0.018
	最小值	0.006	0.006	0.006	0.005	0.006	0.005	0.007	0.008	0.006
	平均值	0.008	0.008	0.009	0.009	0.009	0.009	0.015	0.01	0.01
最大粒径	最大值	0.7	0.3	0.75	0.67	0.667	0.66	0.735	0.66	0.674
	最小值	0.3	0.15	0.1	0.12	0.168	0.101	0.135	0.1	0.124

4.6.4.3 级配

2019 年共实施了两次过机泥沙取样的监测，级配成果表明，取样期间水沙条件有一定的变化，左电厂、右电厂、地下电厂机组的悬移质粒径组级配也未出现明显的差异，16 号机组颗粒稍细，最大粒径出现区域较随机，其中粒径小于 0.031mm 的粉砂质含量平均达到 83.1%，粒径小于 0.062mm 的粉砂质含量平均达到 92.7%，对机组磨损较大的砂粒质含量平均仅为 7.3%，最大粒径均未超过 1.00mm。

4.6.4.4 其他指标

2019 年电导率最大值为 369μS/cm，相比往年有所增加，电导率最大值出现在 16 号机组，但各机组变化幅度趋势一致。

2019 年其他监测成果如溶解氧含量（7.14～7.62mg/L）变化较小，各过机水样的 pH 值、温度、浊度分别保持在 7.67～8.18、23.1～25.4℃、32.0～189NTU，浊度相比 2018 年有较大减小。坝前水体水温主要受来水和气温、日照等影响，水流在过机的过程中没有明显的水温变化。

4.6.4.5 岩性分析

结合泥沙矿物成分、硬度分析（XRD）和泥沙矿物形状分析（SEM），选取 2011—2019 年泥沙较大硬度矿物成分含量最多的机组进行比较（表 4.38）。

表 4.38　　　　　　　　　　历年典型机组泥沙矿物成分比较表

年份	编　号	石英/%	伊利石/%	绿泥石/%	钠长石/%
2011	0810-31♯ok	17.68	16.23	7.14	39.12
	0811-31♯ok	27.73	39.21	7.84	4.15
2012	0711-28♯zg	22.83	7.56	31.54	15.00
	0727-1♯zg	15.74	50.64	10.16	13.44
	09-1♯ok	19.56	43.66	10.7	8.31
2013	0719-6♯zg	25.64	40.40	20.53	9.34
	0719-21♯zg	25.62	43.40	14.90	8.66
	0721-21♯zg	41.53	40.07	15.41	0.25
2014	0715～0717-26♯-zg	19.01	34.44	24.18	13.66
	0708～0710-16♯-ok	19.81	58.54	11.93	9.87
	0907-26♯-ok	19.08	52.06	13.11	7.15
2015	0701-26♯-bq	43.34	5.49	21.12	12.64
	0706-16♯-zg	30.42	27.67	6.20	24.65
	0630-26♯-zg	32.43	40.13	2.70	18.77
2016	0701-31♯-wk	55.90	21.35	11.82	5.41
	0724-31♯-wk	39.50	19.55	11.20	15.67
	0725-31♯-wk	47.2	32.35	4.48	4.96
2017	09-31♯-wk	43.07	6.78	25.71	18.99
	09-31♯-bq	12.82	68.58	9.10	6.39
	09-16♯-wk	14.42	50.21	15.41	19.37
2018	0714-31♯-bq	25.28	26.04	18.69	29.99
	0713-16♯-wk	22.76	32.64	22.53	21.05
	0708-16♯-zg	28.84	34.15	19.17	14.87
2019	2019-2-BQ	25.29	29.76	8.77	33.89
	0705-31♯	42.93	28.34	12.77	7.69
	2019-2-31♯-ZG	36.71	36.23	11.45	9.64

在检出矿物中摩氏硬度最大的石英 2019 年含量较 2018 年有较大增加，为近几年含量较大年份；摩氏硬度次之的钠长石含量较 2018 年稍有增加，但较 2017 年有所减小，为近几年含量较大年份；石英和钠长石最大值出现的位置与 2018 年相似，为大坝靠近右岸和中泓机组；硬度较小的伊利石和绿泥石的含量较 2018 年均有所减小，仍为近几年含量较大年份，由于硬度较大矿物有所增加，水轮机磨损应稍大。

4.6.5　船闸上下游引航道泥沙冲淤变化

三峡枢纽通航建筑物布置在左岸，上、下游引航道进出口与主流线平顺衔接，有利于通航（图 4.50）。双线连续五级船闸位于左岸临江的最高点坛子岭左侧，主体段长

1621m，线路总长 6442m。上游引航道长 2113m，宽 180m，口门区宽 220m；下游引航道长 2708m，宽 128～200m。口门宽 200m 升船机位于船闸右侧，相距约 1km，升船机的上、下游引航道大部分与船闸共用，线路总长约 6000m。

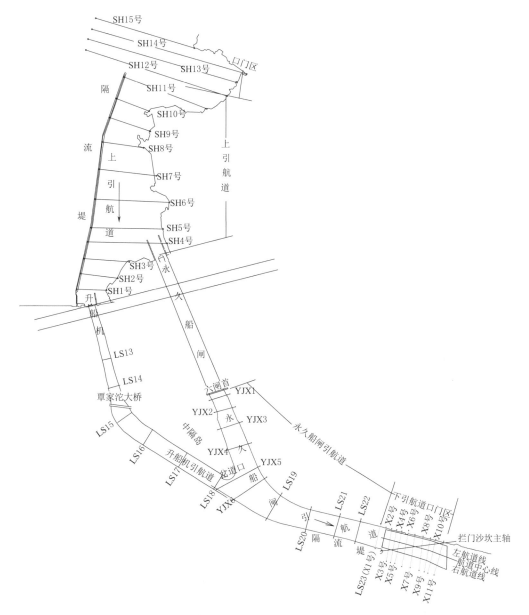

图 4.50　三峡工程永久船闸及上、下游引航道形态图

4.6.5.1　上游航道及口门区

自三峡水库蓄水、永久船闸正常运行以来，上引航道及口门区均有明显的泥沙淤积。2003 年 7 月至 2015 年 4 月，上引航道及口门区共计淤积泥沙 567.2 万 m³，其中航道内共计淤积泥沙 224.3 万 m³，口门区共计淤积泥沙 342.9 万 m³，见表 4.39。

表 4.39 上引航道及口门区淤积量统计

时 段	项 目	区 域		
		上航道内	口门区	上引航道及口门区
围堰发电期 (2003.07.30—2006.10.24)	淤积量/万 m³	55.2	156.6	211.8
	比例/%	26	74	100
初期运行期 (2006.10.24—2008.10.22)	淤积量/万 m³	56.9	96.4	153.3
	比例/%	37	63	100
175m试验性蓄水运行期 (2008.10.02—2012.11.10)	淤积量/万 m³	86.3	77.1	163.4
	比例/%	53	47	100
175m试验性蓄水运行期 (2012.11.10—2015.04.26)	淤积量/万 m³	25.9	12.8	38.7
	比例/%	67	33	100
淤积量总计/万 m³	—	224.3	342.9	567.2

从淤积量时空分布上看:

三峡工程围堰发电期:2003 年 7 月至 2006 年 10 月,上引航道及口门区共计淤积泥沙 212.8 万 m³,年均淤积量为 71 万 m³/a。其中,航道内共计淤积泥沙 55.2 万 m³,口门区共计淤积泥沙 156.6 万 m³,航道内淤积量占总量的 26%,该时段永久船闸上引航道及口门区的淤积量占总淤积量的 37%。

三峡工程初期运行期:2006 年 10 月至 2008 年 10 月,上引航道及口门区共计淤积泥沙 153.3 万 m³,年均淤积量为 76 万 m³/a。其中航道内共计淤积泥沙 56.9 万 m³,口门区共计淤积泥沙 96.4 万 m³,航道内淤积量占总量的 37%,该时段永久船闸上引航道及口门区的淤积量占总淤积量的 27%。

三峡工程 175m 试验性蓄水运行期:2008 年 10 月至 2012 年 11 月,上引航道及口门区共计淤积泥沙 163 万 m³,年均淤积量为 41 万 m³/a,其中航道内共计淤积泥沙 86 万 m³,口门区共计淤积泥沙 77 万 m³,航道内淤积量占淤积总量的 53%,该时段永久船闸上引航道及口门区的淤积量占总淤积量的 29%。

2012 年 11 月 10 日至 2015 年 4 月 26 日,上引航道及口门区共计淤积泥沙 38.7 万 m³,年均淤积量为 15 万 m³/a,其中航道内共计淤积泥沙 25.9 万 m³,口门区共计淤积泥沙 12.8 万 m³,航道内淤积量占淤积总量的 67%,该时段永久船闸上引航道及口门区的淤积量占总淤积量的 7%。

三峡工程围堰发电期及初期运行期永久船闸上引航道及口门区的淤积较为明显,年均淤积量分别达到 71 万 m³/a、76 万 m³/a,三峡工程进入 175m 试验性蓄水运行期后,永久船闸上引航道及口门区的淤积有所减小,年均淤积量降至 15 万 m³/a。

4.6.5.2 下游航道及口门区

2003—2020 年下引航道及口门外均呈持续的淤积状态,其中下游引航道区域泥沙淤积 111.1 万 m³,人工清淤量 109.59 万 m³;口门区泥沙淤积 78.9 万 m³,人工清淤量 71.01 万 m³,多年来泥沙的淤积量与人工清淤量基本相当,见表 4.40,通过不连续的人工清淤,均能保持主航道及口门区内的航深,满足船舶的通航要求。

下引航道及口门区的泥沙淤积主要受上游来水来沙、水库调度和航道前期清淤的影响。其中引航道内泥沙淤积主要为异重流潜入导致航道底板淤积，口门区的泥沙则以拦门沙的淤积形态为主，随着上游来沙的累积量增加，拦门沙形成、发育长高，达到一定高度后可能影响通航水深，需要采用人工清淤的方式清除拦门沙及引航道内的淤积泥沙，随后引航道及口门区又进入下一轮的泥沙淤积。

表 4.40 三峡蓄水后永久船闸下游引航道及口门区淤积及清淤量统计

年份	下 航 道		口 门 区	
	淤积量/万 m³	清淤量/万 m³	淤积量/万 m³	清淤量/万 m³
2003	22.5	—	27.5	24.70
2004	10.5	—	8.4	8.30
2005	36.8	28.40	11.7	12.70
2006	6.6		5.2	—
2007	8.8	20.56	8.3	12.94
2008	13.0	—	7.3	—
2009	—		3.4	—
2010	5.6		3.1	
2011—2012	4.5	1.92（2011 年）	4.0	3.35（2011 年）
2013				6.97
2014	—	—	—	—
2015	—		—	—
2016	—	29.53（升船机航道）	—	—
2017				2.05
2018	2.79（升船机航道）	—	—	—
2020	—	0.47＋28.71（航道＋口门区）	—	—
总计	111.1	109.59	78.9	71.01

<h1 style="text-align:center">参 考 文 献</h1>

［1］ 林一山. 水库长期使用问题［J］. 人民长江，1978（2）：1-8.

［2］ 韩其为. 水库淤积［M］. 北京：科学出版社，2003.

［3］ 涂启华，杨赉斐. 泥沙设计手册［M］. 北京：中国水利水电出版社，2006.

［4］ 林秉南，陈志轩. 试论三峡工程泥沙问题［J］. 科技导报，1989（6）：39-43.

［5］ 潘庆燊. 三峡工程泥沙问题研究 60 年回顾［J］. 人民长江，2015（7）：18-22.

［6］ 金兴平，许全喜. 长江上游水库群联合调度中的泥沙问题［J］. 人民长江，2018，49（3）：1-8，31.

［7］ 胡春宏. 三峡水库 175m 试验性蓄水十年泥沙冲淤变化分析［J］. 水利水电技术，2019，50（8）：

18 - 26.

［8］ 方春明，董耀华. 三峡工程水库泥沙淤积及其影响与对策研究［M］. 武汉：长江出版社，2011.

［9］ 陈桂亚，袁晶，许全喜. 三峡工程蓄水运用以来水库排沙效果［J］. 水科学进展，2012，23（3）：355 - 362.

［10］ 袁晶，许全喜，董炳江. 输沙量法与断面法差别原因及其适用性研究：以三峡水库为例［J］. 水文，2011，S1：87 - 91.

［11］ 朱玲玲，许全喜，张欧阳，等. 三峡水库支流河口淤积及拦门沙形成风险研究［J］. 中国科学：技术科学，2019，49（5）：66 - 78.

［12］ 朱玲玲，许全喜，鄢丽丽. 三峡水库不同类型支流河口泥沙淤积成因及趋势［J］. 地理学报，2019，74（1）：133 - 147.

［13］ 张地继，朱玲玲，许全喜，等. 三峡水库库区支流磨刀溪河口泥沙淤积特性及成因研究［J］. 泥沙研究，2018，43（5）：21 - 26.

第5章

坝下游河道泥沙冲淤演变

三峡水库蓄水运行后，坝下游河道输沙量大幅度减少，"清水"下泄导致坝下游河床出现长距离、长时间的冲淤调整。实测资料表明，三峡水库蓄水后，三峡大坝至葛洲坝两坝间和长江中下游均以河床冲刷下切为主，特别是三峡水库175m试验性蓄水以来，三峡入库、出库泥沙进一步减少，除两坝间河道冲刷有所减弱外，宜昌以下河段河床冲刷强度有所增大。伴随着河床的冲淤变化，局部河势也出现了不同程度的调整，部分河段近岸河床冲刷下切，导致河道崩岸时有发生。

5.1 坝下游河床冲淤特点

5.1.1 两坝间河段

葛洲坝大坝至三峡大坝之间为两坝间河段，全长约38.0km，如图5.1所示。

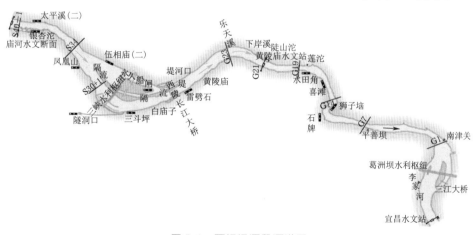

图 5.1 两坝间河段河道图

5.1.1.1 冲淤量变化

三峡工程蓄水运行前，两坝间河段位于葛洲坝水库常年回水区。在葛洲坝独立运行期，1979年12月至2002年11月，两坝间河道（G0—G30）总淤积量为8387万 m³。

三峡工程蓄水运行后，两坝间河段河床以冲刷为主。2002年12月至2019年11月，河床累计冲刷泥沙量为 4279 万 m³，其中，53m 高程以下的河床主槽冲刷量为 3813 万 m³，占总冲刷量的 89%，两坝间河段河床冲刷量统计见表 5.1。有少数年份呈现淤积现象，如 2008 年、2010 年和 2011 年河段有轻微的泥沙淤积，2015 年和 2017 年泥沙淤积量略微增加。

从各时段来看，围堰发电期冲刷量最大，冲刷幅度最为明显，该时段平滩河槽冲刷量达 3047 万 m³，占总冲刷量的 71.2%；初期蓄水期河段的冲刷幅度降低，该时段平滩河槽的冲刷量为 464 万 m³，占总冲刷量的 11%；2008 年汛后三峡水库进入 175m 试验性蓄水运行期，河段总体上虽然仍表现为冲刷，但年均冲刷强度进一步减弱，2008 年 10 月至 2019 年 11 月期间，平滩河槽冲刷量为 769 万 m³，占总冲刷量的 18%。

表 5.1　　　　　　　　　两坝间河段河床冲刷量统计表

时　段 /(年.月)	项　目	总冲淤量 /万 m³	年均冲淤量 /万 m³	年均冲淤强度 /［万 m³/(km·a)］
2002.12—2006.11	72m 以下	−3047	−762	−26.1
	53m 以下	−2783	−696	−23.8
2006.11—2008.10	72m 以下	−464	−232	−7.9
	53m 以下	−358	−179	−6.1
2008.10—2019.11	72m 以下	−767	−70	−2.0
	53m 以下	−673	−61	−1.8
2002.12—2019.11	72m 以下	−4278	−252	−7.4
	53m 以下	−3814	−224	−6.6

注　2003—2013 年统计河段为葛洲坝 (G1)—黄陵庙 (G25)，长度 29.2km；2013—2015 年统计河段为葛洲坝 (G1)—西陵长江大桥 (G27−1)，长度 31.7km；2015—2019 年统计河段为葛洲坝 (G1)—西陵长江大桥 (G29)，长度 34.9km。

5.1.1.2　河床组成变化

黄陵庙水文站床沙资料表明：2003—2007 年，河床因持续冲刷导致床沙逐年粗化；2008—2014 年，受陡山沱河段河床冲淤交替过程的影响，但床沙级配变化不大，床沙组成没有明显的趋势性变化；2014—2019 年，黄陵庙水文站断面河床冲刷，该断面床沙中值粒径由 2.42mm 增加至 4.89mm。

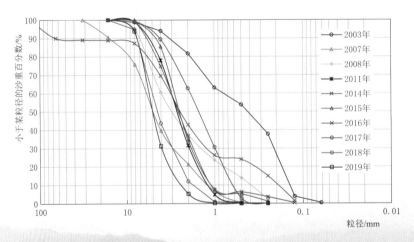

图 5.2　两坝间河段黄陵庙水文站床沙级配变化

5.1.1.3 河床形态变化

（1）河床纵向变化。三峡水库蓄水以来，2002 年 12 月至 2019 年 11 月两坝间河段深泓总体冲刷下切，河段深泓平均下切 3.7m，冲刷幅度较大的区域主要集中在 G1—G12，与河段冲刷量相对应，G13 以上河段中除 G21 断面（深泓冲刷深度为 15.6m）外，其余断面深泓冲刷深度均相对较小，其中深泓冲刷最大的断面为 G6，深泓冲刷深度达 22.6m，如图 5.3 所示。

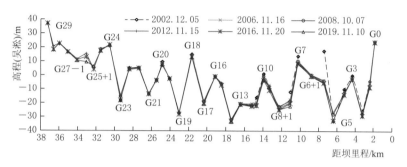

图 5.3　2002—2019 年两坝间河段深泓纵剖面图

（2）典型断面变化。三峡工程修建后，两坝间河段河床冲刷以主槽为主，但也有少量断面是沿湿周冲刷，两岸边坡则相对稳定。由于河段中泓河床多为淤沙组成，易于冲刷；两岸为基岩或乱石组成，两岸岸线稳定。其中葛洲坝坝前至石牌河段冲刷幅度较其他河段大，且以主槽冲刷为主（图 5.4）；石牌以上河段横断面一般表现为沿湿周冲刷，变化幅度一般较小（图 5.5 和图 5.6）。

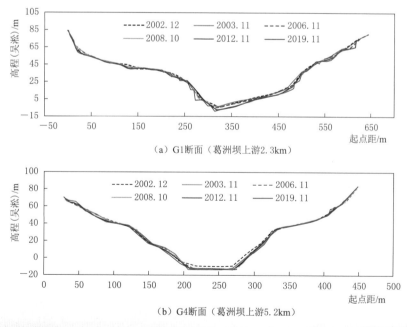

（a）G1 断面（葛洲坝上游 2.3km）

（b）G4 断面（葛洲坝上游 5.2km）

图 5.4（一）　葛洲坝至石牌段典型横断面变化图

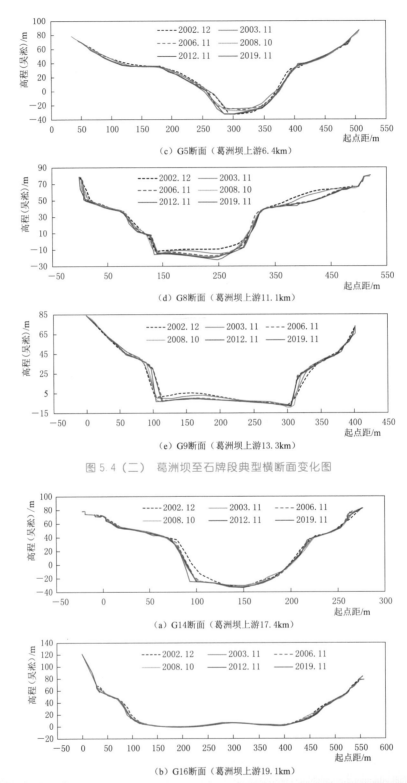

（c）G5断面（葛洲坝上游6.4km）

（d）G8断面（葛洲坝上游11.1km）

（e）G9断面（葛洲坝上游13.3km）

图5.4（二）　葛洲坝至石牌段典型横断面变化图

（a）G14断面（葛洲坝上游17.4km）

（b）G16断面（葛洲坝上游19.1km）

图5.5（一）　石牌至陡山沱段典型横断面变化图

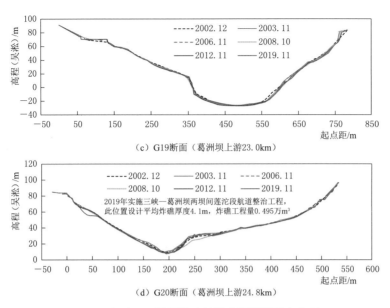

（c）G19断面（葛洲坝上游23.0km）

（d）G20断面（葛洲坝上游24.8km）

图 5.5（二） 石牌至陡山沱段典型横断面变化图

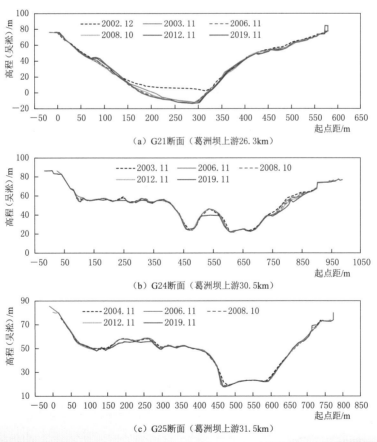

（a）G21断面（葛洲坝上游26.3km）

（b）G24断面（葛洲坝上游30.5km）

（c）G25断面（葛洲坝上游31.5km）

图 5.6（一） 陡山沱至三斗坪段典型横断面变化图

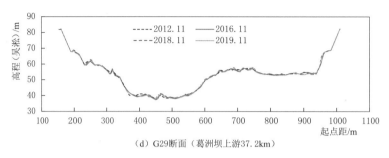

(d) G29 断面（葛洲坝上游37.2km）

图 5.6（二）　陡山沱至三斗坪段典型横断面变化图

5.1.2　宜昌至湖口河段

三峡坝下游宜昌至鄱阳湖口为长江中游，长 955km，沿江两岸汇入的支流主要有清江、洞庭湖水系、汉江、鄱阳湖水系等。荆江段南岸有松滋、太平、藕池、调弦四口分流入洞庭湖（调弦口于 1959 年建闸封堵），如图 5.7 所示。

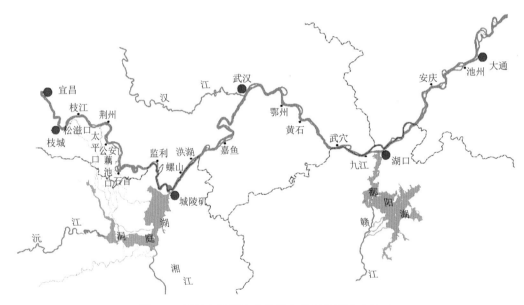

图 5.7　长江中游干流宜昌至大通河段河道走势图

在三峡工程修建前的数十年中，长江中游河床冲淤变化较为频繁，1975—1996 年宜昌至湖口河段总体表现为淤积，平滩河槽总淤积量为 1.793 亿 m³，年均淤积量为 0.0854 亿 m³；1998 年大水期间，长江中下游高水位持续时间长，宜昌至湖口河段总体表现为淤积，1996—1998 年其淤积量为 1.987 亿 m³，其中除上荆江段和城陵矶至汉口段有所冲刷外，其他各河段泥沙淤积较为明显；1998 年大水后，宜昌以下河段河床冲刷较为剧烈，1998—2002 年（城陵矶至湖口河段为 1998—2001 年），宜昌至湖口河段冲刷量为 5.47 亿 m³，年均冲刷量为 1.701 亿 m³/a（表 5.2）。

表 5.2　　　　　　不同时期三峡坝下游宜昌至湖口河段冲刷量对比（平滩河槽）

项目	时　段	河　段							
		宜昌—枝城	上荆江	下荆江	荆江	城陵矶—汉口	汉口—湖口	城陵矶—湖口	宜昌—湖口
河段长度/km		60.8	171.7	175.5	347.2	251	295.4	546.4	954.4
总冲刷量/万 m³	1975—1996 年	−13498	−23770	3410	−20360	27380	24408	51788	17930
	1996—1998 年	3448	−2558	3303	745	−9960	25632	15672	19865
	1998—2002 年	−4350	−8352	−1837	−10189	−6694	−33433	−40127	−54666
	2002 年 10 月至 2006 年 10 月	−8138	−11683	−21147	−32830	−5990	−14679	−20669	−61637
	2006 年 10 月至 2008 年 10 月	−2230	−4247	678	−3569	197	4693	4890	−909
	2008 年 10 月至 2019 年 10 月	−6319	−53664	−29101	−82765	−44555	−59759	−104314	−193398
	2002 年 10 月至 2019 年 10 月	−16687	−69594	−49570	−119164	−50348	−69745	−120093	−255944
年均冲刷量/(万 m³/a)	1975—1996 年	51	−1675	−3675	−5350	−3421	−6627	−10048	−15347
	1996—1998 年	−643	−1132	162	−970	1304	1162	2466	853
	1998—2002 年	1724	−1279	1652	373	−4980	12816	7836	9933
	2002 年 10 月至 2006 年 10 月	−2035	−2921	−5287	−8208	−1498	−3670	−5167	−15409
	2006 年 10 月至 2008 年 10 月	−1115	−2123.5	339	−1784.5	98.5	2346.5	2445	−454.5
	2008 年 10 月至 2019 年 10 月	−574	−4879	−2646	−7524	−4050	−5433	−9483	−17582
	2002 年 10 月至 2019 年 10 月	−982	−4094	−2916	−7010	−2962	−4103	−7064	−15056
年均冲刷强度/[万 m³/(km·a)]	1975—1996 年	−979	−4094	−2916	−7010	−2797	−3875	−6672	−14661
	1996—1998 年	−10.6	−6.6	0.9	−2.8	5.2	3.9	4.5	0.9
	1998—2002 年	28.4	−7.4	9.4	1.1	−19.8	43.4	14.3	10.4
	2002 年 10 月至 2006 年 10 月	−33.5	−17.0	−30.1	−23.6	−6.0	−12.4	−9.5	−16.1
	2006 年 10 月至 2008 年 10 月	−18.3	−12.4	1.9	−5.1	0.4	7.9	4.5	−0.5
	2008 年 10 月至 2019 年 10 月	−9.4	−28.4	−15.1	−21.7	−16.1	−18.4	−17.4	−18.4
	2002 年 10 月至 2019 年 10 月	−16.1	−23.8	−16.6	−20.2	−11.8	−13.9	−12.9	−15.8

注　1. 城陵矶至湖口河段 2002 年 10 月地形（断面）资料采用 2001 年 10 月资料。

　　2. 表中正值表示淤积，负值表示冲刷。

三峡工程蓄水运用后，上述情况有所改变。2002 年 10 月至 2019 年 10 月，宜昌至湖口河段（城陵矶至湖口河段为 2001 年 10 月至 2019 年 10 月）平滩河槽总冲刷量约为 25.59 亿 m³，年均冲刷量约 1.51 亿 m³，年均冲刷强度为 15.8 万 m³/(km·a)。冲刷主要集中在枯水河槽，占总冲刷量的 91%。从冲淤量沿程分布来看，宜昌至城陵矶河段河床冲刷较为剧烈，平滩河槽冲刷量为 13.58 亿 m³，占总冲刷量的 53%；城陵矶至汉口、汉口至湖口河段平滩河槽冲刷量分别为 5.04 亿 m³、6.98 亿 m³，分别占总冲刷量的 20%、27%。

从冲淤量沿时分布来看，三峡水库蓄水后的前三年（2002 年 10 月至 2005 年 10 月）年均冲刷强度较大，宜昌至湖口河段平滩河槽冲刷量为 6.01 亿 m³，占蓄水以来平滩河槽总冲刷量的 23%，年均冲刷量为 1.82 亿 m³；之后冲刷强度有所减弱，2005 年 10 月至

2006 年 10 月，平滩河槽冲刷泥沙量为 0.154 亿 m³（主要集中在城陵矶以上，其冲刷量为 0.267 亿 m³）。2006 年 10 月至 2008 年 10 月（三峡工程初期蓄水期），宜昌至湖口河段平滩河槽冲刷泥沙量 0.091 亿 m³，年均冲刷泥沙量为 0.046 亿 m³。三峡水库 175m 试验性蓄水后，宜昌至湖口河段冲刷强度又有所增大，2008 年 10 月至 2019 年 10 月，宜昌至湖口河段平滩河槽冲刷量为 19.34 亿 m³，占蓄水以来平滩河槽总冲刷量的 76%，年均冲刷量 1.76 亿 m³/a，大于围堰发电期的 1.54 亿 m³/a 和初期运行期的 0.045 亿 m³/a，见表 5.2 和图 5.8。从沿程分布情况来看，宜昌至枝城河段平滩河槽累计冲刷量为 1.67 亿 m³，占总冲刷量的 6.5%；荆江河段平滩河槽冲刷量为 11.92 亿 m³，占总冲刷量的 46.6%，其中上荆江、下荆江冲刷量分别为 6.96 亿 m³、4.96 亿 m³；城陵矶至汉口、汉口至湖口河段平滩河槽冲刷量分别为 5.03 亿 m³、6.97 亿 m³，分别占总冲刷量的 19.7%、27.3%。

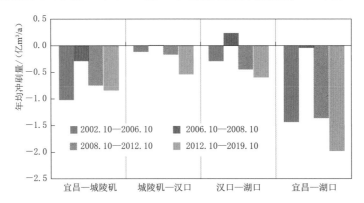

图 5.8　三峡蓄水后宜昌至湖口河段年均泥沙冲刷量对比（平滩河槽）

5.1.2.1　宜昌至城陵矶河段

三峡水库蓄水运用后，宜昌至城陵矶河段河床冲刷较为剧烈。2002 年 10 月至 2019 年 10 月，宜昌至城陵矶河段平滩河槽冲刷量达 13.581 亿 m³，年均冲刷强度为 19.6 万 m³/(km·a)，大于城陵矶至汉口河段的 11.8 万 m³/(km·a) 和汉口至湖口河段的 13.9 万 m³/(km·a)，见表 5.2。

从冲刷量沿时分布来看，宜昌至城陵矶河段河道冲刷主要集中在三峡水库蓄水后的前三年，2002 年 10 月至 2005 年 10 月，平滩河槽冲刷量为 3.83 亿 m³，占蓄水以来该河段平滩河槽总冲刷量的 28%，2008 年 10 月至 2019 年 10 月，平滩河槽冲刷量为 8.90 亿 m³，占蓄水以来该河段平滩河槽总冲刷量的 66%。

从河道冲刷沿程分布来看，宜昌至枝城河段（以下简称宜枝河段）、荆江河段平滩河槽冲刷量分别为 1.664 亿 m³、11.916 亿 m³，分别占全河段冲刷量的 13%、87%，其年均冲刷强度分别为 16.1 万 m³/(km·a) 和 20.2 万 m³/(km·a)。上荆江、下荆江冲刷量分别为 6.959 亿 m³ [年均冲刷强度为 23.8 万 m³/(km·a)] 和 4.957 亿 m³ [年均冲刷强度为 16.6 万 m³/(km·a)]，分别占荆江河段冲刷量的 58% 和 42%。

（1）宜昌至枝城河段。

1）冲淤量变化。宜枝河段全长约 60.8km，为顺直微弯河形，河段两岸为阶地和丘陵。三峡水库蓄水后，河床冲刷剧烈，深泓冲刷下切、床沙粗化现象均较明显。

三峡水库蓄水前，宜枝河段整体呈冲刷状态，累计冲刷泥沙量为 1.44 亿 m³。其中，1975—1996 年冲刷泥沙量为 1.35 亿 m³，年均冲刷量为 0.0643 万 m³；1996—1998 年则以淤积为主，其淤积量为 0.345 亿 m³，年均淤积泥沙量为 0.173 亿 m³；1998 年大水后，宜枝河段冲刷剧烈，1998—2002 年冲刷量为 0.435 亿 m³，年均冲刷量为 0.109 亿 m³。

三峡工程蓄水运用以来，2002 年 9 月至 2019 年 11 月，宜枝河段平滩河槽累计冲刷泥沙量达 1.664 亿 m³，主要位于宜都河段，其冲刷量占河段总冲刷量的 89%。河段冲刷垂向分布特征主要表现为以枯水河槽冲刷为主，冲刷量为 1.532 亿 m³，占平滩河槽总冲刷量的 92%。河段平滩河槽年均冲刷量为 0.0979 亿 m³/a，大于葛洲坝水利枢纽建成后 1975—1986 年的 0.069 亿 m³/a（其中还包括建筑骨料的开采），也大于三峡工程蓄水前 1975—2002 年的 0.053 亿 m³/a。

从冲淤量沿时分布来看，河床冲刷主要集中在三峡水库蓄水运行后的前 4 年（2002 年 10 月至 2006 年 10 月），其冲刷量为 0.814 亿 m³，占总冲刷量的 49%，平滩河槽年均冲刷强度为 33.5 万 m³/(km·a)；三峡水库初期运行期内河段冲刷强度较弱，2006 年 10 月至 2008 年 10 月河段平滩河槽累计冲刷泥沙 0.223 亿 m³，年均冲刷强度为 18.3 万 m³/(km·a)；三峡水库 175m 试验性蓄水后，河段冲刷强度进一步减弱，2008 年 10 月至 2019 年 10 月，河段平滩河槽年均冲刷强度为 9.7 万 m³/(km·a)。

2）河床组成变化。三峡水库蓄水运用后，宜枝河段河床逐步由蓄水前的沙质河床或沙夹卵石河床逐步演变为卵石夹沙河床，床沙组成逐年粗化和沿程粗化的趋势明显（表 5.3）。根据宜昌站汛后实测床沙资料分析，三峡水库蓄水前 99% 的床沙粒径在 0.062～0.50mm，而在三峡水库 135～139m 运行期，99% 的床沙粒径在 0.125～1.00mm，其粒径大小约为蓄水前的 2 倍；在三峡水库 144～156m 运行期，床沙粗化更加明显；2008 年汛后三峡水库进入 175m 试验性蓄水后，宜昌站水文断面河床组成已逐渐粗化为以卵石为主。2019 年汛后水文断面床沙取样只有卵石，卵石最大粒径为 64.6mm，已形成了较强的抗冲粗化保护层（图 5.9）。

表 5.3　　　　　　　　　　　宜昌至枝城河段床沙 d_{50} 变化统计表　　　　　　　　　　单位：mm

断面	距坝里程/km	2001 年 9 月	2003 年 11 月	2006 年 10 月	2008 年 10 月	2009 年 10 月	2011 年 10 月	2015 年 11 月	2016 年 12 月	2017 年 9 月	2018 年 10 月	2019 年 3 月	2019 年 10 月
宜 34	4.85	0.266	0.293	0.660	57.3	34.5	29.0	—	—	—	卵石	—	卵石
宜 37	6.19	0.277	7.41	18.2	39.4	—	19.0	—	—	—	—	—	—
宜昌站	6.35	0.261	0.320	0.680	26.8	33.6	24.0	—	32.9	35.3	17.3	20.8	29.4
昌 13	10.89	2.51	0.343	36.2	70.4	69.0	24.2	—	—	26.9	65.0	27.6	卵石
昌 15	13.45	0.253	0.513	31.5	43.7	37.2	30.8	0.780	30.0	21.8	36.8	24.0	13.9
宜 45	15.50	0.241	0.280	34.4	23.7	25.9	—	28.7	34.8	13.4	20.4	32.4	13.0
宜 47	18.47	0.254	0.268	24.3	23.5	52.0	1.58	25.5	—	32.4	—	—	35.0

续表

断面	距坝里程/km	2001年9月	2003年11月	2006年10月	2008年10月	2009年10月	2011年10月	2015年11月	2016年12月	2017年9月	2018年10月	2019年3月	2019年10月
宜49	21.49	0.254	0.243	1.74	0.503	37.8	卵石	35.8	—	22.4	33.5	—	40.3
宜51	24.27	0.228	0.227	9.45	2.80	39.8	1.93	27.6	14.4	50.9	33.9	—	32.8
宜53	27.17	0.490	0.575	16.500	57.7	21.0	18.4	7.62	—	23.5	32.3	—	63.4
宜55	30.48	0.253	0.314	7.64	0.898	21.8	20.2	27.3	38.0	29.1	29.6	—	51.1
宜57	33.08	0.252	0.279	30.000	22.5	65.6	23.3	13.6	36.9	15.3	30.8	—	12.6
宜59	36.21	0.201	0.201	2.95	2.78	52.6	23.5	—	—	16.1	18.9	15.2	68.8
宜61	38.95	0.309	0.417	8.81	32.1	40.0	19.8	—	33.0	23.5	35.5	卵石	37.6
宜63	41.31	0.186	0.336	20.1	13.8	5.62	17.6	32.9	48.7	26.8	30.7	32.4	18.6
宜65	42.95	0.589	0.352	18.0	—	46.6	0.557	22.5	62.1	16.4	30.4	卵石	—
宜67	44.33	0.321	0.498	13.5	0.507	64.5	18.1	17.1	33.5	16.7	67.7	76.6	41.0
宜69	46.70	0.316	0.296	1.56	42.4	58.1	66.8	11.2	29.5	卵石	30.0	61.5	44.3
宜71	49.01	0.191	0.286	1.00	—	12.6	0.366	0.304	24.8	0.695	0.424	—	33.8
宜73	51.63	0.302	0.380	0.296	4.09	0.343	0.705	—	23.3	0.435	65.0	—	36.5
宜75	54.65	0.151	0.249	0.316	0.418	0.370	11.5	0.285	0.342	36.8	35.5	—	34.4
枝2	57.88	0.302	0.309	0.299	—	1.19	13.3	0.497	0.335	10.4	31.5	—	27.2
荆3	63.83	0.204	0.273	0.304	0.338	0.319	0.297	0.292	0.339	0.476	22.9	—	33.1

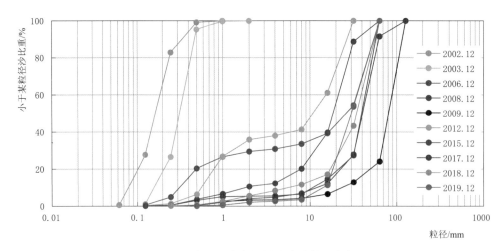

图5.9 宜昌水文断面汛后床沙级配变化

3）河床纵向变化。

a. 宜昌河段。2002年10月至2019年10月，宜昌河段深泓平均累积冲深1.7m，主要冲刷为胭脂坝以上河段，局部最大冲深位于胭脂坝段中部的宜43断面，累积冲深达

5.6m，胭脂坝以下河段深泓变化相对不大。深泓冲刷主要集中在三峡工程围堰发电期，2002年9月至2006年10月宜昌河段深泓平均冲深1.2m，主要集中在胭脂坝以上，局部最大冲深6.1m（胭脂坝段中部的宜43断面），胭脂坝以下河段深泓变化不大；初期运行期，深泓有冲有淤，总体以淤高为主，深泓平均淤高0.5m。175m试验性蓄水后的2009年，深泓平均冲深0.8m，之后深泓变化不大。

b. 宜都河段。2002年10月至2019年10月，宜都河段深泓平均冲深6.0m，主要冲刷在白洋弯道及外河坝河段，局部最大冲深为外河坝的枝2断面，深泓累积冲深24.2m，其次是白洋弯道上口的宜70断面，累积冲深达21.7m（图5.10）。总体来看，宜都河段深泓冲刷强度逐渐有所减弱，其中围堰发电期（2002年9月至2006年10月）深泓平均冲深为2.9m，年平均冲深为0.72m/a。主要冲刷区域为云池、三马滩及白洋弯道，局部最大冲深为白洋弯道顶的宜72断面，累积冲深达7.0m。该时段主要冲刷年份为135～139m运行期的第一年（即2003年），深泓平均冲深为1.5m，最大冲深为三马滩区域的宜61断面，该断面深泓冲深达5.9m。

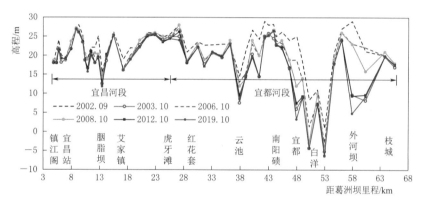

图5.10 三峡工程蓄水运行后宜枝河段河床纵向变化

初期运行期宜都河段深泓平均冲深为0.9m，年平均冲深为0.45m/a，白洋弯道、外河坝段等局部深泓冲刷幅度较大，白洋弯道口的宜70断面，深泓累积冲深达8.9m。

175m试验性蓄水运行后，宜都河段深泓平均冲深为2.3m，年平均冲深为0.21m/a，深泓主要冲刷区域在南阳碛上口、白洋弯道及外河坝河段，最大累积冲深为外河坝的枝2断面，达18.2m。该时段主要的冲刷年份在2008年10月至2009年10月，由于是三峡水库进入175m试验性蓄水运行的第一年，河段沿程多数断面的深泓发生较为明显的冲刷，河段深泓平均冲深为1.0m，最大冲深外河坝河段的枝2断面，深泓冲深达9.7m，但2009年10月后，宜都河段深泓冲刷幅度明显减小。

4）典型断面变化。

a. 宜昌河段。三峡水库蓄水运用后，河床总体以主槽冲刷下切为主，横向变形不大。2002年9月至2019年10月，宜昌河段枯水河槽下平均过水面积由6782m²增大至7602m²，增幅达12.2%。三峡水库175m试验性蓄水后，宜昌河段河床断面形态基本稳定，总体变化不大（图5.11）。

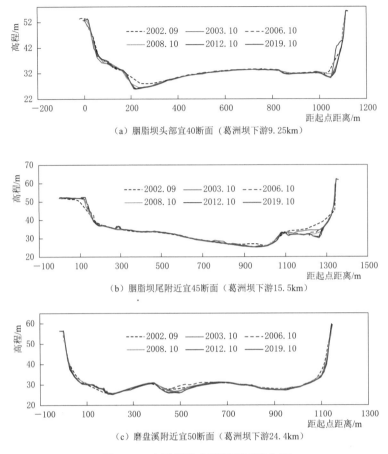

（a）胭脂坝头部宜40断面（葛洲坝下游9.25km）

（b）胭脂坝尾附近宜45断面（葛洲坝下游15.5km）

（c）磨盘溪附近宜50断面（葛洲坝下游24.4km）

图 5.11　宜昌河段典型横断面变化图

　　b. 宜都河段。三峡水库蓄水运用后，宜都河段在河床冲刷下切的同时，部分河段河床横向变形也较为明显（图5.12），过水面积明显增大，其枯水河槽平均过水面积由 2002 年 9 月的 7650m² 增大至 2019 年 10 月的 10613m²，增幅达 38.7%，且主要集中在围堰发电期，其平均过水面积增大了 17.7%。175m 试验性蓄水后至 2019 年 10 月，河床冲刷幅度明显减小，平均过水面积增大 7.0%。

　　（2）荆江河段。

　　1）河床冲淤量。三峡工程建成前，荆江河床冲淤变化频繁。1966—1981 年，在下荆江裁弯期及裁弯后，荆江河床一直呈持续冲刷状态，累计冲刷量达 3.46 亿 m³，年均冲刷量为 0.231 亿 m³；1981 年葛洲坝水利枢纽建成后，荆江河床继续冲刷，1981—1986 年冲刷量为 1.72 亿 m³，年均冲刷量为 0.344 亿 m³；1986—1996 年以淤积为主，其淤积量为 1.19 亿 m³，年均淤积泥沙 0.119 亿 m³；1998 年大水期间，长江中下游高水位持续时间长，荆江河床"冲槽淤滩"现象明显，1996—1998 年枯水河槽冲刷泥沙 0.541 亿 m³，但枯水位以上河床则淤积泥沙 1.39 亿 m³，主要集中在下荆江；1998 年大水后，荆江河床冲刷较为剧烈，1998—2002 年冲刷量为 1.02 亿 m³，年均冲刷量为 0.255 亿 m³。

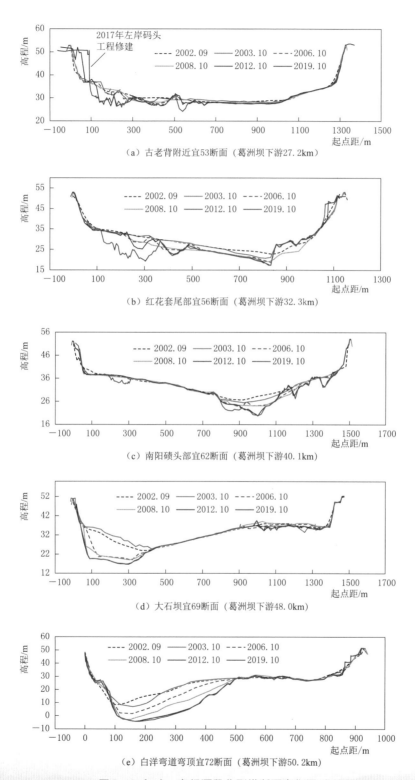

（a）古老背附近宜53断面（葛洲坝下游27.2km）

（b）红花套尾部宜56断面（葛洲坝下游32.3km）

（c）南阳碛头部宜62断面（葛洲坝下游40.1km）

（d）大石坝宜69断面（葛洲坝下游48.0km）

（e）白洋弯道弯顶宜72断面（葛洲坝下游50.2km）

图 5.12（一） 宜都河段典型横断面变化图

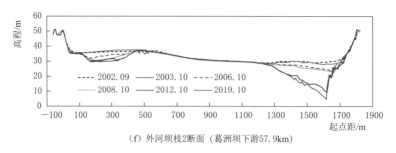

（f）外河坝枝2断面（葛洲坝下游57.9km）

图 5.12（二）　宜都河段典型横断面变化图

三峡工程蓄水运行以来，2002 年 10 月至 2019 年 10 月，荆江河段平滩河槽累计冲刷量为 11.916 亿 m³，年均冲刷量为 0.701 亿 m³，见表 5.2。其中：上荆江、下荆江冲刷量分别占总冲刷量的 58%、42%。从冲淤量沿程分布来看，枝江、沙市、公安、石首、监利河段冲刷量分别占荆江冲刷量的 19%、24%、15%、22%、20%，年均河床冲刷强度则仍以沙市河段的 32.8 万 m³/(km·a) 为最大，其次为枝江河段的 23.4 万 m³/(km·a)。

从冲淤量沿时分布来看，三峡工程蓄水运行后的前三年冲刷强度较大，2002 年 10 月至 2005 年 10 月，荆江平滩河槽冲刷量为 3.02 亿 m³，占蓄水以来平滩河槽总冲刷量的 25%，其年均冲刷强度为 29.0 万 m³/(km·a)。随后，荆江河段河床冲刷强度有所减弱，2005 年 10 月至 2006 年 10 月、2006 年 10 月至 2008 年 10 月，河床冲刷强度则分别下降至 7.7 万 m³/(km·a)、5.1 万 m³/(km·a)；三峡水库进入 175m 试验性蓄水阶段以来（2008 年 10 月至 2019 年 10 月），河床冲刷又有所加剧，10 多年来荆江河段平滩河槽冲刷量为 8.277 亿 m³，占蓄水以来平滩河槽总冲刷量的 69%，冲刷强度为 20.2 万 m³/(km·a)，其中，位于起始段的枝江河段和沙市河段的冲刷强度分别达到 29.4 万 m³/(km·a)、40.3 万 m³/(km·a)，均超过水库蓄水之初 2002 年 10 月至 2005 年 10 月的时段均值。荆江各河段分时段冲淤变化如图 5.13、图 5.14 所示。

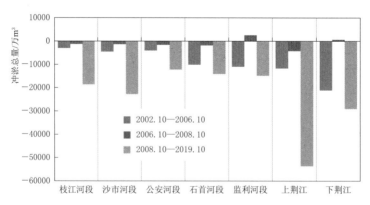

图 5.13　荆江河段不同时段冲淤量沿程分布（平滩河槽）

2）河床组成变化。荆江河段床沙主要由细砂组成，其次有卵石和砾石组成的沙质、砂卵质、砂卵砾质河床。根据多年床沙取样，含卵、砾石床沙一般分布在郝穴（荆 67）以上，郝穴以下为纯沙质河段，2015 年开始，枝江河段断面多取到卵石。

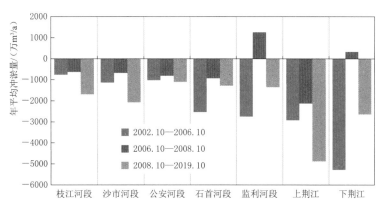

图 5.14　荆江各河段不同时段年平均冲淤量变化（平滩河槽）

三峡水库蓄水后，坝下游卵石河床下延近 5km。沙质河床也逐年粗化，床沙平均中值粒径由 2001 年的 0.188mm 变粗为 2014 年的 0.228mm，2015 年各河段床沙中值均有所加大，沙市河段、公安河段、石首河段及监利河段的床沙中值粒径均达到 1999 年以来的最大值，分别为 0.263mm、0.260mm、0.238mm 和 0.224mm，截至 2017 年，沙市河段和监利河段床沙继续粗化，公安和石首河段则不明显；2017—2019 年，各河段床沙中值粒径均有所减小，基本恢复至 2014 年的水平。总体来看，受河床冲刷强度逐渐下移的影响，沿程各个河段的床沙粗化发展过程略有差异，最上游的砂卵石河段枝江河段床沙中值粒径粗化至 2009 年达到最大；沙市河段床沙仍处于持续粗化过程中；公安河段 2008 年之后粗化速度略有加快；石首河段则有所减慢；最下游的监利河段尚处于持续粗化状态中，见表 5.4。

表 5.4　　　　三峡水库蓄水运用前后荆江河段床沙中值粒径 d_{50} 变化统计表　　　　单位：mm

年份\河段	1999	2000	2001	2003	2006	2008	2009	2010	2012	2014	2015	2017	2019
枝江河段	0.238	0.240	0.212	0.211	0.262	0.272	0.311	0.261	0.262	0.280	—	—	—
沙市河段	0.228	0.215	0.190	0.209	0.233	0.246	0.251	0.251	0.252	0.239	0.263	0.308	0.246
公安河段	0.197	0.206	0.202	0.220	0.225	0.214	0.237	0.245	0.228	0.234	0.260	0.239	0.243
石首河段	0.175	0.173	0.177	0.182	0.196	0.207	0.203	0.212	0.204	0.210	0.238	0.219	0.208
监利河段	0.178	0.166	0.159	0.165	0.181	0.209	0.202	0.201	0.221	0.198	0.224	0.237	0.212
荆江河段	0.203	0.200	0.188	0.197	0.219	0.230	0.241	0.227	0.226	0.228	0.245	0.251	0.226

三峡水库蓄水后，枝城站 2003—2019 年 10 月断面床沙中值粒径 D_{50} 年际间虽有波动，但总体表现为粗化趋势。2010—2015 年床沙中值粒径趋于减小，但基本在 0.300mm 以上，2015—2019 年该站中值粒径又由 0.304mm 持续增至 0.442mm，如图 5.15 所示。

三峡水库蓄水后，沙市站 2003—2019 年 10 月床沙中值粒径 d_{50} 总体逐渐增大，床沙呈现粗化趋势，0.25～0.5mm 颗粒含量由 2003 年 10 月的 34.4% 增至 2013 年 10 月的

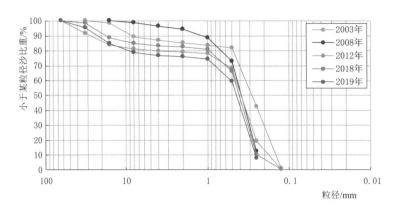

图 5.15   三峡水库蓄水运行后枝城站床沙颗粒级配曲线图

49.9％，2014 年该组沙的沙量百分数有所减少，细颗粒偏多，至 2015 年该组泥沙的沙量百分数增至 75.4％，2019 年又降至 57.4％。整体来看，沙市站床沙粒径变化范围趋窄，2008 年三峡水库进入 175m 试验性蓄水后，床沙中值粒径持续粗化，并于 2012 年汛后达到最大值，此后有所减小，如图 5.16 所示。

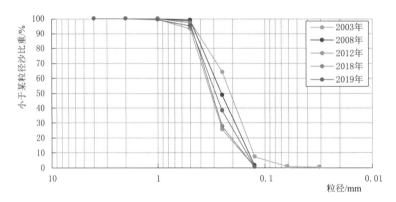

图 5.16   三峡水库蓄水运行后沙市站床沙颗粒级配曲线图

三峡水库蓄水后，监利站床沙组成随着河床冲刷呈现粗化现象，细颗粒泥沙比重减小，0.25～0.5mm 粒径组比重增大，由 2002 年 10 月的 8.9％增至 2013 年的 19.2％，增幅超过 2 倍，至 2015 年再度增大到 36.6％。整体来看，监利站床沙粒径变化范围趋窄，河床基本不再出现粒径小于 0.062mm 的床沙，床沙中值粒径总体呈现增大，但粗化程度比枝城站、沙市站小，且 2011 年后粒径变化较小，粗化现象略有弱化，2015 年床沙中值粒径达到 2003 年以来的最大值，为 0.238mm，此后至 2019 年又逐渐恢复至 2010—2014 年的水平，如图 5.17 所示。

3）河床形态变化。

a. 河床纵向变化。2002 年 10 月至 2019 年 10 月，荆江纵向深泓以冲刷为主，平均冲刷深度为 2.94m，最大冲刷深度为 16.2m，位于调关河段的荆 120 断面，其次为文村夹附近的荆 56 断面，冲刷深度为 14.4m，见表 5.5 和图 5.18。

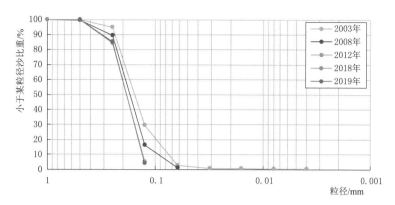

图 5.17 三峡水库蓄水运行后监利站床沙颗粒级配曲线图

表 5.5　　　　　　　　三峡水库蓄水运行后荆江河段河床纵剖面冲淤变化统计

河段名称	河段平均冲深/m	冲刷坑	冲刷深度/m	断面位置
枝江	−3.94	马家店下游	−11.5	荆 17
沙市	−3.79	陈家湾水位站	−12.2	荆 29
公安	−1.80	文村夹上游	−14.4	荆 56
石首	−4.14	调关弯道	−16.2	荆 120
监利	−1.51	洪山头	−10.0	荆 166

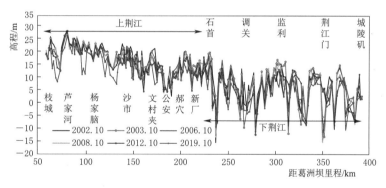

图 5.18 三峡水库蓄水运行后荆江河段深泓纵剖面冲淤变化

b. 典型断面变化。图 5.19、图 5.20 为三峡水库蓄水前后荆江各典型断面冲淤变化。荆江河段断面的总体变化表现为深泓冲刷下切，江心洲以及边滩崩退缩窄，局部岸坡未护段崩退：上游枝江河段经三峡水库初期运行大幅冲刷变形后，近年来已接近稳定；沙市、公安、石首、监利河段冲淤变化仍较为剧烈，尤其是监利河段下游荆江门至城陵矶弯道段各断面年际间冲淤交替变化，且冲淤幅度较大，如洪山头、熊家洲、八姓洲附近。从河形分类看，荆江顺直段断面变化幅度相对较小，分汊段及弯道段断面变化幅度较大，如三八滩、金城洲、石首弯道、乌龟洲以及荆江门至城陵矶弯道段等，上述区域断面滩槽交替冲淤变化较大。

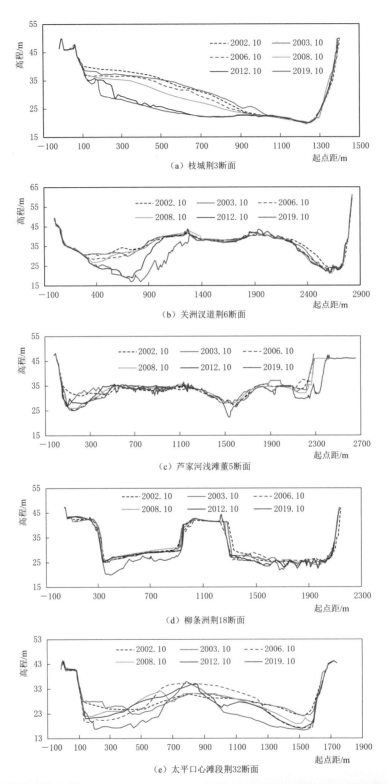

（a）枝城荆3断面

（b）关洲汊道荆6断面

（c）芦家河浅滩董5断面

（d）柳条洲荆18断面

（e）太平口心滩段荆32断面

图5.19（一） 上荆江河段典型断面冲淤变化图

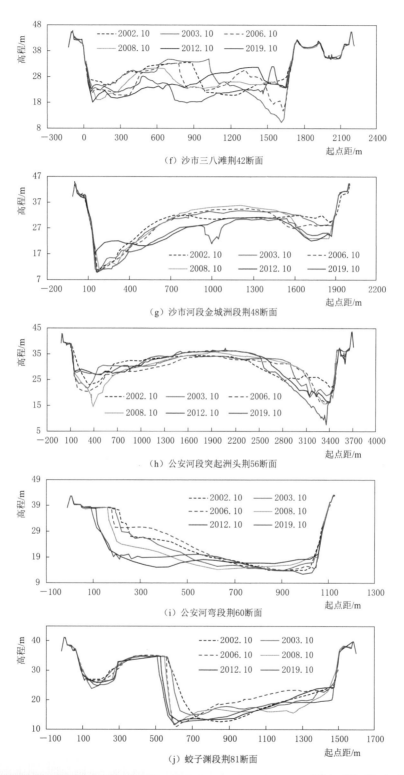

（f）沙市三八滩荆42断面

（g）沙市河段金城洲段荆48断面

（h）公安河段突起洲头荆56断面

（i）公安河弯段荆60断面

（j）蛟子渊段荆81断面

图 5.19（二） 上荆江河段典型断面冲淤变化图

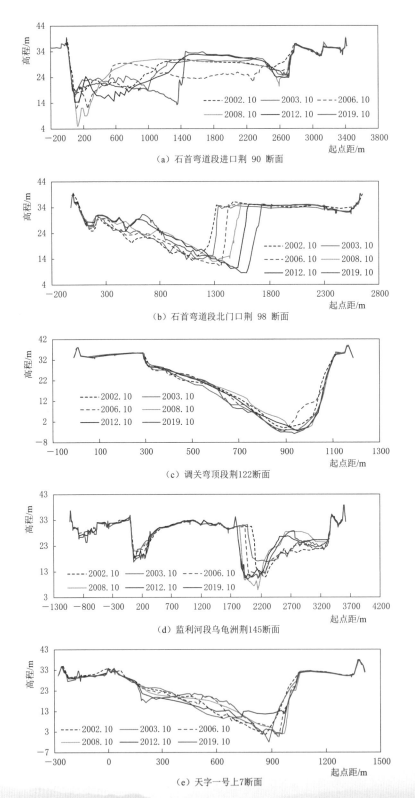

（a）石首弯道段进口荆 90 断面

（b）石首弯道段北门口荆 98 断面

（c）调关弯顶段荆122断面

（d）监利河段乌龟洲荆145断面

（e）天字一号上7断面

图 5.20（一）　下荆江河段典型断面冲淤变化图

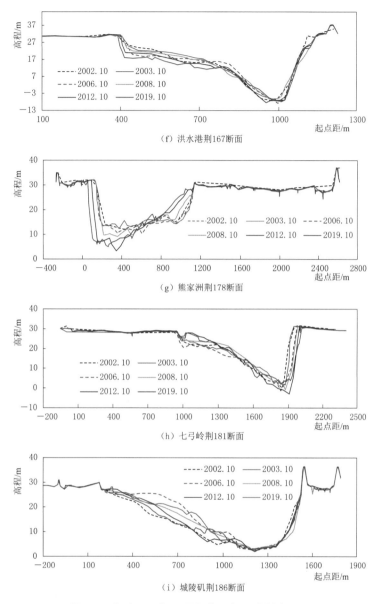

图 5.20（二） 下荆江河段典型断面冲淤变化图

5.1.2.2 城陵矶至湖口河段

（1）城陵矶至汉口河段。

1）冲淤量变化。三峡工程建成前，城陵矶至汉口河段（以下简称"城汉河段"）河床冲淤大致可以分两个大的阶段：第一阶段为 1975—1996 年，河床持续淤积，累计淤积泥沙量为 2.738 亿 m³，年均淤积量为 0.13 亿 m³；第二阶段为 1996—2001 年，河床表现为持续冲刷，累计冲刷量为 1.665 亿 m³，年均冲刷量为 0.333 亿 m³，见表 5.2。

三峡工程蓄水运用后，城汉河段年际间河床有冲有淤，总体表现为冲刷。2001 年 10 月至 2019 年 10 月，平滩河槽冲刷量为 5.035 亿 m³，枯水河槽冲刷量为 4.728 亿 m³，占蓄水以来该河段平滩河槽总冲刷量的 94%，枯水河槽以上略有冲刷。其中，河床冲刷较大的时段主要为 2013 年 10 月至 2014 年 10 月和 2015 年 11 月至 2016 年 11 月，其平滩河槽冲刷量分别为 1.41 亿 m³ 和 2.19 亿 m³，见表 5.2。

从冲淤量沿程变化来看，2001 年 10 月至 2019 年 11 月，陆溪口以上河段（长约 97.1km）平滩河槽累计冲刷为 1.492 亿 m³，占蓄水以来该河段平滩河槽冲刷总量的 30%，其中：白螺矶、界牌和陆溪口河段平滩河槽分别冲刷 0.236 亿 m³、0.786 亿 m³、0.469 亿 m³；嘉鱼以下河床平滩河槽冲刷量为 3.543 亿 m³，占全河段冲刷总量的 70%，其中嘉鱼、簰洲和武汉河段上段平滩河槽冲刷量分别为 0.695 亿 m³、1.505 亿 m³、1.344 亿 m³，如图 5.21、图 5.22 所示。

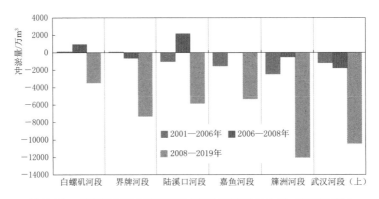

图 5.21　城陵矶至汉口河段不同时段冲淤量变化图（平滩河槽）

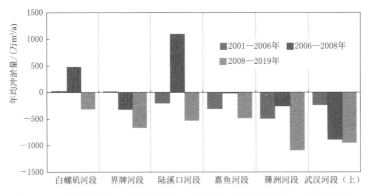

图 5.22　城陵矶至汉口河段不同时段年均冲淤量变化图（平滩河槽）

2）河床组成变化。城陵矶至汉口河段床沙大多为现代冲积层，床沙组成以细沙为主，其次是极细沙，之后依次为中沙、粉沙、粗沙、极粗沙、细卵石、中粗卵石等，河床抗冲性较差。

三峡水库蓄水以来，河床冲刷导致床沙有所粗化，且河床冲刷强度越大，床沙粗化越明显。2003—2017 年，城陵矶至汉口河段床沙平均中值粒径由 0.159mm 变粗为 0.165mm，蓄水后 2012 年河段床沙中值粒径达到最大值 0.288mm，此后至 2014 年减小至 0.173mm，之后呈减小的趋势，但年际变化幅度不大，各个典型河段都存在类似的变化规律，见表 5.6。

表 5.6　　　　　　三峡水库蓄水运行前后城陵矶至汉口段床沙中值粒径变化　　　　　单位：mm

年份 河段	1998	2003	2006	2007	2009	2010	2012	2014	2015	2017	2019
白螺矶河段	0.124	0.165	0.202	0.181	0.197	0.187	0.208	0.193	0.192	0.191	0.187
界牌河段	0.180	0.161	0.189	0.180	0.194	0.181	0.221	0.184	0.167	0.188	0.187
陆溪口河段	0.134	0.119	0.124	0.126	0.157	0.136	0.495	0.152	0.163	0.152	0.159
嘉鱼河段	0.169	0.171	0.173	0.182	0.165	0.146	0.219	0.165	0.169	0.148	0.125
簰洲河段	0.136	0.164	0.174	0.165	0.183	0.157	0.211	0.165	0.169	0.168	0.161
武汉河段（上）	0.153	0.174	0.182	0.183	0.199	0.185	0.363	0.186	0.181	0.147	0.182
城陵矶—汉口段	0.149	0.159	0.174	0.170	0.183	0.165	0.288	0.173	0.173	0.163	0.165

三峡水库蓄水后，螺山站床沙有所粗化，且粗化现象主要出现在 2009 年之后。其中值粒径由 2002 年的 0.180mm 粗化至 2019 年的 0.212mm，2019 年螺山站床沙中值粒径为历年最大，如图 5.23 所示。

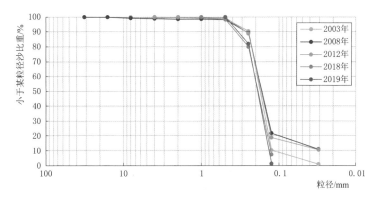

图 5.23　三峡水库蓄水运行后螺山站床沙颗粒级配曲线图

三峡水库蓄水后，汉口站床沙略有粗化，其中值粒径由蓄水前 2002 年的 0.180mm 变粗至蓄水后 2013 年的 0.192mm，2016 年该站床沙中值粒径达到蓄水后的最大值 0.219mm，与 2016 年城陵矶至汉口河段大幅度冲刷相对应，2017 年床沙中值粒径减小为 0.188mm，该年度河床出现淤积，2019 年床沙中值粒径增大为 0.205mm，如图 5.24 所示。

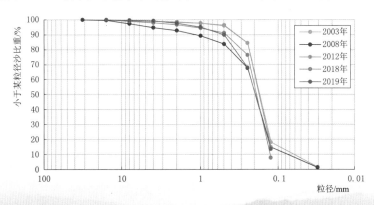

图 5.24　三峡水库蓄水运行后汉口站床沙颗粒级配曲线图

3）河床形态变化。

a. 河床纵向变化。2001 年 10 月至 2019 年 11 月，城汉河段河床深泓纵剖面总体冲刷，深泓平均冲深为 1.99m。其中，城陵矶至石矶头（含白螺矶河段、界牌河段和陆溪口河段）深泓平均冲深约 2.96m；石矶头至汉口（含嘉鱼河段、簰洲湾河段和武汉河段上段）段深泓平均冲深约 1.48m，城汉河段深泓纵剖面如图 5.25 所示。

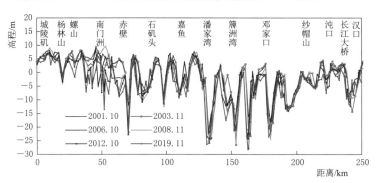

图 5.25 三峡工程蓄水运行后城汉河段深泓纵剖面冲淤变化

b. 典型断面变化。三峡工程蓄水运行后，城汉河段除洲滩附近（界牌河段的 Z3－1 断面）和弯道附近（簰洲河段的 CZ30 断面）断面形态有较为剧烈的调整外，其他河段的典型断面形态相对稳定，冲淤变化主要集中在主河槽内。城陵矶至汉口河段典型断面形态变化如图 5.26 所示。

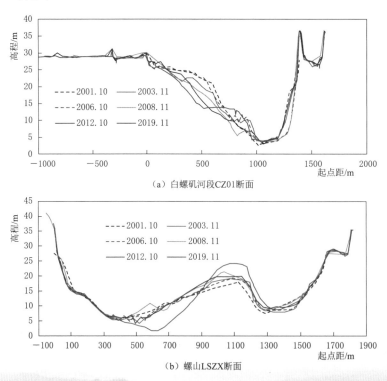

（a）白螺矶河段CZ01断面

（b）螺山LSZX断面

图 5.26（一） 三峡水库蓄水运行以来城陵矶至汉口段断面冲淤变化

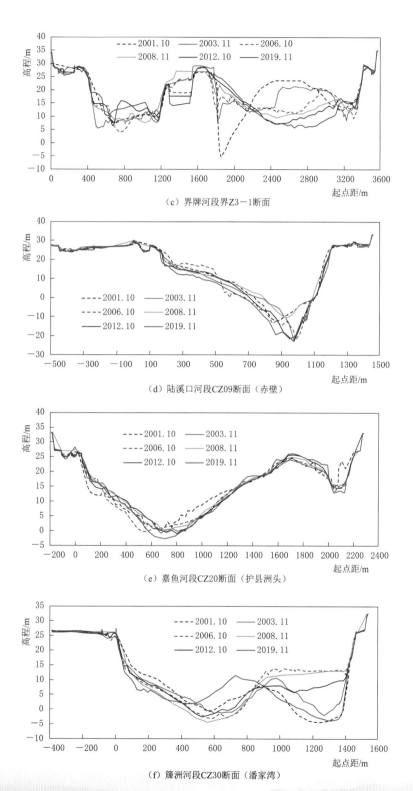

（c）界牌河段界Z3-1断面

（d）陆溪口河段CZ09断面（赤壁）

（e）嘉鱼河段CZ20断面（护县洲头）

（f）簰洲河段CZ30断面（潘家湾）

图5.26（二） 三峡水库蓄水运行以来城陵矶至汉口段断面冲淤变化

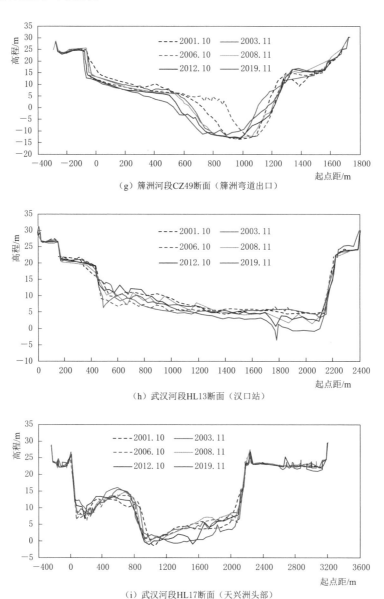

（g）簰洲河段CZ49断面（簰洲弯道出口）

（h）武汉河段HL13断面（汉口站）

（i）武汉河段HL17断面（天兴洲头部）

图5.26（三） 三峡水库蓄水运行以来城陵矶至汉口段断面冲淤变化

（2）汉口至湖口河段。

1）冲淤量变化。三峡工程建成前，汉口至湖口河段河床冲淤大致可分两个阶段：第一阶段为1975—1998年，河床持续淤积，累计淤积泥沙量为5.00亿 m³，年均淤积量为0.217亿 m³；第二阶段为1998—2001年，河床大幅冲刷，冲刷量为3.343亿 m³，年均冲刷量为1.114亿 m³，见表5.2。

三峡工程蓄水运用后，2001年10月至2019年10月，汉口至湖口河段河床年际间有冲有淤，总体表现为滩槽均冲，平滩河槽总冲刷量为6.975亿 m³，枯水河槽冲刷量6.285亿 m³（表5.2），其冲刷量占平滩河槽总冲刷量的90%。2001年10月至2006年11月，汉口至湖口段河床冲刷量为 1.47 亿 m³，2006 年 10 月至 2008 年 10 月，该河段出现淤积，淤积量为 0.4693 亿 m³，2008 年后，三峡水库进入试验性蓄水阶段，该河段冲刷强度进一步加大，2008 年 10 月至 2019 年 10 月，河段平滩河槽冲刷量达到 5.914 亿 m³，占冲刷总量的 94%。

从沿程分布来看，汉口至湖口河段全程均为冲刷，河段最大冲刷主要集中在九江至湖口河段，其平滩河槽冲刷量约为 1.559 亿 m³，占河段总冲刷量的 22%。

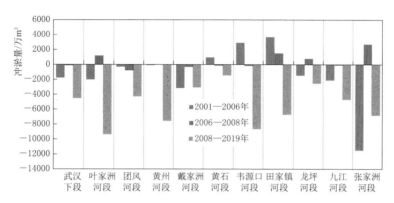

图 5.27　汉口至湖口河段不同时期沿程各河段冲淤量对比图（平滩河槽）

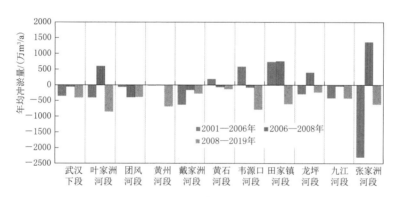

图 5.28　汉口至湖口河段不同时期沿程各河段年均冲淤量对比图（平滩河槽）

2）河床组成变化。根据 1998 年、2003—2019 年床沙实测资料分析，1998 年期间，汉口至湖口河段大幅淤积，1996—1998 年淤积泥沙约 3.08 亿 m³，床沙粒径普遍较细。三峡水库蓄水运行后 2003—2019 年，汉口至湖口河段河床以冲刷为主，床沙有所粗化，床沙平均中值粒径由 0.140mm 变粗为 0.159mm，2012 年河段床沙中值粒径达到最大值 0.207mm，2014 年减小至 0.158mm，之后年际变化幅度不大，见表 5.7。

表 5.7　　　　三峡水库蓄水运行前后汉口至湖口段床沙中值粒径变化统计表　　　单位：mm

河段 ＼ 年份	1998	2003	2006	2007	2009	2010	2012	2014	2015	2017	2019
武汉河段（下）	0.102	0.129	0.147	0.156	0.154	0.165	0.248	0.168	0.159	0.133	0.155
叶家洲河段	0.168	0.153	0.166	0.177	0.173	0.177	0.226	0.175	0.150	0.170	0.168
团风河段	0.113	0.121	0.104	0.106	0.112	0.109	0.217	0.123	0.111	0.132	0.124

续表

年份 河段	1998	2003	2006	2007	2009	2010	2012	2014	2015	2017	2019
黄州河段	0.170	0.158	0.155	0.174	0.172	0.191	0.205	0.174	0.181	0.181	0.182
戴家洲河段	0.131	0.106	0.134	0.150	0.174	0.181	0.192	0.147	0.166	0.164	0.174
黄石河段	0.147	0.160	0.170	0.204	0.177	0.179	0.323	0.173	0.204	0.165	0.168
韦源口河段	0.140	0.148	0.163	0.163	0.135	0.142	0.218	0.160	0.152	0.161	0.168
田家镇河段	0.115	0.148	0.159	0.153	0.157	0.174	0.182	0.162	0.167	0.170	0.168
龙坪河段	0.136	0.105	0.133	0.133	0.155	0.156	0.154	0.138	0.127	0.127	0.133
九江河段	0.182	0.155	0.187	0.169	0.156	0.161	0.198	0.162	0.164	0.152	—
张家洲河段		0.159	0.171	0.162	0.181	0.169	0.124	0.159	0.161	0.152	—
汉口至湖口段		0.140	0.154	0.159	0.159	0.164	0.207	0.158	0.158	0.155	0.159

图 5.29 为 2002—2019 年大通站历年床沙颗粒级配变化对比，可以看出，大通站床沙中值粒径在 0.155～0.199mm 间变化，其中 2010 年床沙中值粒径最大，为 0.199mm，2018 年中值粒径最小，为 0.155mm，为三峡水库 175m 试验性蓄水以来各年中值粒径最小值，年际间床沙无明显趋势性变化。

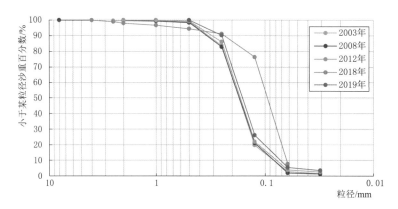

图 5.29　三峡水库蓄水运行后大通站床沙颗粒级配曲线图

3）河床形态变化。

a. 河床纵向变化。2001 年 10 月至 2019 年 11 月，汉口至湖口河段河床深泓纵剖面总体冲刷，全河段深泓平均冲深 3.15m。河段内河床高程较低的叶家洲河段白浒镇深槽（断面 CZ60）、黄石河段西塞山深槽（断面 CZ86＋1A）和田家镇阶段马口深槽（断面 CZ99A）历年有冲有淤，整体以冲刷为主，其中白浒镇、西塞山冲深分别为 6.9m、29.2m，田家镇马口深槽微淤 0.5m，如图 5.30 所示。

b. 典型断面变化。三峡工程蓄水运用后，汉口至湖口河段断面形态均未发生明显变化，河床冲淤以主河槽为主，部分河段因实施了航道整治工程，断面冲淤调整幅度略大，如戴家洲洲头段（CZ76 断面）实施了护滩工程，位于河心的滩体处于淤高的状态，如图 5.31 所示。

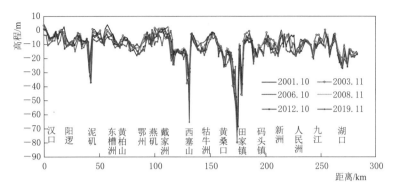

图 5.30 三峡水库蓄水运行以来汉口至湖口河段深泓纵剖面冲淤变化

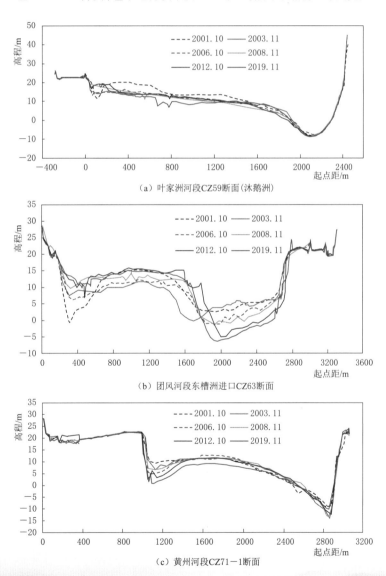

（a）叶家洲河段 CZ59 断面（沐鹅洲）

（b）团风河段东槽洲进口 CZ63 断面

（c）黄州河段 CZ71－1 断面

图 5.31（一） 三峡水库蓄水运行以来汉口至湖口冲淤断面冲淤变化

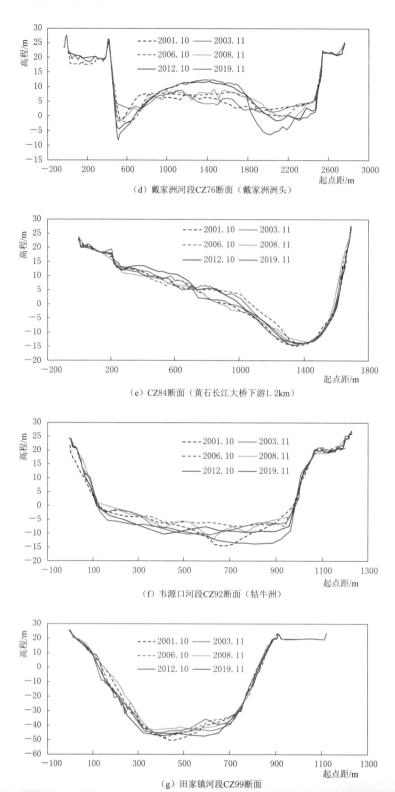

（d）戴家洲河段CZ76断面（戴家洲洲头）

（e）CZ84断面（黄石长江大桥下游1.2km）

（f）韦源口河段CZ92断面（牯牛洲）

（g）田家镇河段CZ99断面

图 5.31（二）　三峡水库蓄水运行以来汉口至湖口冲淤断面冲淤变化

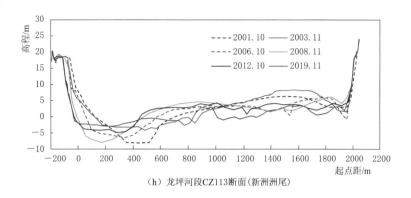

（h）龙坪河段CZ113断面（新洲洲尾）

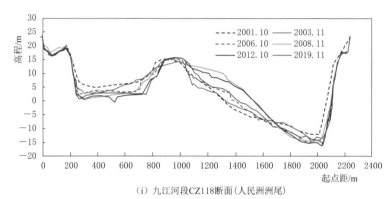

（i）九江河段CZ118断面（人民洲洲尾）

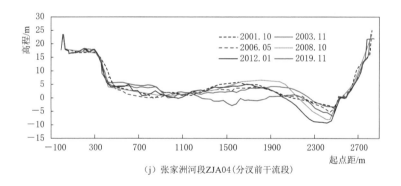

（j）张家洲河段ZJA04（分汊前干流段）

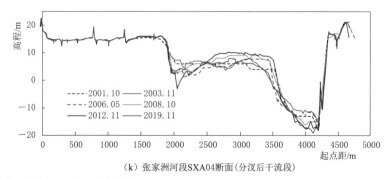

（k）张家洲河段SXA04断面（分汊后干流段）

图 5.31（三） 三峡水库蓄水运行以来汉口至湖口冲淤断面冲淤变化

5.1.3 湖口以下河段

5.1.3.1 湖口至大通河段

三峡工程建成前,湖口至大通河段河床冲淤大致可以分两个阶段:第一阶段为1975—1997年,河床持续淤积,累计淤积泥沙量为2.68亿m³,年均淤积量为0.122亿m³/a;第二阶段为1997—2001年,河床大幅冲刷,冲刷量为0.89亿m³,年均冲刷量为0.223亿m³/a,见表5.8。

表5.8　　　　　　　　　不同时段湖口至江阴河段平滩河槽冲淤量对比

河 段		湖口—大通	大通—江阴	湖口—江阴
河段长度/km		228.0	431.4	659.4
总冲淤量 /万 m³	1975—1997 年	26818	11284	38102
	1997—1998 年	−13709	−3784	−17493
	1998—2001 年	4773	−12654	−7881
	2001 年 10 月至 2006 年 10 月	−7986	−15087	−23073
	2006 年 10 月至 2011 年 10 月	−7611	−38150	−45761
	2011 年 10 月至 2016 年 10 月	−21569	−27109	−48678
	2016 年 10 月至 2019 年 10 月	−6015	−12377	−18392
	2001 年 10 月至 2019 年 10 月	−43181	−92723	−135904
年均冲淤量 /(万 m³/a)	1975—1997 年	1219	513	1732
	1997—1998 年	−13709	−3784	−17493
	1998—2001 年	1591	−4218	−2627
	2001 年 10 月至 2006 年 10 月	−1597	−3017	−4615
	2006 年 10 月至 2011 年 10 月	−1522	−7630	−9152
	2011 年 10 月至 2016 年 10 月	−4314	−5422	−9736
	2016 年 10 月至 2019 年 10 月	−2005	−4126	−6131
	2001 年 10 月至 2019 年 10 月	−2399	−5151	−7550
年均冲淤强度 /[万 m³/(km·a)]	1975—1997 年	5.3	1.2	2.6
	1997—1998 年	−60.1	−8.8	−26.5
	1998—2001 年	7.0	−9.8	−4.0
	2001 年 10 月至 2006 年 10 月	−7.0	−7.0	−7.0
	2006 年 10 月至 2011 年 10 月	−6.7	−17.7	−13.9
	2011 年 10 月至 2016 年 10 月	−18.9	−12.6	−14.8
	2016 年 10 月至 2019 年 10 月	−8.8	−9.6	−9.3
	2001 年 10 月至 2019 年 10 月	−10.5	−11.9	−11.5

三峡工程蓄水运用后,2001年10月至2019年10月,湖口至大通河段平滩河槽总冲刷量为4.32亿m³,见表5.3,其中枯水河槽冲刷量为3.09亿m³,其冲刷量占平滩河槽

总冲刷量的72%。2001年10月至2011年10月，湖口至大通段河床冲刷量为1.56亿m³，年均冲刷量为0.156亿m³/a；2011年后，该河段冲刷强度进一步加大，2011年10月至2019年10月，河段平滩河槽冲刷量达到2.76亿m³，年均冲刷量为0.345亿m³/a。

从沿程分布来看，湖口至大通河段全程均为冲刷，河段最大冲刷主要集中在贵池河段，其平滩河槽冲刷量约为1.18亿m³，占河段总冲刷量的27%，其次为上下三号洲和马垱河段，分别占河段总冲刷量的23%和21%，如图5.32所示。

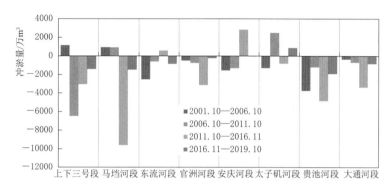

图5.32　湖口至大通河段不同时期沿程各河段冲淤量对比图（平滩河槽）

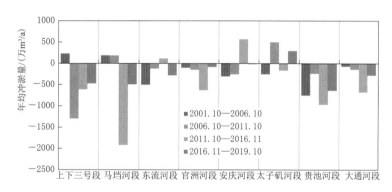

图5.33　湖口至大通河段不同时期沿程各河段年均冲淤量对比图（平滩河槽）

5.1.3.2　大通至江阴河段

三峡工程建成前，大通至江阴河段河床冲淤大致可以分为两个阶段：第一阶段为1975—1997年，河床持续淤积，累计淤积泥沙量为1.12亿m³，年均淤积量为0.051亿m³/a；第二阶段为1997—2001年，河床大幅冲刷，冲刷量为1.64亿m³，年均冲刷量为0.411亿m³/a，见表5.8。

三峡工程蓄水运用后，2001年10月至2019年10月，大通至江阴河段平滩河槽总冲刷量为9.27亿m³，年均冲刷量为0.515亿m³/a，见表5.3，其中枯水河槽冲刷量为8.54亿m³，其冲刷量占平滩河槽总冲刷量的92%。

从沿程分布来看，除马鞍山河段淤积外，其他河段均为冲刷，河段最大冲刷主要集中在扬中河段，其平滩河槽冲刷量约为4.12亿m³，占河段总冲刷量的44%，其次为铜陵河段，占河段总冲刷量的20%，如图5.34、图5.35所示。

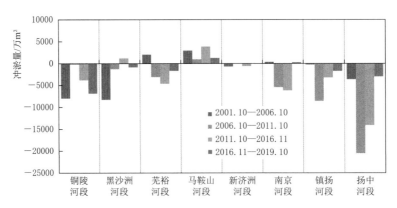

图 5.34　大通至江阴河段不同时期沿程各河段冲淤量对比图（平滩河槽）

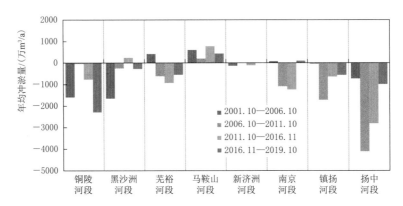

图 5.35　大通至江阴河段不同时期沿程各河段年均冲淤量对比图（平滩河槽）

5.1.3.3　江阴以下河段

三峡水库蓄水前的 1983—2001 年，江阴至徐六泾河段（澄通河段）累计冲刷量为 0.42 亿 m³，年均冲刷量为 0.023 亿 m³/a。三峡水库蓄水运用后，2001 年 8 月至 2019 年 11 月，江阴至徐六泾河段累计冲刷量为 5.72 亿 m³，年均冲刷量为 0.318 亿 m³/a，见表 5.9。

表 5.9　　　　　　　不同时期江阴以下河段冲淤量对比（0m 以下河槽）

河　　段		澄通河段	长江口北支	长江口南支
河段长度/km		96.8	90.0	74.3
总冲淤量 /万 m³	1984—2001 年	−4191	41300	−26980
	2001 年 11 月至 2006 年 11 月	−8651	10227	−14633
	2006 年 11 月至 2011 年 11 月	−24066	844	−14777
	2011 年 11 月至 2016 年 11 月	−14706	9899	−5336
	2016 年 11 月至 2019 年 11 月	−9776	5928	−5454
	2001 年 11 月至 2019 年 11 月	−57199	26898	−40200

续表

河　段		澄通河段	长江口北支	长江口南支
年均冲淤量 /(万 m³/a)	1984—2001 年	−233	2429	−1587
	2001 年 11 月至 2006 年 11 月	−1730	2045	−2927
	2006 年 11 月至 2011 年 11 月	−4813	169	−2955
	2011 年 11 月至 2016 年 11 月	−2941	1980	−1067
	2016 年 11 月至 2019 年 11 月	−3259	1976	−1818
	2001 年 11 月至 2019 年 11 月	−3178	1494	−2233
年均冲淤强度 /[万 m³/(km·a)]	1984—2001 年	−2.4	27.0	−21.4
	2001 年 11 月至 2006 年 11 月	−17.9	22.7	−39.4
	2006 年 11 月至 2011 年 11 月	−49.7	1.9	−39.8
	2011 年 11 月至 2016 年 11 月	−30.4	22.0	−14.4
	2016 年 11 月至 2019 年 11 月	−33.7	22.0	−24.5
	2001 年 11 月至 2019 年 11 月	−32.8	16.6	−30.1

注 澄通河段 1984 年地形（断面）资料采用 1983 年的资料。

三峡水库蓄水前的 1984—2001 年，长江河口段北支河段淤积泥沙量为 4.13 亿 m³，年均淤积量为 0.243 亿 m³/a，南支河段河床累计冲刷量为 2.70 亿 m³，年均冲刷量为 0.159 亿 m³/a。三峡水库蓄水运行以来，2001 年 8 月至 2019 年 11 月，北支河段淤积量为 2.69 亿 m³，年均淤积量为 0.149 亿 m³/a；南支河段累计冲刷量为 4.02 亿 m³，年均冲刷量为 0.223 亿 m³/a，见表 5.9。总体延续了三峡水库蓄水运行前长江口北支淤积、南支冲刷的趋势。

5.2 沙量平衡分析

5.2.1 泥沙沿程恢复

三峡水库蓄水后，"清水"下泄导致长江中下游干流河道冲刷，泥沙在一定程度上沿程得到补给。但受水动力条件变化、河床组成的差异性、河道形态的复杂性、通江湖泊及支流入汇等多重因素的影响，长江中下游泥沙沿程恢复过程较为复杂。从长江中下游干流主要控制站输沙实测资料来看，各粒径组输沙量均未恢复至蓄水前水平（图 5.36）。

对于粒径 $d<0.125$mm 的悬移质泥沙而言，其输沙量沿程递增，但由于长江中下游河床组成以 $d>0.125$mm 的粗沙为主，沿程补给有限，恢复程度相对较小。如 1987—2002 年，宜昌、汉口、大通站 $d<0.125$mm 的悬移质泥沙年均输沙量分别为 3.77 亿 t、3.06 亿 t、3.15 亿 t，三峡水库蓄水后其年均输移量分别为 0.34 亿 t、0.79 亿 t、1.23 亿 t，减幅为 91%、74%、61%。

对于 $d>0.125$mm 的悬移质粗沙部分而言，坝下游河床冲刷补给较为明显，与蓄水前相比，宜昌、汉口、大通站年均粗沙输沙量减幅分别为 95%、22%、58%，其减幅明显小于全沙。特别是 2003—2008 年，监利站年均粗沙输沙量为 0.34 亿 t，一度恢复至蓄

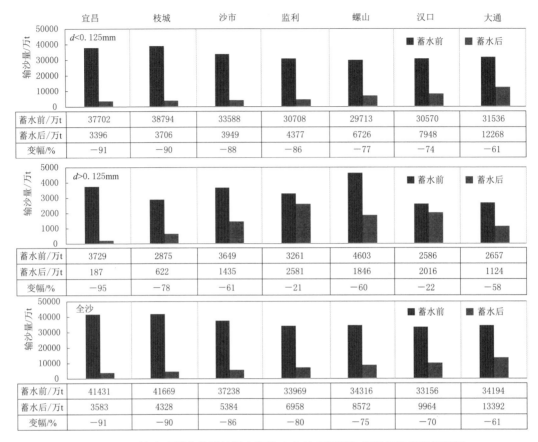

图 5.36 三峡水库蓄水前后长江中下游水文站点不同粒径组年均泥沙输移量

水前的多年平均值。

不同粒径组泥沙恢复距离存在差异，细颗粒恢复距离较长，而粗颗粒恢复距离相对较短。三峡水库蓄水后的 2003—2018 年，宜昌至监利河段细、粗颗粒泥沙均呈冲刷态势，年均冲刷量分别为 0.18 亿 t、0.25 亿 t，以粗沙冲刷为主；监利至大通河段细沙年均冲刷量为 0.40 亿 t，而粗沙落淤量为 0.17 亿 t，表现为"冲细淤粗"的现象（图 5.37）。

随着三峡水库蓄水运行时间的增长，粗沙主要冲刷补给带有所下移。2003—2008 年，宜昌至沙市河段粗沙年均冲刷量为 0.21 亿 t，是粗沙的主要补给区域。受清水冲刷砂卵石河床粗化的影响（图 5.38），三峡水库 175m 试验性蓄水后，宜昌至枝城河段床沙明显粗化，对该组分泥沙的补给程度减弱，枝城至沙市河段粗沙年均补给量也由 0.11 亿 t 降低至 0.07 亿 t，粗沙主要冲刷补给带下移至沙市至监利河段，该河段粗沙年均补给量增加近 0.04 亿 t，冲刷逐步向下游发展。

5.2.2 沙量平衡分析

2003—2018 年，宜昌至大通河段按输沙量法计算得到的冲刷量为 10.76 亿 t（表 5.10）。从不同粒径组泥沙冲淤来看，宜昌至大通河段主要以悬移质中粒径 $d \leqslant 0.125$mm 的泥沙冲刷为主，该粒径组泥沙累计冲刷量为 9.54 亿 t，占全沙冲刷量的 90.9%，且绝

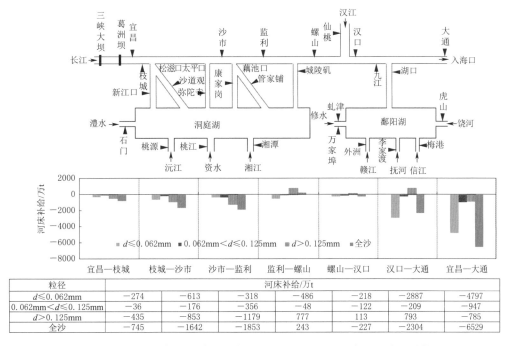

粒径	河床补给/万t						
$d \leqslant 0.062$mm	−274	−613	−318	−486	−218	−2887	−4797
0.062mm$< d \leqslant 0.125$mm	−36	−176	−356	−48	−122	−209	−947
$d > 0.125$mm	−435	−853	−1179	777	113	793	−785
全沙	−745	−1642	−1853	243	−227	−2304	−6529

图 5.37 2003—2018 年长江中下游各区间河段不同粒径组年均河床泥沙补给量

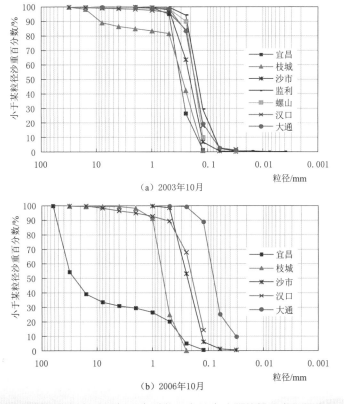

图 5.38（一） 长江中下游水文站床沙颗粒级配变化

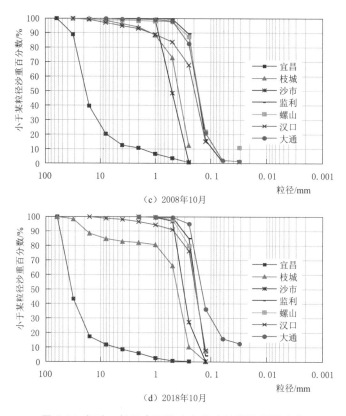

（c）2008年10月

（d）2018年10月

图 5.38（二）　长江中下游水文站床沙颗粒级配变化

大部分来源于汉口至大通河段。对于悬移质而言，宜昌至枝城、枝城至沙市以及沙市至螺山河段粗沙、细沙均呈冲刷态势。

距离坝址较近的宜昌至枝城、枝城至沙市河段以粒径 $d > 0.125mm$ 的粗沙冲刷为主，粗沙冲刷量分别为 0.70 亿 t、1.37 亿 t，占比分别达悬移质输沙量的 58.3%、52.0%，相对而言，沙市至螺山河段细沙冲刷量占比增大而粗沙占比减小，2002—2018 年，粒径 $d \leqslant 0.125mm$ 的细沙冲刷为 1.46 亿 t，占比达 62.9%。

螺山至汉口、汉口至大通河段细沙冲刷而粗沙落淤，粒径 $d \leqslant 0.125mm$ 的泥沙冲刷量是输沙量法计算河道冲淤量的主要影响因素，以汉口至大通河段为例，2002—2018 年该河段悬移质泥沙冲刷量为 3.91 亿 t，其中，粒径 $d \leqslant 0.125mm$ 的泥沙冲刷量近 5.75 亿 t，是汉口至大通河段的主要冲刷粒径组。

对于推移质而言，三峡水库蓄水后，距坝址较近的宜昌至枝城河段推移质冲刷量最大，达 0.33 亿 t，随距坝址距离的增加，推移质冲刷量逐步减少，直至汉口至大通河段，推移质落淤 0.12 亿 t，相对而言，推移质冲淤量占全沙冲淤的比例较小。

5.2.3　输沙量法与断面法的对比分析

由表 5.10 可知，2003—2018 年宜昌至大通河段按输沙量法、断面法计算得到的冲刷量分别为 10.76 亿 t、36.95 亿 t，两者定性一致，但定量上相差 71%。

表5.10　长江中下游各区间河段输沙量法与地形法计算结果对比

河段	年份	输沙量法						断面法		绝对偏差/万t	相对偏差/%
		悬移质/万t			小计	推移质/万t	合计/万t	/万m³	/万t		
		d≤0.062mm	0.062mm<d≤0.125mm	d>0.125mm							
宜昌-枝城	2003—2006	-1484	-172	-4315	-5971	-2028	-7999	-8138	-10986	2987	-27
	2007—2011	-1298	-96	-2299	-3693	-1065	-4758	-5567	-7515	2757	-37
	2012—2018	-1618	-305	-345	-2268	-178	-2446	-2987	-4032	1586	-39
	2003—2018	-4400	-573	-6959	-11932	-3271	-15203	-16692	-22533	7330	-33
枝城-沙市	2003—2006	-2986	-1630	-4393	-9009	505	-8504	-6397	-8636	132	-2
	2007—2011	-2030	-538	-4593	-7161	50	-7111	-9419	-12715	5604	-44
	2012—2018	-4793	-647	-4667	-10107	-873	-10980	-25949	-35030	24050	-69
	2003—2018	-9809	-2815	-13653	-26277	-318	-26595	-41765	-56381	29786	-53
沙市-螺山	2002—2006	3413	-1763	-3258	-1609	—	-1609	-26493	-35766	34157	-96
	2007—2011	-3134	-2082	-2664	-7880	-219	-8099	-12388	-16724	8625	-52
	2012—2018	-9308	-1749	-2714	-13771	82	-13689	-24526	-33110	19421	-59
	2002—2018	-9029	-5594	-8636	-23260	-137	-23397	-63407	-85600	62203	-73
螺山-汉口	2002—2006	-1830	1072	2712	1954	—	1954	-6145	-8296	10250	-124
	2007—2011	-1852	-1393	782	-2463	-16	-2479	-3180	-4293	1814	-42
	2012—2018	241	-1867	-2342	-3968	-93	-4061	-36414	-49159	45098	-92
	2002—2018	-3441	-2188	1152	-4477	-109	-4586	-45739	-61748	57162	-93
汉口-大通	2002—2006	-21400	1515	11665	-8220	—	-8220	-22665	-30597	22377	-73
	2007—2011	-14237	-616	4361	-10492	395	-10097	-17324	-23387	13290	-57
	2012—2018	-19932	-2867	2425	-20374	826	-19548	-66113	-89253	69705	-78
	2002—2018	-55569	-1968	18451	-39086	1221	-37865	-106102	-143237	105372	-74
宜昌-大通	2002—2018	-82248	-13138	-9645	-105032	-2614	-107646	-273705	-369499	261853	-71

距离坝址相对越远的河段按两种方法计算出的结果偏差越大。以沙市为界，距离坝址较近的宜昌至枝城、枝城至沙市河段按两种方法计算的绝对差值分别为 0.73 亿 t、2.98 亿 t，而沙市至螺山、螺山至汉口、汉口至大通河段计算的绝对差值分别达到了 6.22 亿 t、5.72 亿 t、10.54 亿 t，沙市至大通河段是宜昌至大通长河段计算偏差的主要来源，占比高达 86%。

沿时来看，2003—2006 年、2007—2011 年、2012—2018 年，宜昌至枝城河段河床冲刷量逐步减少，而枝城至沙市河段冲刷量增大，冲刷逐步向下游发展。两河段按输沙量法与断面法计算的相对偏差逐时段增大，2012—2018 年，宜昌至枝城、枝城至沙市河段相对偏差分别达 39%、69%；沙市至螺山、螺山至汉口、汉口至大通河段 2007—2011 年按输沙量法与断面法计算的相对偏差较小，在 50% 左右，而 2002—2006 年、2012—2018 年相对偏差较大，特别是在三峡水库蓄水初期（2002—2006 年），按输沙量法计算出螺山至汉口河段呈淤积态势，而按断面法计算出该河段以冲刷为主，两方法定性上出现了相反的结果，相对偏差达 124%。

宜昌至沙市河段按输沙量法、断面法计算的冲刷量分别为 4.18 亿 t、7.89 亿 t。有关调查研究表明，由于非法采沙活动猖獗，宜昌至沙市河段河道采砂量占实测河床冲刷量的比例约为 20%。2006 年以来，长江水利委员会水文局在沙市站开展临底悬沙试验，结果表明，临底悬移质泥沙对输沙量的改正率为 13.2%。韩其为根据理论分析认为，粗颗粒悬移质在长江中游绝大部分集中于离河底相对深度 0.1 以下的近底部分，粒径在 0.50~1.00mm 的泥沙颗粒占荆江河段输沙量的 81%，集中于 $\eta=0.1$ 以下，而在城汉河段中占比可能达到 92%。对于荆江平均床沙质条件（0.25~0.5mm 及 $\lambda=9.68$）两点法和三点法（1∶1∶1）的误差为 7.4% 和 26.7%。因此，临底悬沙对输沙量冲刷量的改正比例为 13.2%~26.7%（平均约为 20%）。修正后，宜昌至沙市河段按输沙量法、断面法计算的河床冲淤量吻合相对较好。

沙市至大通河段按输沙量法、断面法计算的结果相差较大，泥沙测验、固定断面布设、河道采砂等是导致输沙量法与断面法出现差异的主要原因。其中：沙市至湖口河段固定断面布设能较好地反映河床冲淤特性；湖口至大通河段由于断面布置较为稀疏，断面法计算误差较大（与地形法相差 23.5%~56.1%）。同时，河道采砂活动频繁、临底悬沙测验等也是两方法计算偏差的重要来源。

5.3　河道演变主要新特点

三峡水库蓄水导致了水沙过程的变异，坝下游宜昌至大通河段河床出现多时间、多空间尺度的复杂调整过程。主要表现为：距坝址相对较近的荆江河段断面形态窄深化；上荆江分汊段短支汊冲刷发展；下荆江急弯段"切滩撇弯"；城陵矶以下分汊段主汊冲刷强度大于支汊、"主长支消"现象较为明显；江心洲（滩）体整体冲刷萎缩、洲头冲刷下移。

5.3.1　宜枝河段冲淤变化趋于稳定

宜枝河段两岸抗冲性较强，河道横向变形较小，河势多年来较稳定。三峡工程运行后，宜枝河段主流平面位置、滩槽格局未发生明显改变，但由于来水来沙条件改变，河床冲刷较剧烈，以纵向下切为主。近年来，随着三峡工程蓄水时间的增长，该河段冲刷强度有所减小。

河段内洲滩主要有胭脂坝、南阳碛、临江溪边滩、三马溪、向家溪、大石坝边滩等。总体来说，三峡工程运行以来，虎牙滩以上洲滩相对稳定，虎牙滩以下洲滩冲刷萎缩。

5.3.2　荆江河床断面形态窄深化发展

三峡水库蓄水后，宜昌至城陵矶河段河床断面窄深化发展较为明显，尤以荆江河段最为明显（见图5.39），城陵矶以下河段则无明显变化。上荆江枯水河槽较为宽浅，下荆江相对窄深，但下荆江平滩河槽宽深比减幅明显小于上荆江。三峡工程运行后，与下荆江相比，上荆江河床冲刷更为集中在枯水河槽（上荆江、下荆江枯水河槽冲刷量占平滩河槽冲刷量的比例分别为94％、84％），使得上荆江窄深化发展程度显著大于下荆江。2003—2018年上荆江枯水河槽窄深化发展速度大于平滩河槽，而下荆江枯水河槽、平滩河槽窄深化发展速度基本相当。

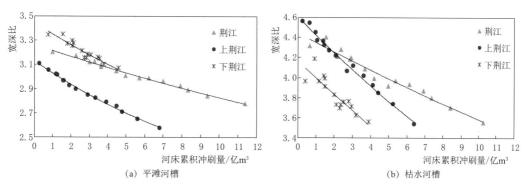

图5.39　荆江河段河床宽深比与累计冲刷量

5.3.3　上荆江分汊段短支汊冲刷发展快

三峡水库蓄水后，上荆江的分汊河段大多出现了明显的中枯水短支汊冲刷发展的现象。上荆江6个分汊河段中枯水期分流比均有不同幅度增大，见表5.11，由表可知，上荆江支汊分流比增幅均在9％以上，尤以顺直分汊段支汊最为明显，如芦家河、太平口汊道支汊分流比分别增大20.5％、18.0％，太平口心滩段右汊自2005年年末开始成为中枯水主汊，支汊河床冲刷下切幅度大于主汊，高程已低于主汊［图5.19（e）的荆32断面］。2006年突起洲汊道实施支汊护底限制工程后，其发展受到限制，河床有所回淤［图5.19（h）的荆56断面］。

表5.11　　　　　　　　三峡水库蓄水后上荆江典型汊道中枯水期分流比变化

汊道名称	汊道类型	施测日期 /（年.月）	流量 /（m³/s）	分流比/%	
				主汊	支汊
关洲	弯曲分汊型	2003.03	4320	80.9	19.1
		2012.11	6070	66.0	34.0

汊道名称	汊道类型	施测日期 /(年．月)	流量 /(m³/s)	分流比/%	
				主汊	支汊
芦家河	顺直分汊型	2003.03	4070	71.9	28.1
		2012.11	6070	51.4	48.6
太平口	顺直分汊型	2003.03	3730	55.0	45.0
		2012.02	6230	37.0	63.0
三八滩	微弯分汊型	2003.12	5470	66.0	34.0
		2009.02	6950	57.0	43.0
金城洲	微弯分汊型	2001.02	4150	96.9	3.1
		2014.02	6220	87.2	12.8
南星洲	弯曲分汊型	2003.10	14900	67.0	33.0
		2005.11	10300	58.0	42.0

注　部分重点分汊段实施了支汊限制工程，分流比统计的末时段在工程实施前；关洲左汊近年来受人工采砂影响较为明显。

受护岸工程影响，汊道展宽受到限制，位于河心的江心洲对两侧河槽的控制作用较弱，且在三峡水库蓄水后多数洲滩冲刷萎缩，支汊的入流条件改善，支汊水流流程短、水面比降大，加之支汊河床组成偏细，导致短支汊冲刷发展相对较快。

5.3.4　下荆江急弯段"切滩撇弯"现象初步显现

下荆江急弯段凸岸边滩较为发育，深槽贴靠凹岸。三峡水库蓄水前，受弯道环流作用的影响，大多数弯道段表现为凸岸滩体淤积、凹岸冲刷的演变特征。在特殊的水文条件下，特大洪水驱直切割凸岸侧滩体，但长期中小水驱动影响后凸岸侧边滩淤积恢复。

三峡水库蓄水后，来水来沙条件发生明显改变，下荆江急弯段"切滩撇弯"现象初步显现。如三峡水库蓄水前的1987—2002年，调关至莱家铺、反咀至观音洲弯道段滩体分别累计淤积泥沙815万 m³、1500万 m³；蓄水后的2003—2006年，滩体则分别冲刷438万 m³、720万 m³，凸岸侧滩体由淤积转变为冲刷。从弯道段冲淤平面分布图来看（图5.40），2006—2016年调关弯道季家咀凸岸边滩冲刷，冲刷幅度在6m左右，局部最大冲深在12m以上，而凹岸侧明显淤积，淤积幅度在10m以上；七号岭弯道段凸岸侧冲刷幅度在8m左右，凹岸淤积厚度近6m。

三峡水库蓄水运行后，洪峰削减、中水历时延长，凸岸边滩位于主流区的持续时间相对于凹岸侧深槽大大延长，边滩冲刷动力有所增强。2018年弯顶段断面流速及含沙量分布表明（图5.41、图5.42），在5—8月涨水期，七号岭、观音洲弯顶断面含沙量增大区域与流速增大区域不一致，凸岸侧为流速增大区域，而凹岸侧流速增大不明显或者有所减小，含沙量则大多是全断面增加，甚至部分断面凹岸侧的增幅还大于凸岸侧。可见，由于凹岸侧存在相对较小的流速增幅和较大的含沙量增幅，急弯段出现"切滩撇弯"现象。

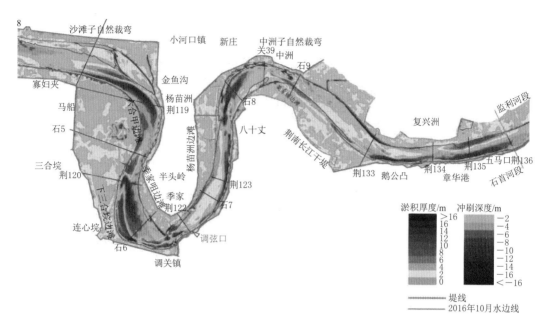

（a）调关至莱家铺弯道段

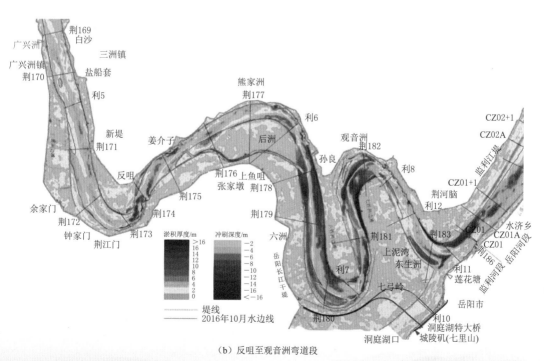

（b）反咀至观音洲弯道段

图 5.40　三峡水库蓄水后 2006—2016 年长江中下游典型弯道段泥沙冲淤分布

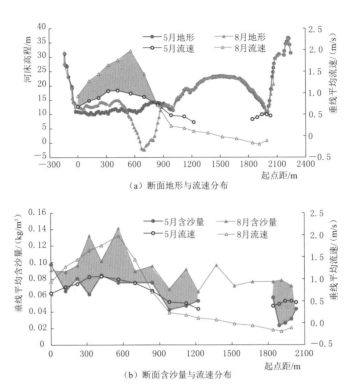

（a）断面地形与流速分布

（b）断面含沙量与流速分布

图 5.41 七弓岭弯顶断面 2018 年流速、含沙量分布随来流变化图

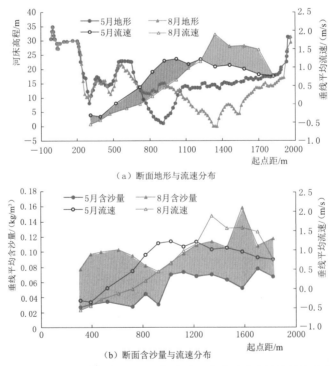

（a）断面地形与流速分布

（b）断面含沙量与流速分布

图 5.42 观音洲弯顶断面 2018 年流速、含沙量分布随来流变化图

5.3.5 城陵矶以下分汊段"主长支消"现象初步显现

城陵矶以下河段以分汊河形为主，主流摆动频繁，河势变化剧烈。三峡水库蓄水运行前，分汊形河道主要表现为主支汊周期性交替发展，受水沙条件、河床边界条件等影响，不同汊道演变周期存在较大差异。

三峡水库蓄水后，来水来沙条件发生明显改变，尤其是三峡水库实施中小洪水调度以来，城陵矶以下部分主汊、支汊地位悬殊的分汊段，主汊冲刷更为明显，地位更为突出，支汊略有冲刷甚至淤积；主汊、支汊分流比及滩槽格局均出现一定调整，表现为"主长支消"的演变特征。但除戴家洲水道主汊、支汊发生易位以外，其他河段主汊、支汊地位目前仍保持相对稳定。

三峡水库蓄水后不同时段城陵矶以下主要分汊河段泥沙冲淤量成果见表5.12。以龙坪河段为例，新洲右汊为主汊，左汊为支汊。2001年10月至2008年10月，新洲主汊冲刷765万 m^3 而支汊淤积1629万 m^3，2008年10月至2015年10月，支汊仍呈淤积态势，而主汊冲刷强度为前一时段（2001年10月至2008年10月）的近2倍，5年累计冲刷量达1320万 m^3，2015年10月至2018年10月，新洲汊道仍以主汊冲刷为主。从典型分汊河段河床冲淤分布来看（图5.43），2006—2016年，新洲汊道主汊呈冲刷态势，冲刷幅度在6m左右，局部最大冲深在16m以上，支汊以淤积为主，最大淤积厚度达10m，主汊冲刷发展明显大于支汊。

表5.12　　城陵矶以下主要汊道段泥沙冲淤量统计表　　单位：万 m^3

汊道名称	所在河段	2001年10月至2008年10月		2008年10月至2015年10月		2015年10月至2018年10月	
		左汊	右汊	左汊	右汊	左汊	右汊
中洲	陆溪口	282	701（主汊）	1430	−3720	15	−567
护县洲	嘉鱼	−524（主汊）	20	−2260	230	−903	−10
团洲	簰洲	−993（主汊）	249	−2800	100		−96
天兴洲	武汉	−663	−898（主汊）	2330	−2590	612	427
戴家洲	戴家洲	−267	−712（主汊）	230	−3110	556	−1259
牯牛洲	蕲州	609（主汊）	−142	−730	90	−298	−14
新洲	龙坪	1629	−765（主汊）	900	−1320	−303	−1482

分汊河段分流比在一定程度上反映了汊道水流动力对不同汊河的造床作用，进入河槽的相对水量决定了汊道发展或衰退。如武汉河段天兴洲水道为典型的弯曲分汊河形，左汊为支汊，且分流比随流量的增大而增加。三峡水库蓄水前，低水流量（10000～20000 m^3/s）下天兴洲左汊分流比在12%左右；2003—2007年，天兴洲左汊分流比降低至10%；2008年三峡水库175m试验性蓄水以来，左汊分流比进一步减小至4%；2014年3月流量为9840 m^3/s 时左汊甚至断流。其他河段如戴家洲左汊，在三峡水库175m试验性蓄水后呈淤积态势，枯水分流比（10000 m^3/s）由2006—2008年的50%左右降低至45%。可以看出，城陵矶以下典型分汊河段支汊分流比在2008年三峡水库175m试验性蓄水后呈减小态势。

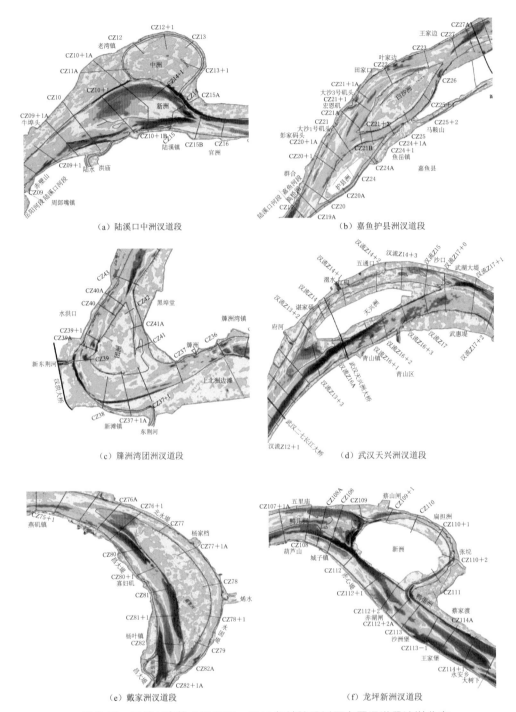

（a）陆溪口中洲汉道段

（b）嘉鱼护县洲汉道段

（c）簰洲湾团洲汉道段

（d）武汉天兴洲汉道段

（e）戴家洲汉道段

（f）龙坪新洲汉道段

图 5.43　三峡水库蓄水后 2006—2016 年城陵矶以下主要汉道段冲淤分布

　　城陵矶以下河段中枯水主流所在的汉道往往是分汉河段的主汉，洪水主流偏向支汉且支汉流路相对较长。三峡水库 175m 试验性蓄水运行后，中枯水持续时间延长，高水出现的频率受到限制，有利于中枯水主流所在的汉道进一步冲刷发展。同时，城陵矶以下粗颗粒泥沙（$d>0.125\text{mm}$）输沙基本恢复，为支汊泥沙落淤提供了物质来源。

5.3.6 江心洲冲刷萎缩、洲头下移

江心洲（滩）冲淤形式与其自身规模和水沙条件有关，对于年内过流时间长的中低滩来说，其冲淤变形幅度更大一些，总体表现为洲体冲刷萎缩，洲头冲刷下移，部分滩体接近冲失，如太平口心滩、三八滩和金城洲等。对于过流机会较少的高滩，其冲淤变形一般表现为滩缘淘刷和崩退，如调关河段，白沙洲左缘等。

表5.13、表5.14为三峡水库蓄水后长江中游典型江心洲（滩）面积变化情况，可知荆江河段除突起洲外，其他滩体均有一定幅度的冲刷萎缩，突起洲低滩主要受航道部门的护滩工程作用，2008—2013年出现一定幅度的回淤，2013年之后，突起洲滩体也有明显冲刷；伴随着各洲体的冲刷萎缩，洲头整体下移，如太平口心滩、金城洲（图5.44）。长江中游城陵矶以下河段则以中低滩冲刷为主，高滩基本稳定，如2001—2008年，武汉河段的白沙洲洲头冲刷下挫约1200m，2008—2018年洲体萎缩，洲头冲刷下挫800m，洲体面积减小40%，南阳洲、天兴洲、戴家洲等高滩基本保持稳定，这与洲头守护工程有一定的关系。

表5.13　　　　　　　　　长江中游荆江河段典型江心洲（滩）面积统计表

滩体名称	统计年份	滩体面积/km²	滩体名称	统计年份	滩体面积/km²	备注
关洲	2002	4.86	芦家河碛坝	2002	0.80	统计等高线为35m
	2006	4.75		2006	0.70	
	2008	4.49		2008	0.77	
	2011	4.09		2011	0.48	
	2013	3.24		2013	0.46	
柳条洲	2002	2.65	太平口心滩	2002	0.84	
	2006	2.75		2006	1.65	
	2008	3.29		2008	2.13	
	2011	2.18		2011	1.84	
	2013	2.47		2013	1.33	
	2018	—		2018	0.197	
三八滩	2002	2.18	金城洲	2003	5.00	统计等高线为30m
	2006	0.80		2006	3.31	
	2008	0.45		2008	2.35	
	2011	0.16		2011	1.46	
	2013	0.13		2013	1.51	
	2018	0.572		2018	0.857	
突起洲	2003	8.05	倒口窑心滩	2002	3.14	
	2006	6.9		2006	3.94	
	2008	7.2		2008	3.33	
	2011	7.8		2011	3.61	
	2013	9.08		2013	3.88	
	2018	7.45		2018	1.64	

表 5.14 　　长江中游城陵矶至九江河段典型江心洲（滩）面积统计表

滩体名称	统计年份	滩体面积/km²	滩体名称	统计年份	滩体面积/km²	备注
南阳洲	2001	3.84	南门洲	2001	10.33	统计等高线为20m
	2006	4.36		2006	9.97	
	2008	5.23		2008	9.63	
	2011	5.03		2011	9.58	
	2013	4.74		2013	9.76	
	2016	5.85		2016	9.84	
护县洲	2001	6.49	白沙洲（护县洲附近）	2001	9.98	统计等高线为20m
	2006	6.37		2006	10.06	
	2008	6.34		2008	9.85	
	2011	6.33		2011	9.92	
	2013	6.32		2013	9.7	
铁板洲	2001	1.764	白沙洲	2001	1.44	统计等高线为15m
	2006	1.968		2008	1.02	
	2008	1.504		2011	0.67	
	2011	1.293		2013	0.74	
	2016	1.497		2018	0.59	
天兴洲	2001	18.0	戴家洲	2001	18.7	统计等高线为15m
	2006	18.0		2006	16.8	
	2008	18.4		2008	17.0	
	2011	19.7		2011	16.5	
	2013	20.3		2013	17.2	
	2016	20.4		2016	18.0	
龙坪新洲	2001	22.3	人民洲	2001	4.71	统计等高线为10m
	2006	21.8		2006	4.33	
	2008	21.8		2008	4.19	
	2011	22.0		2011	4.12	
	2013	21.7		2013	3.82	
	2016	20.6		2016	3.62	

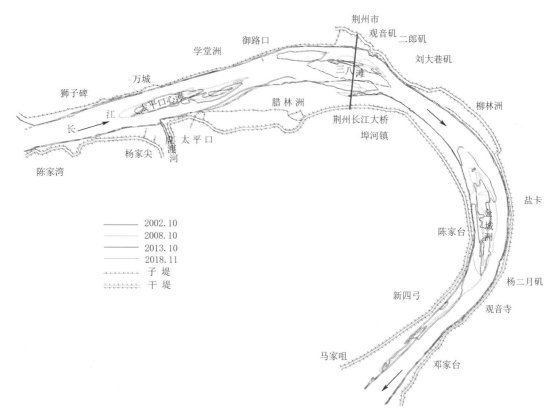

图 5.44 沙市河段 30m 等高线平面变化图（2002—2018 年）

5.4 长江中下游河道崩岸

崩岸是长江中下游河道重大灾害之一，其发生较为频繁，危害十分严重。据不完全统计，长江中下游干流河道岸线总长约 4249km，其中崩岸长度达 1520km，占江岸长度的 35.8%，而局部河段如安徽境内长江岸线有将近 50% 发生过崩塌。

自 2003 年以来，长江水利委员会水文局组织开展了近 100 次荆江险工险段崩岸巡查工作。巡查统计结果表明，三峡水库蓄水运行后，荆江河段河道大幅冲刷，冲刷部位主要发生在迎流顶冲河段或枯水河槽，导致岸坡变陡，崩岸强度及频率均有加大。上荆江出险河段主要集中在同勤垸、松滋河口门左岸段、董市昌门溪、八亩边滩、杨家脑、学堂洲、文村夹、青安二圣洲、南五洲，下荆江出险河段有茅林口、古长堤、向家洲、北门口险段、北碾子湾、渊子口、柴码头、调关矶头、中洲子、鹅公凸、乌龟洲右汊、铺子湾（乌龟洲下游左岸）、沙夹边、天字一号（上车湾人工裁弯口对岸上游）、天星阁、洪水港、团结闸、反咀、荆江门、熊家洲、七号岭、观音洲等处。已实施的护岸工程多处（或多次）发生损毁现象，如上荆江的七星台、学堂洲、文村夹、青安二圣洲（上段）及下荆江的北门口（中下段）、北碾子湾（中段）、金鱼钩、莲心垸（上段）、中洲子（中段）、新沙洲

（下段）、铺子湾（中段）、团结闸、姜介子、荆江门（下段）、七号岭（下段）、观音洲（中段）等。

2003—2007 年，长江水利委员会水文局荆江局险工护岸巡查共计 35 次，发现新增崩岸险情的河段主要集中在下荆江河段，共计 13 个堤段（茅林口、古长堤、合作垸、向家洲、北门口、柴码头、鹅公凸、天字一号、洪水港、天星阁、团结闸、熊家洲、七号岭），出险点多达 40 余处，另外寡妇夹河段发现有崩岸隐患。下荆江出险点多发生在弯道引流顶冲段堤防，荆南长江干堤北门口、调关段以及岳阳长江干堤洪水港段、七号岭段为险情易发段。上荆江河段仅有局部河段（学堂洲、文村夹）有崩岸险情，出险点较少，由于堤防护岸工程标准低并且受分汊水流冲刷影响，文村夹为险情多发段。其中大部分出险点已经得到了有关部门的及时处理，对堤防进行了加固，险情基本得到了控制。

2007—2015 年，险工护岸巡查共计 36 次。上荆江出现了较多的新增崩岸，新增 20 余处，出现新增崩岸的位置为宜都茶店、打船场、同勤垸、同济垸、罗家河、松滋江堤的松滋口口门左岸、松滋口口门以上河段杨家地、顾家店民堤熊家湾、八亩滩边滩、荆南干堤太平口、荆江大堤沙市原汽渡码头、荆南长江干堤查家月堤、雷家洲、窑头铺、四口窑、南五洲民垸等。下荆江新增崩岸主要出现在石首河段，部分老崩岸出现了扩展态势，如向家洲、北门口、北碾子湾、寡妇夹、季家咀、中洲子、铺子湾、天字一号、天星阁、盐船套、熊家洲、孙良洲等，出险点多达 30 余处。

2016—2020 年，险工护岸巡查共计 26 次。上荆江出现的多处崩岸于 2018 年前后得到了护岸整治，基本得到控制，目前崩岸段主要集中在同济垸段枝城大桥下段、松滋河口门左岸下端、八亩滩段、昌门溪崩岸段、青安二圣洲段、南五洲四口窑段。下荆江崩岸主要表现在老崩岸基础上出现新的扩展态势，如向家洲、北门口、莲心垸、天星阁、孙良洲、七号岭、观音洲等，出险点多达 15 余处。受长江较大洪水影响，2020 年下荆江河段发生了两处较大崩岸险情，9 月 4 日下午，石首北门口护岸段崩岸险情（桩号 S9＋280～S9＋410）崩长 130m，最大崩宽 35m，崩进坦肩内 8m，此崩岸险情发生后得到了及时控制及整治；与此同时，在湖南省君山区荆江门护岸段（君山区海事码头下边缘）发生崩长约 100m，崩宽约 45m 的崩窝。

5.4.1　河道崩岸特性分析

随着 2003 年三峡水库正式蓄水运行，清水下泄将造成下游河道的长距离冲刷，尤其是深泓刷深较多，造成岸坡变陡并可能对堤防的安全带来不利影响。三峡水库蓄水运行以来，坝下游河道崩岸时有发生，但荆江河段崩岸最为频繁和明显。据不完全统计，三峡工程蓄水运行后的 2003—2013 年，长江中下游干流河道共发生崩岸险情 698 处，总长度 521.36km（表 5.15）。三峡水库蓄水以来长江中下游河道崩岸长度和数量如图 5.45 所示。三峡水库蓄水运行初期，长江中下游崩岸较多，2003—2006 年崩岸 319 处，总长度 310.9km，年均崩岸约 80 次，长度 77.7km。随着护岸工程的逐渐实施，崩岸强度、频次逐渐减轻，初期运行期和试验性蓄水期年均崩岸次数分别为 41 次、60 次，年均崩岸长度分别为 20.2km、34.0km。

表 5.15　　　　　　　　　2003—2019 年长江中下游干流河道崩岸统计表

年份	崩岸总长/km	崩岸数量/处					
		小计	湖北	湖南	江西	安徽	江苏
2003	29.2	41	18	2	8	10	3
2004	133.5	109	25	10	9	26	39
2005	108.8	96	61	9	26		
2006	39.4	73	40	9	3	12	9
2007	20.9	30					
2008	19.5	51	14	17	11	8	1
2009	45.5	105	14	43	26	12	10
2010	47.7	67	40	4	6	16	1
2011	44.8	65					
2012	6.6	17	12	1		4	1
2013	25.46	44	17	8	10	6	3
2014	101.6	79	25	10	4	20	20
2015	20.6	49	48				1
2016	30.95	53	34	6	1	7	5
2017	18.05	38	15	2	5	10	6
2018	11.81	29	8		4	11	6
2019	5.09	20	15	1	2	1	1
总计	709.46	966					

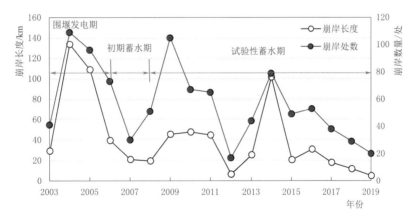

图 5.45　三峡水库蓄水以来长江中下游河道崩岸长度和数量统计

5.4.1.1　崩岸类型

　　长江中下游河道崩岸形态可分为窝崩、条崩和洗崩三种类型。窝崩和条崩是最常见的崩岸形式，其危害程度较大，窝崩和条崩多发生于二元结构河岸，形成的前提条件为近岸河床冲刷，尤其是下部砂土层的淘刷，使得岸坡变陡，从而失稳坍塌。相对而言洗崩崩岸强度较小，其危害也较小，且经常发生在靠近河口的区域。

（1）窝崩。窝崩有时也称为弧形挫崩，如图 5.46 所示。从土质条件来看，崩岸发生处岸坡上层一般具有一定厚度的黏性覆盖层。从动力条件来看，河床深槽贴近岸边，水流冲刷严重，河岸坡度较陡。崩岸发生时，滩面上首先出现弧形裂缝，然后整块土体向下滑挫，最后形成窝崩。从单个窝崩的平面和剖面看，崩滑面均呈圆弧形，平面上窝崩直径为几十米至百余米，大多出现在弯曲河段凹岸及常年贴流区或汊道汇流段。沿岸将会出现一个个连续的窝崩，岸线在平面上呈锯齿形，这就是伴随着河道的平面变形而经常发生的窝崩形态。当水流与岸线交角较大，局部河岸受水流强烈顶冲或近岸单宽流量很大时，水流对河岸的剪切应力很大，由强烈的竖轴回流淘刷河岸而形成窝崩，并迅速冲刷扩大，最后形成崩长和崩宽尺度均较大而口门可能较小的大窝崩，称之为"口袋形"窝崩，局部岸线呈 Ω 形。另外，局部河岸土体失去稳定产生滑动而形成窝崩，包括深层滑动和浅层滑动，其形态也呈圆弧形。

（a）枝城徐家溪

（b）石首茅林口

（c）洪湖虾子沟

（d）岳阳荆江门

图 5.46　窝崩

窝崩为长江中下游最常见的一种崩岸形式，也是危害最大的一种崩岸形式。窝崩的平面形态呈窝状或口袋状，宽度接近或大于窝口的长度，常发生在黏性土及沙土组成的二元结构河岸，位置多位于河岸急剧后退过程中的凹岸局部、河道宽度很窄处的凸岸、间断式护岸空挡、近岸单宽流量很大迎流顶冲的护岸薄弱段以及迎流顶冲丁坝的上下游等。这类窝崩一旦发生就发展得很快，尺度也很大，崩进深度可达 $300\sim400\mathrm{m}$，坍失的土体体积可达数百万立方米，危害十分严重。窝崩崩塌强度大、数量多、分布广，且具有突发性强，破坏性大，难以预测等特点，长江中下游几乎每年的汛枯期都有窝崩的发生。

（2）条崩。条崩多发生在河岸上层黏性土层较薄或土质较松散的岸段，或平顺河段主流线近岸的一侧及弯曲河段的凹岸，如图 5.47 所示。河岸在水流冲刷下，岸坡变陡超过其临界稳定岸坡，土体失稳，以块状崩塌的方式塌入水中，因此条崩是一种间断性并带有一定突发性的崩岸方式。崩岸强度主要取决于主流靠岸程度及主流流速的大小、土体的层次结构。由于河岸下层比上层结构更易冲刷，浸泡的土体抗剪强度极低，随着深泓靠近河岸，坡度就越来越陡，直至上层土体失稳倒塌。崩岸后的土体一部分被水流直接带走，另一部分堆积在岸脚形成新的稳定的岸坡。如果崩塌下来的土体继续被水流冲走，使河岸坡脚变陡，将再次发生河岸崩塌，如此循环往复直到水流条件减弱或者岸坡变缓河岸崩塌才趋于停止。

（a）监利八姓洲

（b）沙市腊林洲

（c）枝江八亩滩

图 5.47　条崩

（3）洗崩。洗崩的产生主要是因为长期受水面风浪或船行浪冲蚀，使上层河岸发生崩塌，其外形特征是沿岸坡呈小台阶状，如图 5.48 所示。冲蚀强度主要取决于风的吹程与水深形成的波高和波长以及土质的抗冲刷性等因素。洗崩的特征是当风浪或潮流冲击岸坡时，水流分散冲击整个岸坡，多以碎块的形式崩塌，与前两种崩岸类型相比较，它的崩岸强度相对较小，一般出现在长江下游河宽较大的地带、河口及滨海地带。

图 5.48　洗崩（石首调关）

5.4.1.2　崩岸主要特点

长江中下游河道崩岸主要特点如下：

（1）长江中下游河道崩岸发生时间有所不同。中游崩岸在洪水期和枯水期均有发生，汛后和枯水期（10 月至次年 4 月）发生较多；下游崩岸则大多发生在洪水期的 7—9 月。

（2）受长江中下游河道地质地貌条件、河床河岸物质组成等边界条件影响，长江中下游崩岸分布不均衡。九江以上，上荆江、下荆江崩岸较多，下荆江崩岸多于上荆江；九江以下崩岸比九江以上强烈且分布广；左岸崩岸比右岸强度大、范围广。

（3）局部河势的调整是导致河道崩岸增多的重要因素。局部河段河势调整改变了上下游河段水流动力轴线走向，水流顶冲点发生上提或下移，对已有的护岸段近岸河床产生冲淤。河势调整引起流速场的变化，极可能破坏原有护岸薄弱段或者维护段。目前荆江河段河势的局部调整是河道崩岸发生的主要因素。

（4）在大洪水强烈的造床作用下，崩岸强度明显增大。如 1998 年长江下游发生仅次于 1954 年的大洪水，在高水位、大流量、长时间的持续作用下，汛期长江中下游干流河道发生崩岸险情多达 338 处，其中较大崩岸险情 56 处。

5.4.1.3　崩岸主要影响因素

影响河道崩岸的因素包括自然因素和人类活动两大类，其中自然因素主要包括河流地质因素、河流及水动力因素、水文及气象因素 3 种，各因素间既相互制约又相互影响，河道岸坡稳定影响因素及分类见表 5.16。

表 5.16　　河道岸坡稳定影响因素及分类

类　型	类　号	名　称	原　因
地质因素	1	地层岩性因素	内因
	2	岸坡因素	
	3	构造因素	
	4	地下水	
河流及水动力因素	6	河道及河势特征	内因、外因
	7	水动力因素	
水文及气象因素	8	水文因素	外因
	9	气象因素	
人类活动因素	10	不当的活动因素	外因
	11	工程措施	

（1）河岸抗冲性弱是崩岸发生的基本条件。河床河岸抗冲性的强弱和空间分布情况影响着崩岸的发生、崩岸的速率和分布。长江中下游河岸大多具有二元结构，河岸滩槽高差越大，河岸越不稳定。同时，高水位持续时间影响土体的力学性质和渗流性质，产生崩岸往往表现为以岸坡不稳定而发生的局部的或孤立的崩窝。

长江中下游干流河岸部分除局部河段有濒江的低山丘陵外，大部分河岸由厚度 25～100m 的疏松沉积物组成，且呈层状，具有二元结构特征。上层为河漫滩相的黏性土，厚 4～30m；下层为河床相的中细沙，厚度自数米至 60 余 m。

荆江河段河道崩岸与岸坡组成关系密切，特别是弯道水流顶冲段抗冲性很弱的二元结构，往往在水流强度并不大的情况下发生崩岸。河床质主要由细砂所组成。河岸抗冲能力弱，极易受水流淘刷而崩坍。上荆江的地质情况好于下荆江，因而下荆江发生崩岸的概率也高于上荆江。

城陵矶至江阴河段，抗冲性差的河岸（物质组成以粉细沙为主）仅占全河段河岸总长的23.9%，但其崩岸长度却占崩岸总长的42.1%；相反，抗冲性好的河岸（物质组成以黏土、亚黏土为主），其崩岸率相对较小。城陵矶至江阴黏土、亚黏土河岸加上石质河岸占该段江岸总长的45.7%，而该段河岸的崩岸长度仅占崩岸总长的21.8%。由此可见，河岸土质的黏粒越高，抗冲性越好，就越不容易发生崩岸；而河岸土质的黏粒越低，抗冲性差，发生崩岸的概率就越大。特别是由粉、细沙组成的河岸部分，在一定的水流条件下，很容易发生崩岸。

（2）局部河势调整是崩岸发生的主要因素。局部河段河势调整改变了上下游河段水流动力轴线走向，水流顶冲点上移或下提，水流顶冲位置的改变导致原有护岸薄弱段或未护段出现崩岸险情。如石首河弯1994年切滩撇弯后，弯道段主流线突变，其后随着上段主流线继续左摆，向家洲继续崩退，北门口、鱼尾洲顶冲点持续下移，10年时间，弯顶下游顶冲点最大下移距离达4km。石首向家洲崩穿过流后，古丈堤至焦家铺发生的数公里滩岸崩塌，北门口及其以下、北碾子湾及其以下随着水流顶冲点的下移持续发生崩岸；监利河弯乌龟洲汉道主泓1996年由左汉转到右汉后，汉道下游主流顶冲点上提，导致太和岭至铺子湾一带崩岸频繁发生，甚至影响到天星阁、洪水港等段。另外，由于受1998年大水冲刷影响，三八滩逐渐冲刷萎缩，汉道易位，汉道下游主流线短暂右摆，南岸陈家台至新四弓段受水流顶冲，2000年汛后至2001年汛前发生了近2km的崩岸；荆江门、七弓岭段由于凹岸不断崩退过程当中年际间弯道段主流线也不断向下游移动，导致凹岸上段不断淤积，下段由于迎流顶冲崩退，且崩退点随顶冲点下移。

（3）水沙条件变化是导致崩岸发生的重要因素。水沙条件变化是导致崩岸发生的重要因素。研究表明，三峡工程蓄水运行后，下泄水流含沙量大幅度减小，水流冲刷强度明显增大，河床冲刷下切，是导致荆江河道崩岸发生的重要因素。水文过程的改变也是河道崩岸的影响因素，在一个水文年内，荆江的岸坡稳定性在涨水期内较高，洪峰期内次之，而退水期内最低（最易发生崩岸）。在退水期，河道水位下降速率与岸坡稳定性密切相关，退水速率越大，岸坡稳定性降低越快且越小。涨水期岸坡的稳定性相对较高，河道水位上涨速率减小或退水期河道内水位下降速率增加，都会在一定程度上降低岸坡的稳定性。洪峰期近岸流速较大，冲刷作用较强，岸坡易失稳，导致崩岸发生，如水位下降速度较快时，河岸也易发生崩塌。而在下荆江的急弯段，崩岸则一般多发生在洪水期和退水期，其中洪水期为崩岸强烈阶段，退水期为崩岸较强阶段。弯道内二次流的影响使得河岸坡脚冲刷更为严重，不利于凹岸岸坡的稳定。

三峡工程蓄水运行后，汛后水位下降幅度加快是荆江河道崩岸发生的重要因素。研究表明，汛后荆江河道水位从平滩水位附近（对应沙市水位在40m、流量25000～30000m³/s，石首水位在32～33m）消退的速度大小影响岸坡的稳定。在退水期，当河道内水位日均降幅在0.20m以上时，岸坡稳定性有所降低；当日均降幅达到0.40m以上时，岸坡容易失稳；当日均降幅达到0.60m以上时，河道崩岸将频繁发生。对于以弯道众多的下荆江而言，洪水期间流量越大，弯道环流作用就越强，特别是当流量在30000m³/s以上时，弯道环流作用进一步加剧了弯道段的近岸河床冲刷下切，也是导致河道崩岸发生的重要原因，尤以下荆江最为明显。

此外，一些人类活动如近岸挖沙、突加荷载、水工建筑物（如丁坝、矶头等坝式护岸，突出的码头，桥墩尤其是边墩与引水工程）等也会直接改变岸坡的稳定程度，而在自然稳态较差的岸坡段采取相应的工程措施，如河势控制工程、护岸工程、河道疏浚工程及植树植草等生物措施等都将使岸坡的稳态得到改善，崩岸较强的地段可以得到有效的抑制。

5.4.2　典型崩岸

5.4.2.1　石首北门口崩岸

石首北门口崩岸段位于长江下荆江的石首河段右岸（图 5.49）。石首河弯段为急弯型河段，上起新厂，下迄南碾子湾，全长约 31km。北门口崩岸段河道深弘逼岸且受主流顶冲，1994 年 6 月石首弯道向家洲发生切滩撇弯后，北门口岸段（桩号 6＋000～12＋000）一直处于崩退过程中，1994 年 6 月至 2001 年 4 月期间，弯道主流摆动频繁，滩岸大幅崩塌，河势剧烈调整，主流贴新河左岸而下，撇开右岸东岳山天然节点的控制，直冲石首市城区北门口一带，北门口一带岸线大范围崩退。2001 年 4 月，对石首河弯段主要险工段进行治理后，岸线得到了初步控制，但北门口弯道顶冲点大幅度下移，北门口已护工程段（中下段）出现多处崩岸险情，已护工程段下游的未护岸段岸线大幅度崩塌，如图 5.50、图 5.51 所示。2002 年后岸线崩退加剧，2002—2017 年岸线累积最大崩退达 330m。

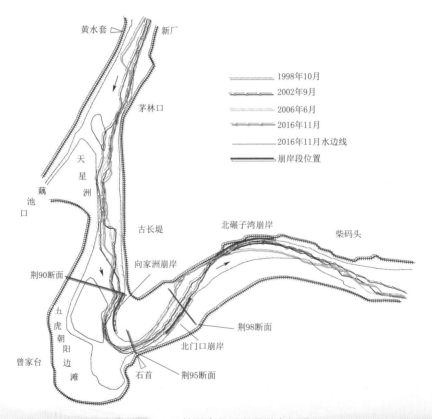

图 5.49　石首河弯段近期深泓变化图

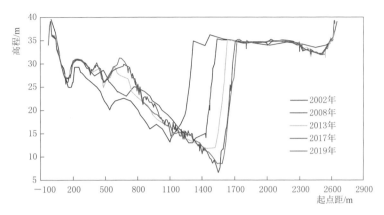

图 5.50　北门口崩岸段荆 98 断面变化图

图 5.51　北门口崩岸现场情况（2018 年）

5.4.2.2　洪湖长江干堤燕窝虾子沟崩岸

洪湖长江干堤燕窝虾子沟段位于簰洲湾弯道进口段左岸，该段滩宽 40～60m，主流贴岸（图 5.52）。近年来河床冲刷下切，岸坡变陡，加之该段为沙基岸段，地质条件差，抗冲能力弱。2016 年 11 月至 2017 年 4 月，近岸河床冲深约 5m，岸坡变陡失稳。2017 年 4 月 19 日发生崩岸险情，距堤脚最近仅 14m，2017 年 10 月 27 日再次发生崩岸险情，位于汛前的崩岸下游 420m 处，对应桩号为 412＋500～412＋605（图 5.53）。崩长 105m，崩宽 17m，吊坎高约 6m，距离堤脚最近 80m。严重危及洪湖长江干堤的度汛安全。

5.4.2.3　扬中市江堤崩岸

扬中市江堤崩岸处位于扬中河段太平洲左汊（扬中市三茅街道指南村）的右岸，河道水流从上游嘶马弯道过渡到该河段右岸，水流顶冲，近年来近岸深槽持续冲刷下切、扩大并向岸边移动，如图 5.54 所示。2017 年 11 月 8 日 5 时左右，扬中市三茅街道指南村长江江岸发生崩岸险情，形成了岸线崩长约 540m、最大坍进尺度约 190m 的崩窝，致使440m 长江干堤和 9 户民房塌失，塌失干堤内外土地约 101 亩（图 5.55）。崩岸处河岸为二元结构，其上约 10m 厚为黏土（粉质黏土）层，而下部的粉砂或细砂层层厚大于 40m，加之 2016 年、2017 年较大洪水加快了河岸下部沙层受到淘刷，从而形成窝崩险情。

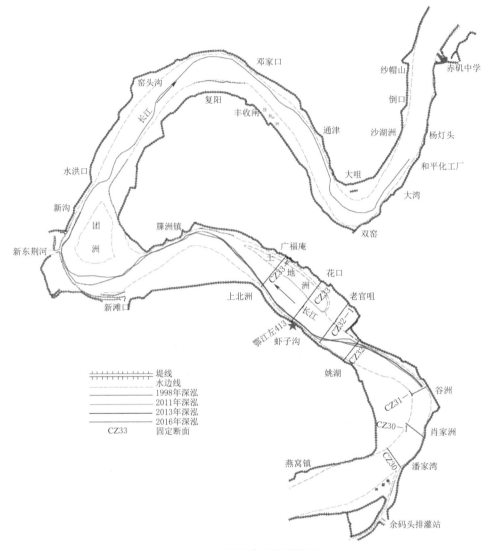

图 5.52 簰洲湾河段河势图

（a）2017年示意图

（b）2017年10月崩窝处

图 5.53 虾子沟崩岸现场

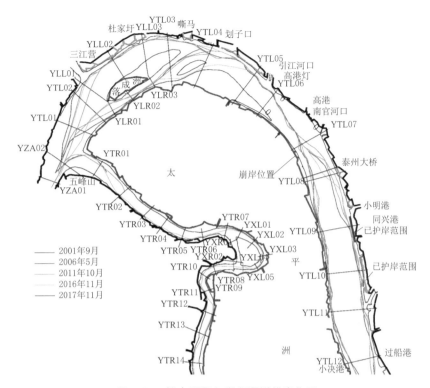

图 5.54　扬中河段上半段深泓线变化图

图 5.55　扬中市江堤崩岸现场（2017 年）

参 考 文 献

［1］　张幸农，应强，陈长英. 长江中下游崩岸险情类型及预测预防 ［J］. 水利学报，2007，38（S1）：246 - 250.

［2］　许全喜. 三峡水库蓄水以来水库淤积和坝下冲刷研究 ［J］. 人民长江，2012，043（7）：1 - 6.

［3］　董炳江，许全喜，袁晶，等．近年来三峡水库坝下游河道强烈冲刷机理分析［J］．泥沙研究，2019，44（5）：45－50．

［4］　董耀华．输沙量法与地形法估算河道冲淤量的对比研究［J］．长江科学院院报，2009，26（8）：1－5．

［5］　段光磊，彭严波，郭满姣．河道实测冲淤量不同计算方法结果比较分析．长江科学院院报，2014，31（2）：108－113．

［6］　张为，吴美琴，李思璇，等．三峡水库蓄水后城陵矶至九江段河道冲淤调整机理［J］．水科学进展，2020，31（2）：162－171．

［7］　朱玲玲，许全喜，熊明．三峡水库蓄水后下荆江急弯河道凸冲凹淤成因［J］．水科学进展，2017，28（2）：193－202．

［8］　朱玲玲，葛华，李义天，等．三峡水库蓄水后长江中游分汊河道演变机理及趋势［J］．应用基础与工程科学学报，2015，23（2）：246－258．

［9］　余文畴，卢金友．长江河道崩岸与护岸［M］．北京：中国水利水电出版社，2008．

［10］　孙启航，夏军强，周美蓉，等．三峡工程运用后城陵矶—武汉河段河床调整及崩岸特点［J］．湖泊科学，2019，31（5）：1447－1458．

第6章

三峡水库"蓄清排浑"新技术研究与应用

　　三峡水库蓄水后，由于水位升高，过水断面面积加大，水流流速减缓，挟沙能力降低，泥沙便会淤积在库区内。进入下游河道泥沙也随之大幅度减少，影响下游河道正常发育。可以通过水库泥沙调度实现泥沙效益最大化，减少水库泥沙淤积量，避免有害淤积，保持水库有效库容，同时尽量将泥沙排向下游。

　　三峡水库泥沙调度以"蓄清排浑"为主要指导思想，即在每年汛前降低水库运行水位至汛限水位145m，腾出防洪库容，除遇特大洪水库水位抬高外，整个汛期维持在145m水位运行，以排泄泥沙，减少库尾泥沙淤积；汛末含沙量小的时期，将坝前水位逐步抬高至正常蓄水位175m，年末至第二年汛前，水位逐步消落，5月25日前水位不低于155m，以满足航运的需要。采用这种调度方式，有利于减轻水库淤积的不利影响，长期保留水库的部分有效库容，论证和初步设计的结论是：按此方式运行，"水库的大部分有效库容，包括防洪库容和调节库容，均可以长期保留"，"根据数学模型计算结果，175m—145m—155m方案水库运行100年，不考虑上游建库拦沙，防洪库容能保留86%，调节库容能保留92%"。

　　三峡水库蓄水运行以来，入库沙量大幅度减少，2003—2019年三峡水库入库（寸滩+武隆）年均水沙量分别为3757亿 m^3 和1.43亿 t，较论证值减少了5%和70%；另一方面，9—10月入库径流量减少，不利于水库汛末蓄水，与下游供水的矛盾也将更加突出。长江上游干支流水库群的联合调度和三峡水库入库沙量明显减少，为进一步优化三峡水库调度运行方式提供了有利条件。近年来，三峡水库在中小洪水调度、提高汛期运行水位、汛后提前蓄水等方面进行了有益的探索，但也会导致水库排沙比减小、库区泥沙淤积重心上移、有效库容内淤积量增加等问题。能否妥善解决这些泥沙淤积问题，对于水库优化调度的实施具有重大意义。

　　由于经济社会的发展，在防洪、发电、航运、生态、补水等方面对三峡水库调度提出了更高需求。因此，需要突破常规的水库泥沙调度方式，探索新水沙和水库群联合调度下的泥沙调度新技术，为三峡水库优化调度和工程综合效益拓展提供技术支撑。通过持续的技术创新、原型观测、理论研究及调度实践，在泥沙实时监测技术创新基础上，突破常规的三峡水库"蓄清排浑"运行方式，开创性地提出了三峡水库沙峰排沙调度、库尾减淤调度等"蓄清排浑"新技术，并得到成功应用，进一步丰富了大型水库调度理论和技术体系。

6.1 汛期不同调度方式下三峡水库泥沙冲淤规律研究

水库排沙比和水库淤积情况与入库水沙条件、出库流量、水库运行水位密切相关。三峡水库年内入库沙量 90% 以上集中在汛期，因此汛期水库调度运行方式直接影响水库排沙比。本节主要通过不同运行方案下的数值模拟，研究三峡水库汛期不同水位运用对排沙效果的影响。

6.1.1 三峡水库一维水沙数学模型

天然河道里的洪水波运动属于非恒定流，可用圣维南方程组进行描述流域范围内的河道一维水流运动。三峡库区泥沙冲淤计算模拟采用一维非恒定流、非均匀沙的水沙数学模型进行计算。与恒定流数学模型相比，非恒定流的数学模型避免了人为地将连续的不恒定水沙过程概化为梯级式的恒定水沙过程，在计算河段距离较长、河道槽蓄作用影响较大的情况下，能更为准确合理地模拟整个河段的泥沙冲淤过程，而且长江上游支流众多，支流的水沙演进影响着干流的水沙过程，在建立水库一维非恒定泥沙模型时考虑干支流水沙运动，本模型引入汊点模式，构建成一维河网水沙模型。

模型算法包括一维河网水流隐式差分算法和水库调度模式。对于河网模块采用一维非恒定流四点隐式差分格式求解。这种算法充分利用隐式差分稳定性好、求解速度快及准确实现河网汊点流量自动分配的优点，同时在一维河网水沙模型中，将水库调度关系嵌入到河段方程水位与流量的关系模式中，即形成水库调度计算模式，与河道河网耦合联解，调度计算稳定并能够准确控制调度过程中坝址水位和流量过程。

6.1.1.1 模型基本方程及求解

将水库干支流河道分别视为单一河道，河道汇流点称为汊点，则模型应包括单一河道水沙运动方程和汊点连接方程两部分。

（1）单一河道水沙运动方程。

水流连续方程：

$$\frac{\partial A}{\partial t}+\frac{\partial (Q)}{\partial x}=\frac{q}{\Delta x} \tag{6.1}$$

式中 A——过水面积，m^2；

       Q——流量，m^3/s；

       q——侧向流量，m^3/s；

       r——沿程距离；

       t——时间。

水流动量方程：

$$\frac{\partial Q}{\partial t}+\frac{\partial}{\partial x}\left(\alpha \frac{Q^2}{A}\right)+gA\left(\frac{\partial Z}{\partial x}+\frac{Q|Q|}{K^2}\right)=\frac{qv}{\Delta x} \tag{6.2}$$

式中 α——修正系数，$\alpha=\dfrac{\int_A u^2 \mathrm{d}A}{Q^2/A}$；

K——流量模数，$K^2 = \dfrac{A^2 R^{\frac{4}{3}}}{n^2}$；

Z——水位，m；

v——侧向流速，m/s。

悬移质连续性方程：

$$\frac{\partial(A S_k)}{\partial t} + \frac{\partial(Q S_k)}{\partial x} + \alpha_k B \omega_k (S_k - S_k^*) = S_c q \tag{6.3}$$

式中　B——水面宽，m；

S_k、S_k^*——断面分组平均含沙量及挟沙力；

S_c——支流含沙量；

ω_k——泥沙颗粒静水分组沉速；

α_k——分组恢复饱和系数。

悬移质河床变形方程：

$$\frac{\partial(\gamma_s' \Delta A)}{\partial t} = \sum_{k=1}^{n} \alpha_k B \omega_k (S_k - S_k^*) \tag{6.4}$$

式中　γ_s'——干容重；

ΔA——冲淤面积；

n——Manning 糙率系数。

水流挟沙力公式：

$$S_* = S_*(U, h, \omega, \cdots) \tag{6.5}$$

（2）汊点连接方程。

流量衔接条件：进出每一汊点的流量必须与该汊点内实际水量的增减率相平衡，即

$$\sum Q_i = \frac{\partial \Omega}{\partial t} \tag{6.6}$$

式中　Ω——汊点的蓄水量，将该点概化为一个几何点，则 $\Omega = 0$。

动力衔接条件：如果汊点可以概化为一个几何点，出入各个汊道的水流平缓，不存在水位突变的情况，则各汊道断面的水位应相等，即

$$Z_1 = Z_2 = \cdots = \overline{Z} \tag{6.7}$$

汊点输沙平衡方程：进出每一汊点的沙量必须与该汊点内实际冲淤的增减率相平衡，即

$$\sum_{i=1}^{N} Q_i S_i = \sum_{j=1}^{M} Q_j S_j + \gamma_s' A \frac{\partial Z_b}{\partial t} \tag{6.8}$$

根据各分流河段进口断面挟沙力 S_k^* 确定汊点分沙比，各分流河道进口含沙量存在以下关系：

$$S_1 : S_2 : S_3 : \cdots : S_k = S_1^* : S_2^* : S_3^* : \cdots : S_k^*$$

此模式形式简单，物理意义清晰。由于挟沙力与流速的高次方成正比，该模式实际以流速为主分配沙量，当各分流口门流速相近时，变成分流比模式。

（3）水库调洪演算方程。水库调洪演算方程主要采用水量平衡方程，在一个计算时段内，水库水量与下泄水量之间的差值即为该时段中水库蓄水量的变化，即

$$\overline{Q}-\overline{q}=\frac{1}{2}(Q_1+Q_2)-\frac{1}{2}(q_1+q_2)=\frac{V_2-V_1}{\Delta t}=\frac{\Delta V}{\Delta t} \tag{6.9}$$

式中　Q_1、Q_2——计算时段开始、结束的入库流量；

　　　　$\overline{Q}$——计算时段内平均入库流量，即Q_1和Q_2的平均值；

　　　q_1、q_2——计算时段开始、结束的下泄流量；

　　　　$\overline{q}$——计算时段的平均下泄流量；

　　　V_1、V_2——计算时段开始、结束水库的蓄水量；

　　　　ΔV——V_1和V_2之差；

　　　　Δt——计算时段。

当水库入库洪水过程线已知时，Q_1和Q_2均为已知，而q_1和V_1是计算时段开始时的初始条件，结合坝址处输入流量调度目标，即输入未来出库流量过程，计算得到水库库容，并借助水库容积特性曲线$V=f(Z)$，推导出水库水位过程，实现水库的调洪演算。

（4）离散求解。式（6.1）及式（6.2）为拟线性方程，在计算过程中为避免迭代，减少计算工作量，引入了线性化的普利斯曼加权偏心隐格式，计算精度满足水利工程计算要求。

悬移质泥沙连续方程式（6.3）对数值解法的精度要求较高，采用一般的差分模式不能保证精度，含沙量的计算结果可能会出现不合理的情况，而采用高精度的数值格式不仅计算复杂，而且计算量太大。这里采用相临时层之间用差分法求解，在同一时间层上求分析解的方法，能够同时满足精度和计算量的要求。

（5）汊点求解。

1）汊点水流：采用三级解法对水流方程进行求解，假设某河段中有 m 个断面，将该河段中通过差分得到的微段方程式（6.10）依次进行自相消元，再通过递推关系式将未知数集中到汊点处，即可得到该河段首尾断面的水位流量关系。采用三级河网算法能够较好容纳各种特殊的计算模式，便于计算格式一致性和计算的稳定性：

$$\begin{cases} Q_1=a\,Z_1+b\,Z_m+c \\ Q_m=d\,Z_1+e\,Z_m+f \end{cases} \tag{6.10}$$

式中系数 a、b、c、d、e、f 由递推公式求解得出。

将边界条件和各河段首尾断面的水位流量关系代入汊点连接方程，就可以建立起以三峡水库干支流河道各汊点水位为未知量的代数方程组，求解此方程组得各汊点水位，逐步回代可得到河段端点流量及各河段内部的水位和流量。

2）汊点分沙：进出汊点各河段的泥沙分配，主要由各河段临近节点断面的边界条件决定，并受上游来沙条件的影响。模型采用分沙比等于分流比的模式：

$$S_{j,\text{out}}=\frac{\sum Q_{i,\text{in}}S_{i,\text{in}}}{\sum Q_{i,\text{in}}} \tag{6.11}$$

6.1.1.2　模型有关问题处理

（1）水流挟沙力公式及分组挟沙力级配。挟沙力公式采用张瑞瑾挟沙力公式形式：

$$S_*=K\left(\frac{U^3}{gh\,\overline{\omega}}\right)^m \tag{6.12}$$

式中　K、m——挟沙力系数和指数；

U——断面平均流速；

$\overline{\omega}$——泥沙群降沉速，$\overline{\omega}=(\sum P_i\omega_i^m)$；

P_i——含沙量级配；

ω_i——第 i 组沙对应的沉速。

分组挟沙力级配采用窦国仁模式：

$$P_{*i}=\frac{(P_i/\omega_i)^\beta}{\sum(P_i/\omega_i)^\beta} \tag{6.13}$$

分组挟沙力：

$$S_{*i}=S_*P_{*i} \tag{6.14}$$

（2）推移质输沙率。模型中悬移质、推移质引起的河床变形是分开计算的，因此需要对悬移质与推移质进行划分。目前较常用的方法是对悬浮指标取特定值，即当悬浮指标大于 5 时可认为是推移质，否则为悬移质。

推移质输沙率用长江科学院提出的输沙经验曲线，具体关系形式为

$$\frac{V_d}{\sqrt{gd}}\sim\frac{g_b}{d}\frac{1}{\sqrt{gd}} \tag{6.15}$$

其中

$$V_d=\frac{m+1}{m}\left(\frac{H}{d}\right)^{-\frac{1}{m}}U$$

$$m=4.7\left(\frac{H}{d_{50}}\right)^{0.06}$$

然而，对于三峡库区复杂的河床组成来说，在模型计算过程中需采用实测资料对其进行检验和修正。

（3）恢复饱和系数。恢复饱和系数是泥沙数学模型计算的重要参数，它是一个综合系数，需要由实测资料反求。但是其影响因素很多，既与水流条件有关，又与泥沙条件有关，随时随地都在变化，在大多数泥沙冲淤计算中都假定为一正的常数，通过验证资料逐步调整。本模型对泥沙冲淤采用分粒径组算法，如果对各粒径组都取同样的 α 值，由于各组间的沉速相差可达几倍甚至几百倍，因而从计算结果看，在同一断面上小粒径组相对于大粒径组来说其冲淤量常常可忽略不计，这往往与实际不尽相符。为此本模型采用分粒径组泥沙恢复饱和系数计算的方法，该方法建立了分粒径组泥沙恢复饱和系数与沉速之间的关系：

$$\alpha_i=\alpha_0\left(\frac{\overline{\omega}}{\omega_i}\right)^{m_1} \tag{6.16}$$

式中 α_i——第 i 组悬移质恢复饱和系数；

α_0、m_1——待定系数和指数，需通过实测资料率定计算；

ω_i——第 i 组的泥沙沉速；

$\overline{\omega}$——混合沙的平均沉速。

（4）糙率系数确定。糙率系数是反映水流条件与河床形态的综合系数，主要与河岸、主槽、滩地、泥沙粒径、沙波以及人工建筑物等相关。阻力问题通过糙率反映出来，河道发生冲淤变形时，床沙级配和糙率都会作出相应的调整。当河道发生冲刷时，河床粗化，糙率增大；反之，河道发生淤积，河床细化，糙率减小。模型根据实测水位流量资料进行

初始糙率率定，各河段分若干个流量级逐级试糙。

（5）细颗粒泥沙絮凝模式。细颗粒泥沙絮凝的实质是泥沙颗粒通过彼此间的引力相互连接在一起，形成外形多样、尺寸明显变大的絮凝体。三峡水库中细颗粒泥沙所占比例较大，约为1/3以上，是否出现絮凝对水库淤积量影响较大。

已有的研究成果表明，细颗粒泥沙絮凝的影响因子主要有水体盐度、含沙量、粒径、流速等。根据以往研究成果对三峡水库细颗粒泥沙输移与絮凝进行了分析，三峡水库中细颗粒泥沙不仅淤积比较大，且彼此差别小，见表6.1。如不考虑絮凝等因素，这种现象难以用常规的不平衡输沙理论解释。

表6.1　　　　　　　　　　　三峡水库入库和出库细颗粒泥沙量

时　间	2006 年			2007 年		
粒径/mm	<0.004	0.004~0.008	0.008~0.016	<0.004	0.004~0.008	0.008~0.016
汛期6—9月入库/万 t	3653	842	1335	7160	2538	3003
汛期6—9月出库/万 t	477	138	81	2846	725	567
淤积比/%	87	84	94	60	71	81
非汛期入库/万 t	786	269	344	573	231	266
非汛期出库/万 t	38	13	9	51	12	8
淤积比/%	95	95	97	91	95	97

目前国内外对泥沙絮凝研究较多的均位于入海的河口段，絮凝的因素主要为水体盐度的影响，目前针对三峡水库这种大水深水库可能出现的缓慢絮凝现象还没有专门研究。模型考虑絮凝对泥沙沉速影响的修正，即泥沙颗粒大小对絮凝因子的影响曲线，该曲线可近似拟合为

$$F = 0.0013 \times D^{-1.9} \tag{6.17}$$

式中　　D——泥沙粒径，mm；

　　　　F——絮凝后沉速修正倍数。

根据2011—2013年实测的级配资料，经式（6.17）计算得到汛期庙河站絮凝后泥沙沉速修正倍数F，见表6.2，F最大为53（2012年9月），最小为23（2013年9月），平均值为38。

表6.2　　　　　　　　　　庙河站絮凝后泥沙沉速修正倍数

年份	2011			2012			2013		
月份	7	8	9	7	8	9	7	8	9
F	42	38	24	43	47	53	39	35	23

2011年，长江水利委员会水文局开展三峡坝前泥沙絮凝试验，经统计分析坝前细颗粒泥沙因絮凝成团，泥沙颗粒沉降速度平均为絮凝前的9.1倍（絮凝后泥沙沉速修正倍数），最大的可达到35倍，当流速在0.2~0.4m/s时，细颗粒泥沙的絮凝强度达到最大。

由于试验时不同流速条件细颗粒泥沙絮凝强度不同，同时现场水体介质不同，细颗粒泥沙并未达到完全絮凝状态，因此试验得到絮凝修正数小于式（6.17）计算得到的数值。

目前泥沙絮凝理论及不同条件下的絮凝机理仍在研究阶段，因此三峡一维泥沙模型仍采用式（6.17）对泥沙沉速进行修正，由于式（6.17）未考虑水流流速因素，模型对其进行了相应的改进，使其更符合三峡水库中的实际应用，改进后的公式为

当断面流速小于 0.3m/s 时：$F=V/0.3 \times 0.0013 \times D^{-1.9}$；

当断面流速 0.3～0.6m/s 时：$F=(0.6-V)/0.3 \times 0.0013 \times D^{-1.9}$；

当断面流速大于 0.6m/s 或以上公式计算的 F 小于 1 时，可以认为没有絮凝作用，即 $F=1$。

6.1.2　模拟方案

选择三峡水库入库泥沙较少的 2016 年、2017 年和入库沙峰明显、沙量较大的 2012 年、2018 年为典型的水沙过程，开展三峡水库汛期不同水位运行方式排沙效果的计算研究，水位计算方案分别选择 145m（初步设计）、150m、155m，典型年水沙情况见表 6.3，典型年汛期调度计算方案见表 6.4。

表 6.3　　　　　　　　　　　　　　典型年水沙情况

序号	年份	入库水量 /亿 m³	入库沙量 /万 t	汛期沙量 /万 t	汛期沙量占比 /%	沙峰入库、 出库时间	场次沙峰 沙量/万 t	场次沙峰占年 沙量比列/%
1	2016	3720	4220	3280	78	—	—	
2	2017	3730	3440	2600	76	—	—	
3	2012	4170	21900	18230	83	6.29～7.6 7.22～7.27	2971 3152	34
4	2018	4300	14300	13480	94	7.10～7.21	8118	60

注　汛期沙量统计为 6 月 10 日至 9 月 10 日。

表 6.4　　　　　　　　　　　　　典型年汛期调度计算方案

方　案	方　案　名　称	方　案	方　案　名　称
一	实际调度过程	三	汛期 150m
二	汛期 145m	四	汛期 155m

2016 年、2017 年三峡水库入库含沙量均不大，寸滩站最大含沙量分别为 2.06kg/m³ 和 1.79kg/m³，且沙峰显瘦，大于 0.5kg/m³ 的输沙过程仅持续 2 天，如图 6.1、图 6.2 所示。2012 年、2018 年均出现了较大的沙峰过程，寸滩站最大含沙量分别为 3.60kg/m³ 和 4.66kg/m³，如图 6.3 和图 6.4 所示，场次沙峰沙量分别达到了 6123 万 t 和 8118 万 t，分别占汛期沙量的 34% 和 60%。

6.1.3　"小水小沙"年不同调度方式下泥沙冲淤规律

2016 年 5—9 月，三峡入库洪峰达到了 50000m³/s，但整体来水仍偏小，流量大于 30000m³/s 的天数为 3 天，入库总沙量也仅为 3960 万 t。汛期水位上浮后，出库沙量减少，当汛期水位在 155m 时，出库沙量较初步设计方案减少了 287 万 t（占入库沙量的 7%），排沙比减少了 4.5%，见表 6.5。汛期水位上浮后，库区泥沙的增加量主要淤积在常年回水区上段（涪陵至万县段），如图 6.5 所示。

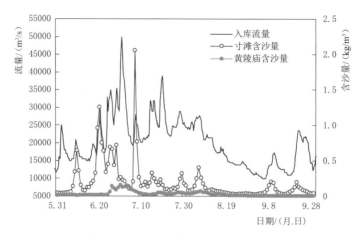

图 6.1 2016 年入库流量与含沙量过程

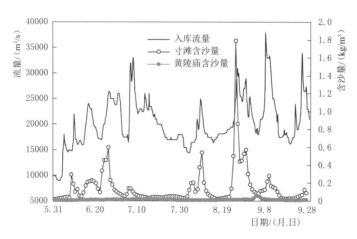

图 6.2 2017 年入库流量与含沙量过程

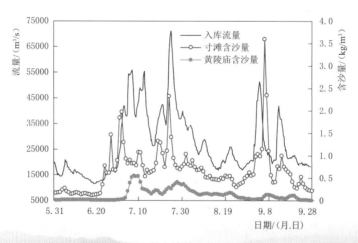

图 6.3 2012 年入库流量与含沙量过程

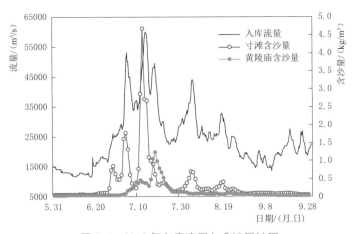

图 6.4 2018 年入库流量与含沙量过程

表 6.5   2016 年不同方案计算结果表

方案	方案名称	5 月 1 日至 9 月 30 日 出库沙量/万 t	库区淤积沙量 /万 t	排沙比 /%
一	实际调度过程	850	3110	21.5
二	汛期 145m（初步设计）	959	3001	24.2
三	汛期 150m	797	3163	20.1
四	汛期 155m	672	3288	17.0

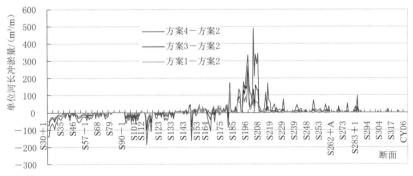

图 6.5　2016 年各方案与初步设计调度方案沿程单位长度淤积量差值变化

（5 月 1 日至 9 月 30 日）

实际调度过程的汛期坝前水位最高到达了 158.33m，超过 150m 的天数也达到了 28 天，排沙比较 150m 方案仅多 0.6%，与初步设计调度方案相比，出库沙量较初步设计调度方案减少了 109 万 t（占入库沙量的 3%），排沙比减少 2.7%。

2017 年 5—9 月，三峡水库入库洪峰达到了 33000m³/s，相比 2016 年来水偏小较多，流量大于 30000m³/s 的天数仅为 1 天，入库沙量为 3037 万 t。初步设计调度方案下，出库沙量也仅为 310 万 t，排沙比 10.2%。汛期水位上浮至 155m 后，出库沙量较初步设计方案减少 63 万 t（占入库沙量的 2%），排沙比减少了 2.1%，见表 6.6，库区泥沙的增加量主要淤积在变动回水区下段和常年回水区上段（清溪场至万县段），如图 6.6 所示。

实际调度过程的汛期坝前水位最高到达了 157.06m，超过 150m 的天数也达到了 20 天，排沙比较 150m 方案仅多了 0.5%，与初步设计方案相比，出库沙量较初步设计方案减少了 13 万 t（占入库沙量的 0.5%），排沙比减少了 0.4 个百分点。库区泥沙的增加量主要淤积在变动回水区下段和常年回水区上段（清溪场至万县段），如图 6.6 所示。

表 6.6 2017 年不同方案计算结果表

方案	方案名称	5 月 1 日至 9 月 30 日 出库沙量/万 t	库区淤积沙量 /万 t	排沙比 /%
一	实际调度过程	297	2740	9.8
二	汛期 145m（初步设计）	310	2727	10.2
三	汛期 150m	284	2753	9.3
四	汛期 155m	247	2790	8.1

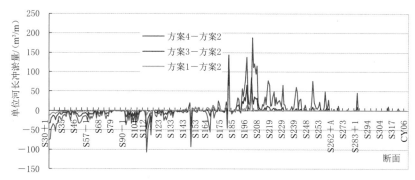

图 6.6 2017 年各方案与初步设计调度方案沿程单位长度淤积量差值变化
（5 月 1 日至 9 月 30 日）

6.1.4 "大水大沙"年不同调度方式下泥沙冲淤规律

2012 年 5—9 月，三峡水库入库洪峰达到了 71000m³/s，其中流量大于 30000m³/s 的天数达到了 37 天，入库沙量 20711 万 t。实际调度过程由于拦蓄洪水，汛期最高水位达到了 163.0m，其中：汛期水位高于 150m 的达到了 43 天，高于 155m 的也达到了 33 天，实际调度过程的排沙比与汛期水位上浮至 155m 方案差不多，仅较 155m 方案偏多 0.4%，出库沙量较初步设计调度方案偏少 1494 万 t（占入库沙量的 7%），排沙比偏少了 7.2%，见表 6.7。库区泥沙的增加量主要淤积在变动回水区下段和常年回水区上段（清溪场至万县段），如图 6.7 所示。

表 6.7 2012 年不同方案计算结果表

方案	方案名称	5 月 1 日至 9 月 30 日 出库沙量/万 t	库区淤积沙量 /万 t	排沙比 /%
一	实际调度过程	4498	16213	21.7
二	汛期 145m（初步设计）	5992	14719	28.9
三	汛期 150m	5155	15556	24.9
四	汛期 155m	4416	16295	21.3

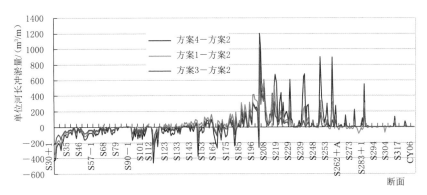

图 6.7 2012 年各方案与初步设计调度方案沿程单位长度淤积量差值变化
（5 月 1 日至 9 月 30 日）

2018 年 5—9 月，三峡水库入库洪峰达到了 59000m³/s，其中流量大于 30000m³/s 的天数达到了 25 天，入库沙量 14000 万 t。实际调度过程由于拦蓄洪水，汛期最高水位达到 156.62m，其中汛期水位高于 150m 的达到了 43 天，高于 155m 的也达到了 11 天，实际调度过程的排沙比与汛期水位上浮至 150m 方案相近，仅较 150m 方案偏少 0.2%，出库沙量较初步设计调度方案偏多 856 万 t（占入库沙量的 6%），排沙比偏少了 6.1%，见表 6.8。库区泥沙的增加量主要淤积在变动回水区下段和常年回水区上段（清溪场至万县段），如图 6.8 所示。

表 6.8　2018 年不同方案计算结果表

方案	方案名称	5 月 1 日至 9 月 30 日出库沙量/万 t	库区淤积沙量/万 t	排沙比/%
一	实际调度过程	4032	9968	28.8
二	汛期 145m（初步设计）	4888	9112	34.9
三	汛期 150m	4058	9942	29.0
四	汛期 155m	3362	10638	24.0

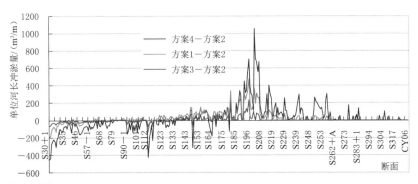

图 6.8　2018 年各方案与初步设计调度方案沿程单位长度淤积量差值变化
（5 月 1 日至 9 月 30 日）

采用不同典型年的水沙过程,计算分析了不同水位运行方式对三峡水库排沙效果的影响。研究结果表明,相对一些入库沙量较少的年份,汛期水位适当上浮,与初步设计调度方案相比,库区增加的泥沙淤积量不大。如2016年、2017年(汛期入库泥沙分别为3960万t、3037万t)汛期水位上浮至155m,与初步设计调度方案相比,仅增加泥沙淤积量287万t、63万t。而对于入库泥沙较大年份,汛期水位上浮,库区增加的泥沙淤积量较大,如2012年、2018年(汛期入库泥沙分别为20711万t、14000万t)汛期水位上浮至155m,与初步设计调度方案相比,增加淤积泥沙分别达到了1576万t、1526万t。对于入库泥沙较大年份,通过沙峰调度可减少库区泥沙淤积风险。

2016年、2017年、2018年汛期,三峡水库实际调度的排沙效果与汛期水位上浮至150m的相差不大。实际调度过程中,由于三峡水库汛期拦蓄中小洪水(最大入库流量分别为50000m³/s、33000m³/s、60000m³/s,最大下泄流量分别为32500m³/s、28500m³/s、43900m³/s),坝前水位最高分别上浮至158.33m、157.06m、156.62m(平均为150.58m、152.63m、153.31m),排沙比分别为21.5%、9.8%、28.8%,如汛期水位上浮至150m,水库排沙比分别为20.1%、9.3%、29.0%,两者排沙效果相差不大。

2012年汛期,三峡水库实际调度的排沙效果与汛期水位上浮至155m的相差不大。实际调度过程中,三峡入库最大流量为71200m³/s,最大下泄流量为45000m³/s,坝前最高水位达到了163.0m(平均水位157.07m),排沙比为21.7%,如汛期水位上浮至155m,则排沙比为21.3%,两者排沙效果相差不大。

6.2 长江上游泥沙实时预报技术研究

6.2.1 泥沙预报方法

目前国内关于泥沙预报的研究大多集中在黄河流域,对于高含沙水流的泥沙预报研究成果较为丰富,部分研究成果已用于生产实际中,但在长江流域含沙量相对较低的河流中,目前尚无成熟可靠的泥沙预报研究成果。

结合已有研究成果来看,关于泥沙模拟或预报的方法主要分为两大类:一类是水文学方法,如输沙单位线模型、神经网络模型、动力系统自记忆模型、水沙相关关系、响应函数模型等;另一类是水力学方法,如一维、二维水沙数学模型、简化水力学模型等。一般而言,水力学方法因其物理意义明确,研究成果丰富,在河道泥沙传播过程预报中应用较好。而对于提供数学模型输入条件的边界站泥沙预报,一般采用水文学方法,即根据单站的水沙相关关系或降雨特性来预报单站的未来泥沙信息。

6.2.2 泥沙预报模块

长江上游支流众多,水沙异源、多源现象突出。根据水文资料统计及实地调查,长江上游来沙主要包括金沙江干流及横江、岷江、沱江、嘉陵江等主要支流,其中以嘉陵江、岷江、沱江来沙为主,分别占寸滩站沙量的38%、27%、15%。考虑长江上游泥沙主要来源,基于泥沙实时报汛站网,构建上起向家坝坝址下至三峡水库坝址,涵盖主要干流、支流、未控区间的长江上游泥沙预报体系,预报体系主要分为进口条件输入模块和一维水沙数学模型计算模块。长江上游泥沙预报体系流程如图 6.9 所示。

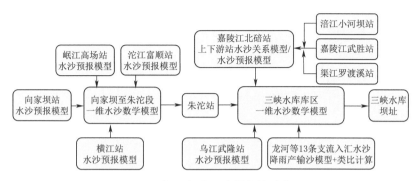

图 6.9 长江上游泥沙预报体系流程

6.2.2.1 进口条件输入模块

长江上游泥沙来源众多，不同场次洪水的产沙区间也不尽相同。针对不同区域来沙情况，泥沙预报体系中采用不同的预报方法对边界站点进行预报。

（1）对于横江、岷江、沱江、乌江等支流上设有泥沙实时报汛站点的控制站，采用 Q-S 相关关系模型进行预报，具体方法为：①首先根据历史水沙资料，构建汛期 Q-S 相关关系模型；②再根据场次洪水的前期泥沙报汛数据对相关关系模型进行修正，使模型更加贴合场次洪水的水沙特性；③最后根据各水文站流量预报情况，运用 Q-S 相关关系模型来预报未来几天含沙量情况。以岷江高场站为例，给出高场站 Q-S 相关关系模型建立方法及含沙量预报效果。

选取 2009—2018 年高场站汛期实测水沙资料，划分为 30 个流量级，分析平均含沙量与流量的相关关系，如图 6.10 所示。再用场次洪水前期泥沙报汛数据进行拟合，发现计算值整体偏大，如图 6.11 所示，因此引入修正系数 0.7，并再次进行含沙量预报计算。计算结果表明，修正后预报结果较好，与实际过程基本吻合。

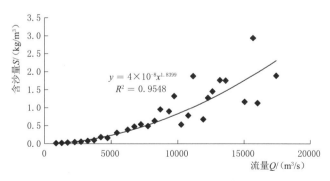

$$y = 4 \times 10^{-8} x^{1.8399}$$
$$R^2 = 0.9548$$

图 6.10 高场站汛期 Q-S 相关关系

（2）嘉陵江流域是三峡入库泥沙的主要来源，嘉陵江出口水沙控制站为北碚站。嘉陵江流域产沙区间主要是上游支流涪江、渠江及嘉陵江干流上游，涪江、渠江在合川入汇嘉陵江，但入汇口和北碚站之间修建有草街航电枢纽，枢纽直接切断了泥沙输移通道，对水

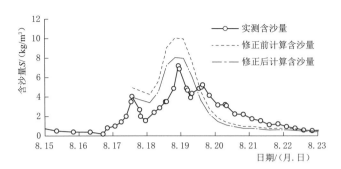

图 6.11 高场站 2020 年 8 月 17 日泥沙预报成果

沙相关关系影响很大,因此不能直接采用水沙关系模型来预报北碚站含沙量情况。采用的策略是分段预报、上下衔接的方法。具体就是先根据涪江小河坝站、嘉陵江上游武胜站、渠江罗渡溪站的泥沙报汛数据及单站水沙关系模型,预报上游产沙情况,将上游 3 站泥沙在枢纽上游形成合成含沙量 $S_合$,$S_合$ 受到草街水电枢纽调度、出库沙量与下泄流量有关,并进一步传播至北碚站,因此可构建北碚站流量和含沙量关系,预报北碚站含沙量。

选取 2009—2018 年小河坝站、武胜站、罗渡溪站汛期实测水沙资料,划分为 30 个流量级,建立平均含沙量与流量的相关关系。根据实测资料分析,3 站洪水传播至草街航电枢纽坝前时间大概为 6h,而泥沙的传播时间受不同来流量、不同含沙量的影响而变化,传播时间见表 6.9。

表 6.9 嘉陵江流域不同流量下沙峰传播时间

站名	各流量级下沙峰传播时间/h			
小河坝	>20 ($Q\leqslant5000\text{m}^3/\text{s}$)	14~20 ($Q=5000\sim$ $10000\text{m}^3/\text{s}$)	10~14 ($Q=10000\sim$ $20000\text{m}^3/\text{s}$)	<10 ($Q\geqslant20000\text{m}^3/\text{s}$)
武胜	>36 ($Q\leqslant5000\text{m}^3/\text{s}$)	12~36 ($Q=5000\sim$ $10000\text{m}^3/\text{s}$)	5~12 ($Q=10000\sim$ $15000\text{m}^3/\text{s}$)	<5 ($Q\geqslant15000\text{m}^3/\text{s}$)
罗渡溪	>21 ($Q\leqslant5000\text{m}^3/\text{s}$)	15~21 ($Q=5000\sim$ $10000\text{m}^3/\text{s}$)	12~15 ($Q=10000\sim$ $20000\text{m}^3/\text{s}$)	<12 ($Q\geqslant20000\text{m}^3/\text{s}$)

根据 3 站水沙传播特性,建立 3 站合成含沙量 $S_合$ 的计算公式:

$$S_{合t}=\frac{Q_{武胜t-6}S_{武胜t-t_1}+Q_{罗渡溪t-6}S_{罗渡溪t-t_2}+Q_{小河坝t-6}S_{小河坝t-t_3}}{Q_{武胜t-6}+Q_{罗渡溪t-6}+Q_{小河坝t-6}} \tag{6.18}$$

式中 t——目标时刻,h;

t_1、t_2、t_3——武胜站、罗渡溪站、小河坝站相应流量级下沙峰传播时间,h;

$S_{合t}$——目标时刻 3 站合成含沙量,kg/m^3;

Q_{t-6}——6h 之前站点的流量,m^3/s;

S_{t-t_1}——t_1 时刻之前站点的含沙量,kg/m^3。

草街航电枢纽排沙与下泄流量有直接关系,根据多来多排原则,北碚站含沙量关系可概化为

$$S_{北碚,t}=kQ_{北碚,t}^m S_{合,t}^n+a \tag{6.19}$$

式中 k、m、n、a 均为待定系数，采用实测资料对待定系数进行率定，率定结果为：$k=0.00247$，$m=0.659$，$n=0.604$，$a=-0.022$，相关系数为 0.94，则北碚站预报模型为

$$S_{北碚,t}=0.00247\times Q_{北碚,t}^{0.659}\times S_{合,t}^{0.604}-0.022 \tag{6.20}$$

运用式（6.20）进行北碚站泥沙预报。从实际预报结果来看，预报结果与实际值拟合较好，如图 6.12 所示。

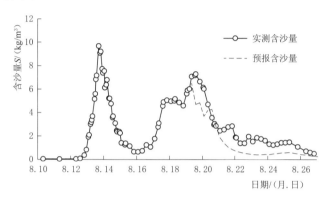

图 6.12 北碚站 2020 年 8 月 20 日泥沙预报成果

（3）对于无泥沙报汛站点的其他区间支流，若降雨区间位于这些支流流域范围内，则根据降雨产输沙模型，结合实时雨情及降雨预报，预报未来几天流域内降雨产沙情况。

6.2.2.2 一维水沙数学模型计算模块

在充分认识三峡库区泥沙冲淤规律的基础上，基于水力学及河流动力学基本原理，建立三峡库区一维非恒定流、非均匀沙的水沙数学模型，用于计算三峡库区干流水沙输移过程。首先根据长江干流控制站朱沱站、寸滩站、清溪场站、巴东站、庙河站及坝前的水沙资料对模型进行率定验证，再根据预报的进口水沙条件和坝前水位条件计算泥沙在库区内的传播，预报沙峰到达坝前的时间及坝前含沙量过程。

6.2.3 泥沙预报预见期

泥沙预报的预见期主要由以下两部分组成：

（1）进口条件的预见期。数学模型本身不具备预报功能，模型预见期主要依赖进口条件的预见期。近年来，随着气象预报、水文预报技术的不断发展，水雨情预报的预见期和精度有大幅度提高。其中，降雨中短期预报精度较高，预见期为 1 天的平均准确率达到 91.3%，预见期为 3 天的平均准确率达到 88.2%；水情预报预见期为 1～3 天的预报合格率在 90% 左右。基于雨情、水情预报结果，结合降雨产沙模型、水沙相关关系模型，对模型输入的泥沙条件进行预报。总体来说，进口条件的预见期一般与水雨情预报的预见期相一致。

（2）水沙传播时间带来的预见期。沙峰从进入三峡水库开始至到达坝前所需的时间为库区沙峰传播时间。库区沙峰传播时间随坝前水位、入库流量变化而不同。表 6.10 为不同坝前水位、不同入库流量条件下三峡库区沙峰传播时间。沙峰传播时间随坝前水位抬高而增大，随入库流量增大而减小。

表6.10　　　　　　　　　　　不同条件下三峡库区沙峰传播时间

寸滩流量 /(m³/s)	沙峰传播时间/h			
	坝前水位145m	坝前水位155m	坝前水位165m	坝前水位175m
10000	454	568	702	852
30000	174	209	251	300
50000	117	136	160	—
70000	93	106	122	—

　　沙峰在库区内传播的这段时间也可作为模型的预见期。图6.13为水沙数学模型预见期的传播示意。在进口边界上，预见期主要由中短期水雨情预报组成，在出口边界上，预见期主要由库区沙峰传播时间、短期预报预见期和部分中期预报的预见期组成。结合水雨情预报预见期、库区沙峰传播时间等要素，确定三峡水库泥沙实时预报的预见期为7天。

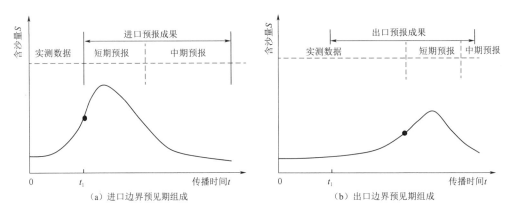

图6.13　水沙数学模型预见期示意图

6.2.4　泥沙预报实践

　　自2010年以来，长江水利委员会水文局逐步推进长江上游泥沙试预报工作，并在2012年、2013年、2018年、2020年汛期沙峰排沙调度中发挥了重要作用。2020年汛期洪水过程中，长江水利委员会水文局共发布泥沙预报简报近20期，尤其是在应对长江上游的连续输沙过程中，发布多期泥沙预报简报，预报结果精度相对较高，为三峡水库沙峰排沙调度提供了技术支撑。

　　以2020年汛期为例，8月长江上游连续出现4号、5号洪水，三峡水库入库洪峰流量分别达到了62000m³/s、75000m³/s，沱江富顺站、嘉陵江支流涪江小河坝站最大含沙量分别达到了16.3kg/m³、17.8kg/m³，含沙量大于5.0kg/m³的天数分别达到了2天、5天。其中，8月13—23日洪水期间，三峡水库入库沙量达到1.27亿t，短短12天的输沙量已远大于2014—2017年、2019年全年的入库输沙量（0.320亿~0.685亿t）。针对三峡水库出现较大入库水沙过程，长江水利委员会水文局及时启动开展了泥沙实时预报工作，预报结果见表6.11和图6.14。从泥沙预报结果来看，寸滩站、清溪场站含沙量预报值较实际值有所偏小，但预报的含沙量衰减过程与实测含沙量衰减过程基本一致。巴东站、庙河站及坝前的含沙量预报过程与实际过程有一定的差异，但差异主要是传播时间的相位差，而沙峰峰值误差极小。如表 6.11 所列，巴东站、庙河站及坝前的预报沙峰峰值与实测沙峰峰值误差分别是 $0.04 kg/m^3$、$0.02 kg/m^3$、$0.04 kg/m^3$，误差百分比分别为 3%、2%、4%，峰现时间分别较实际峰现时间提前了 19h、26h、47h。整体来看，泥沙预报精度相对较高。

表 6.11 预报含沙量与实时报汛成果对比表

站点	沙峰峰值/(kg/m^3)			峰 现 时 间		
	预报成果	实时报汛成果	误差	预报成果/（日-时）	实时报汛成果/（日-时）	误差/h
巴东	1.46	1.42	0.04	23-21：00	24-16：00	-19
庙河	1.25	1.23	0.02	24-12：00	25-14：00	-26
三峡坝前	1.14	1.10	0.04	24-18：00	26-17：00	-47

注 预见期为 2020 年 8 月 20—27 日。

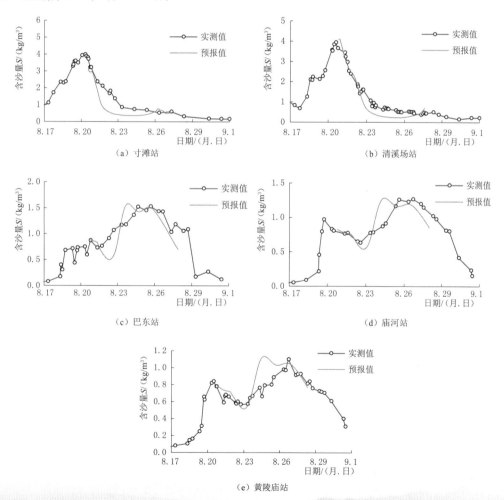

图 6.14 预报含沙量过程与实时报汛成果对比（预见期为 2020 年 8 月 20—27 日）

基于泥沙预报成果制定的三峡水库沙峰排沙调度方案，确定自 8 月 18 日 16 时起，三峡水库下泄流量由 44000m³/s 增大至 49000m³/s，后基本维持下泄流量在 48000m³/s，直至 25 日 5 号洪水沙峰排出水库。从排沙效果来看，沙峰排沙调度工作取得了良好成效，沙峰过程排沙比为 27%，高出试验性蓄水以来平均排沙比 9 个百分点，显著增加了三峡水库出库沙量。泥沙预报在 2020 年三峡水库沙峰排沙调度中发挥了重要的技术支撑作用。

6.3　三峡库区沙峰排沙调度技术研究

6.3.1　三峡库区洪峰、沙峰传播特性研究

6.3.1.1　洪峰、沙峰异步影响因素

三峡水库属于典型的河道型水库，库区干流长 660 余 km，最宽处达 2000m，库区平均水面宽 1000m。在洪峰期间，库区水流流速较大，水流挟沙能力强，进入水库的泥沙大部分能输移到坝前。多年实测资料表明，三峡水库坝前洪峰与沙峰到达相对关系一般可分为三种情况：①洪峰在前，沙峰在后；②洪峰在后，沙峰在前；③沙峰与洪峰同步。其原因主要包括以下几方面。

（1）在水沙同源的情况下，由于区域产流产沙的不同机理，会使得沙峰与洪峰形成不同步。三峡水库上游地区地质地貌、降雨、水库、植被等时空差异大，流域产流、产沙环境条件和规律十分复杂，上游区域产沙主要来源于坡面侵蚀产沙和沟道冲刷产沙，前者主要与降雨强度有关，后者取决于水流的流速、流量和土壤性质等。

当暴雨持续一段时间后，地面形成浅层径流，雨滴作用于地表面时使土团分散、土粒悬浮，在坡面上形成的水流和泥沙进入坡面的细沟，沿程细沟水流冲刷，导致更多泥沙进入细沟的水体中，当流量变小时，细沟沿程冲刷依旧发生，使得沙峰滞后于洪峰。当细沟汇入比其大一级的浅沟，浅沟的流量和沙量过程又由各条长度不一的细沟的流量和沙量过程叠加而成。依此类推，随着流域面积和沟道等级的增大，沙峰滞后于洪峰越明显。此外随着沟道的冲刷加剧，边坡变陡，加上土体含水量增加，受重力侵蚀下易发生崩塌、滑坡、泥石流等，进一步增大沙峰与洪峰不同步的概率。由于三峡水库上游降雨在时空上分布不均、地貌的差异、细沟汇流以及重力侵蚀的随机性，可能会产生多种洪峰和沙峰的组合。

（2）水沙异源造成沙峰与洪峰不同步。长江三峡水库上游径流主要来自金沙江、岷江、沱江、嘉陵江和乌江等河流，而悬移质泥沙主要来源于金沙江和嘉陵江，从入库沙量地区组成来看，2010 年长江上游干流、嘉陵江和乌江来沙量分别占 70.4%、27.2%、2.4%，2011 年三个区域来沙量分别占 63.6%、34.9%、1.5%，2012 年三个区域来沙量分别占 86.3%、13.2%、0.5%。一场洪水不同区域产流产沙的叠加势必会造成沙峰与洪峰不同步。

根据寸滩水文站 2003—2012 年实录水文资料，统计了 34 场寸滩站洪水过程，其中洪峰与沙峰在同一天出现为大多数情况，有 17 场，占比为 50%；沙峰先于洪峰出现有 10 场，占比为 29%；有 7 场洪水洪峰先于沙峰出现，占比为 21%。如 2009 年汛期，朱沱站于 8 月 2 日同天出现洪峰（30500m³/s）和沙峰（2.67kg/m³），北碚站分别于 8 月 4 日和 8 月 5 日出现洪峰（19500m³/s）和沙峰（0.86kg/m³），由于上游两站的叠加效应，寸滩站于 8 月 6

形成洪峰流量 52800m³/s，8 月 3 日形成沙峰 3.6kg/m³，沙峰比洪峰提前了 3 天（图 6.15）。

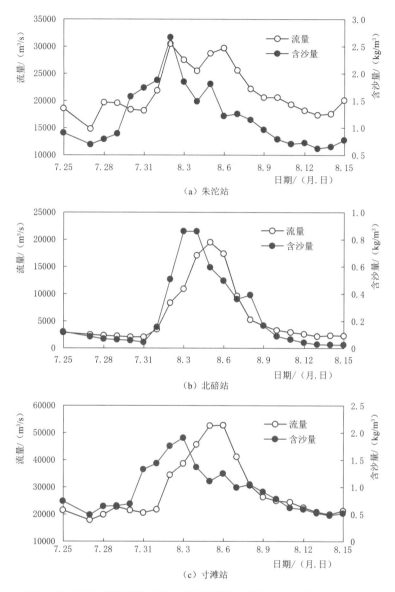

图 6.15　2009 年汛期朱沱站、北碚站和寸滩站流量与含沙量过程图

（3）水库内洪水演进与泥沙输移速度不同，是造成库区洪峰、沙峰异步的重要原因。

库区洪峰传播速度由水流运动速度和重力波波速共同组成，洪峰传播速度的基本表达式为 $U \pm \sqrt{gh}$，对于水流较缓、水深较大的水库可认为其主要由重力波引起传播。而泥沙运动则与水流平均流速有关，是由运动波引起的传播。同时由于水流沿垂线流速分布与含沙量浓度沿垂线分布是不同的，河道中水流流速沿垂线流速分布一般为上大下小，而泥沙浓度的分布则是上小下大，因此作为每一单位床面到水面的柱状体积清水与泥沙的群体比较起来，水体前进速度大于泥沙群体的前进速度。沿垂线含沙量分布的梯度越大，则水体与泥沙群体的这种速度之间的差别将越大，也将导致沙峰运动滞后于洪峰运动。

此外，库区洪水在演进过程中，河道泥沙冲淤将影响沙峰形态。从库尾至坝前库区水深沿程的不断增加，水流挟沙力逐渐减小，泥沙沿程不断落淤，造成沙峰坦化，增加了沙峰与洪峰的相位差，也在一定程度上增加了沙峰滞后洪峰的时间。

6.3.1.2　洪峰、沙峰异步传播规律

根据水文观测资料，建库前天然情况下洪水传播时间约为 3 天，黄陵庙站沙峰峰现时间基本较寸滩站滞后 3 天左右，沙峰传播时间与洪水传播基本同步，如图 6.16 所示。

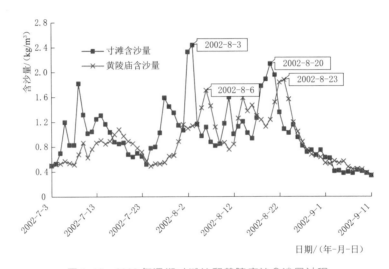

图 6.16　2002 年汛期寸滩站和黄陵庙站含沙量过程

三峡工程蓄水运行后，由于库区水位抬高，导致库区洪峰传播时间减少，而沙峰输移时间较蓄水前增加较多。

水库蓄水后水深增加，水力特性发生了变化。通常库区洪水流动属于不稳定流，洪峰是以波的形式传播的，其传播过程非常复杂，主要以运动波或重力波（也称惯性波）形式为主，在水库自由流动的河流区，洪峰波速主要以运动波波速传播，即 $C=(1\sim2)U$，在水库水较深的平水区主要以重力波形式运动，即 $C=U\pm\sqrt{gh}$。

在不同入库流量和坝前水位条件下，三峡水库库区不同库水位条件下各段水流速度与重力波传播速度不同，各段洪峰传播时间也不同，见表 6.12。据实测资料统计，一般当坝前水位在 155m 以下时，入库洪峰从寸滩站到达坝前的传播时间为 18～30h，平均约为 22h；当坝前水位在 155～165m 时，传播时间约为 18h；当坝前水位在 165～175m 时，传播时间约为 12h。可见，随着库区水位的抬高，洪峰传播速度加快。

表 6.12　　　　不同库水位条件下三峡库区各段水流速度与重力波传播速度

库水位/m	水力要素	寸滩站—清溪场站	清溪场站—万县站	万县站—巫山站	巫山站—大坝站
145	流速/(m/s)	1.134	0.475	0.209	0.061
	水深/m	35.1	46	85.7	116.4
	重力波速/(m/s)	19.5	21.5	28.9	33.5

库水位/m	水力要素	寸滩站—清溪场站	清溪场站—万县站	万县站—巫山站	巫山站—大坝站
150	流速/(m/s)	1.071	0.37	0.202	0.054
	水深/m	36.5	50.5	90.5	121.4
	重力波速/(m/s)	19.8	22.4	29.7	34.2
155	流速/(m/s)	0.915	0.289	0.121	0.044
	水深/m	38.7	55.1	95.4	126.3
	重力波速/(m/s)	20.2	23.3	30.4	34.9
160	流速/(m/s)	0.73	0.208	0.103	0.022
	水深/m	41.5	59.9	100.3	131.3
	重力波速/(m/s)	20.7	24.2	31.1	35.5
165	流速/(m/s)	0.528	0.165	0.082	0.008
	水深/m	44.9	64.7	105.2	136.3
	重力波速/(m/s)	21.3	25.1	31.9	36.2
170	流速/(m/s)	0.444	0.143	0.072	0.005
	水深/m	48.8	69.6	110.1	141.3
	重力波速/(m/s)	22.1	26	32.6	36.9
175	流速/(m/s)	0.289	0.138	0.056	0.004
	水深/m	53.2	74.5	115	146.3
	重力波速/(m/s)	22.9	26.9	33.3	37.5

采用概化模型对洪峰传播进行模拟，计算得到的寸滩站到坝址的洪峰传播时间见表6.13，由表可见，洪峰传播时间与坝前水位关系十分明显，坝前水位越高洪峰传播时间越短。

表6.13　　　　　　　　　　从寸滩站到坝址的洪峰传播时间　　　　　　　　　　单位：h

寸滩流量/(m³/s) ＼ 坝前水位/m	145	155	165	175
10000	20.7	15.8	12.0	10.0
30000	25.1	20.2	16.2	13.1
50000	26.2	23.6	19.1	—
70000	27.3	24.2	20.2	—

三峡工程蓄水运行后，由于库区水位抬高，水流流速减慢，沙峰输移时间较蓄水前增加较多。根据三峡工程蓄水以来实测资料，汛期6—9月从寸滩站到大坝沙峰传播平均时间为6.9天，比天然情况下传播时间增加了4天左右，其中围堰蓄水期，坝前水位汛期按135m运行，寸滩站到大坝沙峰传播时间平均为5.2天，2006年汛后，坝前水位按汛期145m运行，寸滩站到大坝沙峰传播时间平均为7.6天。同时用概化模型计算了各流量级和各水位级下寸滩站至大坝沙峰传播时间，入库洪峰流量与沙峰传播时间成反比，入库洪峰流量越大沙峰传播较短，反之传播时间越长，其中当洪峰流量小于30000m³/s时，库

区沙峰传播时间基本上要大于 9 天,见表 6.14。

表 6.14　　　　　　　　　　　沙峰从寸滩站到坝址的传播时间　　　　　　　　　单位:h

寸滩流量/(m³/s)	坝前水位/m 145	155	165	175
10000	454	568	702	852
30000	174	209	251	300
50000	117	136	160	—
70000	93	106	122	—

与洪峰传播时间相比,流量越小、坝前水位越高,沙峰滞后洪峰的时间也越长,见表 6.15。

表 6.15　　　　　　　　　库区从寸滩站到坝址沙峰滞后洪峰的时间　　　　　　　单位:h

寸滩流量/(m³/s)	坝前水位/m 145	155	165	175
10000	434	552	690	842
30000	148	188	235	287
50000	91	113	141	—
70000	66	82	101	—

6.3.1.3　三峡库区沙峰峰形变化研究

图 6.17 描述了某一时刻沙峰沿河长的变化,沙峰传播过程中除了峰值 $\frac{\partial S}{\partial x}=0$ 外,还有两个拐点 $\frac{\partial S^2}{\partial x^2}=0$,两拐点之间的含沙量过程可表示为该场次洪水下的输沙过程。

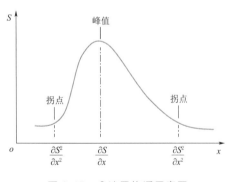

图 6.17　含沙量传播示意图

沙峰胖瘦是场次洪水过程输沙总量的一个重要指标,采用以下两个系数表示:

1)峰平系数:
$$\eta_1 = S_峰 / S_平$$

2)峰基系数:
$$\eta_2 = S_峰 / S_基$$

式中　$S_峰$——沙峰峰值;

　　　$S_平$——平均含沙量;

　　　$S_基$——沙峰增加或减小时拐点对应的含沙量。

(1)沙峰波形分析。共选取寸滩站 37 组沙峰样本进行统计(表 6.16),峰平系数范围在 1.35~3.00,平均峰平系数为 1.79。寸滩站沙峰过程一般为 6~7 天,沙峰峰前时间为 1~4 天,极少个别场次洪水大于 4 天,平均的沙峰峰前时间为 2.4 天,沙峰峰后时间为 2~6 天,极少个别场次洪水大于 6 天,平均的沙峰峰后时间为 4.3 天,这也说明入库沙峰绝大多数为不对称峰形,且峰前时间与峰后时间的平均比例为 1:1.8。

表 6.16 寸滩站沙峰波形统计

序号	峰显时间 /（年-月-日）	日均含沙量最大值 /（kg/m³）	峰前时间 /d	峰后时间 /d	平均含沙量 /（kg/m³）	峰平系数
1	2003-6-24	2.56	2	3	1.48	1.73
2	2003-9-1	1.82	2	5	1.19	1.53
3	2004-7-3	1.44	2	4	1.04	1.39
4	2004-7-13	1.36	3	4	0.96	1.42
5	2004-8-5	1.77	2	2	1.16	1.52
6	2005-7-5	1.9	2	2	1.26	1.51
7	2005-7-21	2.78	3	5	1.83	1.52
8	2005-8-15	2.7	6	7	1.29	2.09
9	2006-7-1	1.95	2	2	1.15	1.69
10	2006-7-9	2.53	2	5	1.83	1.38
11	2006-9-22	1.12	3	5	0.64	1.74
12	2007-7-28	3.79	3	5	1.89	2.01
13	2007-8-27	3.04	2	4	1.64	1.86
14	2007-9-18	1.66	5	7	1.09	1.52
15	2008-6-15	2.45	2	5	1.27	1.93
16	2008-8-10	2.87	4	8	1.50	1.91
17	2009-8-3	1.91	4	7	1.25	1.53
18	2009-8-18	1.05	3	5	0.78	1.35
19	2009-9-15	1.89	1	4	1.03	1.84
20	2010-6-30	1.42	1	3	0.93	1.52
21	2010-7-19	2.16	2	5	1.52	1.42
22	2010-7-26	2.52	2	4	1.75	1.44
23	2010-8-22	2.09	2	6	1.43	1.46
24	2011-6-22	2.02	3	4	0.87	2.31
25	2011-7-8	1.69	3	6	0.94	1.79
26	2011-9-20	1.85	2	4	0.87	2.14
27	2012-7-2	1.98	3	4	1.18	1.67
28	2012-7-24	2.33	2	4	1.27	1.84
29	2012-9-6	3.6	1	2	2.05	1.75
30	2013-7-13	5.45	3	5	2.60	2.09
31	2013-8-28	1.49	2	3	0.50	3.00
32	2014-6-4	1.19	2	5	0.47	2.54
33	2016-7-8	2.06	1	2	0.90	2.30
34	2017-8-27	1.79	1	2	0.95	1.89

序号	峰显时间 /（年-月-日）	日均含沙量最大值 /（kg/m³）	峰前时间 /d	峰后时间 /d	平均含沙量 /（kg/m³）	峰平系数
35	2018 - 7 - 5	1.76	2	2	1.25	1.41
36	2018 - 7 - 13	4.66	3	6	1.91	2.44
37	2019 - 8 - 25	2.14	2	4	1.11	1.93
平均值			2.4	4.3		1.79

注　峰前时间为输沙过程起始至沙峰峰现的时间，峰后时间为沙峰峰现至输沙结束的时间。

共选取黄陵庙站 15 组沙峰样本进行统计（表 6.17），峰平系数范围在 1.37～9.84，平均峰平系数为 3.03，与寸滩站相比，黄陵庙站沙峰形状更趋于矮胖形。黄陵庙站沙峰过程一般为 10～11 天，沙峰峰前时间基本为 3～5 天，平均的沙峰峰前时间为 4.1 天，沙峰峰后时间为 5～10 天，平均的沙峰峰后时间为 6.9 天，峰前时间与峰后时间的平均比例为 1∶1.7，与寸滩站相比峰前、峰后时间均有增加，但比例却较为接近，沙峰在库区传播过程中可能存在向上游、下游的扩散机制。

表 6.17　　　　　　　　　　　　　　黄陵庙站沙峰波形统计

序号	峰显时间 /（年-月-日）	日均含沙量最大值 /（kg/m³）	峰前时间 /d	峰后时间 /d	平均含沙量 /（kg/m³）	峰平系数
1	2003 - 7 - 1	0.721	2	2	0.15	4.77
2	2003 - 9 - 6	0.863	5	8	0.53	1.64
3	2005 - 7 - 25	0.889	4	10	0.53	1.68
4	2005 - 8 - 21	1.31	7	7	0.65	2.00
5	2007 - 8 - 3	1.4	5	5	0.40	3.51
6	2008 - 8 - 17	0.58	5	9	0.26	2.23
7	2009 - 8 - 9	0.787	5	7	0.43	1.83
8	2009 - 8 - 26	0.315	3	5	0.19	1.66
9	2010 - 7 - 23	0.475	3	5	0.29	1.66
10	2010 - 8 - 31	0.222	5	9	0.07	3.30
11	2012 - 7 - 8	0.553	4	8	0.12	4.60
12	2012 - 7 - 28	0.414	3	6	0.30	1.37
13	2013 - 7 - 21	1.19	4	10	0.12	9.84
14	2018 - 7 - 19	1.21	3	6	0.51	2.39
平均值			4.1	6.9		3.03

（2）沙峰沙量分布分析。对各个场次洪水的沙峰过程进行沙量分布统计，寸滩站在输沙过程的峰前 50% 至峰后 50% 的时间段内，即沙峰入库前 1.2 天至沙峰入库后 2.2 天（平均 3.4 天），在该区间内的输沙量平均占场次洪水总输沙量的 83%，见表 6.18。

表 6.18　　　　　　　　　　　　　寸滩站沙峰过程输沙量统计

序号	峰显时间 /(年-月-日)	总输沙量 /万 t	沙峰区间段沙量占比/%		
			峰前 50%至峰后 25%	峰前 50%至峰后 50%	峰前 50%至峰后 75%
1	2003 - 6 - 24	1363	59	81	94
2	2003 - 9 - 1	2776	71	82	90
3	2004 - 7 - 3	1200	61	77	86
4	2004 - 7 - 13	1232	64	76	85
5	2004 - 8 - 5	1085	74	74	88
6	2005 - 7 - 5	1271	75	75	89
7	2005 - 7 - 21	4190	81	88	92
8	2005 - 8 - 15	5731	61	72	82
9	2006 - 7 - 1	738	76	76	89
10	2006 - 7 - 9	2737	68	77	87
11	2006 - 9 - 22	563	80	88	92
12	2007 - 7 - 28	4034	72	83	89
13	2007 - 8 - 27	1949	71	83	91
14	2007 - 9 - 18	2895	68	81	88
15	2008 - 6 - 15	1293	72	86	92
16	2008 - 8 - 10	4353	61	77	87
17	2009 - 8 - 3	4427	56	77	88
18	2009 - 8 - 18	1612	65	77	87
19	2009 - 9 - 15	1128	81	92	97
20	2010 - 6 - 30	611	65	86	100
21	2010 - 7 - 19	4238	77	84	90
22	2010 - 7 - 26	3954	56	79	89
23	2010 - 8 - 22	3569	69	79	94
24	2011 - 6 - 22	1109	56	74	86
25	2011 - 7 - 8	1651	85	90	96
26	2011 - 9 - 20	1342	85	93	96
27	2012 - 7 - 2	2714	60	70	82
28	2012 - 7 - 24	3445	70	80	87
29	2012 - 9 - 6	1594	88	88	100
30	2013 - 7 - 13	5828	87	93	97
31	2013 - 8 - 28	393	89	95	98
32	2014 - 6 - 4	351	75	88	94
33	2016 - 7 - 8	606	94	94	100
34	2017 - 8 - 27	831	90	90	100

序号	峰显时间 /（年-月-日）	总输沙量 /万 t	沙峰区间段沙量占比/%		
			峰前 50% 至峰后 25%	峰前 50% 至峰后 50%	峰前 50% 至峰后 75%
35	2018 - 7 - 5	1909	85	85	93
36	2018 - 7 - 13	7204	81	86	96
37	2019 - 8 - 25	1249	85	91	94
平均值			73	83	91

　　黄陵庙站由于沙峰坦化，在输沙过程的峰前 50% 至峰后 50% 的时间段内，即在坝前沙峰峰现前平均 2.0 天至坝前沙峰峰现后平均 3.5 天（平均 5.5 天），出库平均输沙量为场次洪水总输沙量的 77%，而在沙峰到达坝前 1.0 天至沙峰过后 1.7 天（平均 2.7 天），出库平均输沙量为场次洪水总输沙量的 56%，见表 6.19。

表 6.19　　　　　　　　　　　　　　黄陵庙站沙峰过程输沙量统计

序号	峰显时间 /（年-月-日）	总输沙量 /万 t	沙峰区间段沙量占比/%		
			峰前 25% 至峰后 25%	峰前 50% 至峰后 50%	峰前 75% 至峰后 75%
1	2003 - 9 - 6	2245	47	71	90
2	2005 - 7 - 25	2145	44	64	89
3	2005 - 8 - 21	3772	49	76	94
4	2007 - 8 - 3	2370	72	85	94
5	2008 - 8 - 17	1427	65	84	94
6	2009 - 8 - 9	1759	63	81	91
7	2009 - 8 - 26	478	55	72	93
8	2010 - 7 - 23	1072	49	71	89
9	2010 - 8 - 31	440	61	79	91
10	2012 - 7 - 8	1463	52	78	93
11	2012 - 7 - 28	1333	44	72	91
12	2013 - 7 - 21	2473	66	89	97
13	2018 - 7 - 19	2167	57	78	90
平均值			56	77	92

6.3.2　沙峰调度原则及思路

　　汛期沙峰过程排沙调度应服从防洪调度，并与航运调度和水资源调度相协调。沙峰过程排沙调度目标是增大出库沙峰含沙量，并尽可能多地排沙出库，减少水库总淤积量。长江上游干支流水库相继修建后，三峡水库入库沙量大幅度减小，且入库沙量更加集中于汛期场次洪水，针对三峡水库汛期来水来沙集中的特性，在汛期洪水调度过程中开展沙峰过程排沙调度，有利于减少三峡水库泥沙淤积。沙峰过程排沙调度应在泥沙预报的基础上开展，必要时应进行排沙调度方案的计算及优选。

根据对三峡水库水沙异步传播特性的研究，沙峰往往滞后于洪峰 6~9 天，采取在洪水期间对水库实施"洪峰涨水面水库削峰，落水面加大泄量排沙"的沙峰排沙调度措施，具体思路如下。

（1）当上游出现较大洪峰和沙峰时，对入库洪水进行拦蓄，使得库区达到一定的库水位。

（2）按照出入库平衡控制水库下泄，待入库沙峰传播到坝前。

（3）在水库来流基础上适当增加水库下泄流量，增加高含沙量水流的下泄量，将有限的水量尽量用于坝前含沙量较大的时段下泄，以达到多排沙的目的。

根据上述思路，针对沙峰输移和不同调度，可以将沙峰调度分为拦洪削峰、库区拉沙和坝前排沙三个时间段，如图 6.18 所示。在整个过程中获得较大的坝前含沙量和足够的水量是排沙的关键，但这两个关键因素又相互制约。前期蓄水高会减缓泥沙往坝前的传播，并降低坝前含沙量的值，水库排沙的效果主要取决于流量和含沙量的乘积，如果后期增加的流量可以与蓄水引起的坝前含沙量减小相互抵消或者有更多的抵偿，水库排沙效果仍然较好。

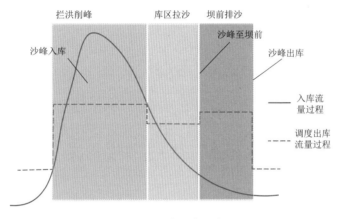

图 6.18　沙峰调度示意图

6.3.3　沙峰调度起动条件及方式研究

6.3.3.1　起动沙峰调度入出库沙量条件研究

沙峰调度的目的是追求多排沙，场次洪水出库沙量多少是沙峰调度的一个重要效果指标，在入库沙量大幅度减少的背景下，沙峰过程排沙调度需要从沙峰入库开始就进行实时调度。出库沙量多少受到入库沙量的直接影响，因此场次洪水入库、出库沙量大小将是直接影响沙峰调度起动的一个重要指标。如果入库沙量太小，将导致出库沙量不够，开展沙峰调度将会失去实际意义，同时也使得洪水资源浪费，若指标定得太高，则沙峰调度将无法实施。

三峡水库入库、出库沙峰特征见表 6.20，共统计 10 组样本。表中除第 4 组（2009 年 8 月 18 日）和第 6 组（2010 年 8 月 22 日）的沙峰过程出库沙量小于 1000 万 t 以外，其余场次洪水的出库沙量在 1000 万~2500 万 t 之间，平均出库沙量为 1498 万 t。目前已开展

表6.20 三峡水库入库、出库沙峰特征统计表

序号	入库寸滩站沙峰							出库黄陵庙站沙峰						
	峰显时间/(年-月-日)	实测峰值/(kg/m³)	日均峰值/(kg/m³)	平均含沙量/(kg/m³)	入库持续时间/d	入库沙量/万t	平均流量/(m³/s)	峰显时间/(年-月-日)	日均峰值/(kg/m³)	平均含沙量/(kg/m³)	出库持续时间/d	出库沙量/万t	平均流量/(m³/s)	沙峰出库率/%
1	2007-7-28	4.72	3.79	1.889	8	4034	27467	2007-8-3	1.4	0.650	10	2370	38836	37
2	2008-8-10	3.89	2.87	1.503	12	4353	25785	2008-8-17	0.58	0.350	14	1427	31493	20
3	2009-8-3	2.17	1.91	1.210	12	4558	33538	2009-8-9	0.787	0.430	13	1759	33779	41
4	2009-8-18	1.17	1.05	0.779	8	1612	26611	2009-8-26	0.315	0.206	9	478	27740	30
5	2010-7-19	2.53	2.16	1.522	7	4238	40288	2010-7-23	0.475	0.359	8	1072	38444	22
6	2010-8-22	2.19	2.09	1.433	8	3569	32022	2010-8-31	0.222	0.130	14	440	26193	11
7	2012-7-2	2.36	1.98	1.183	7	2714	33200	2012-7-8	0.553	0.342	12	1463	38131	28
8	2012-7-24	2.6	2.33	1.334	5	3231	46717	2012-7-28	0.414	0.313	11	1333	41067	18
9	2013-7-13	6.42	5.45	2.604	8	5828	28778	2013-7-21	1.19	0.606	12	2473	32569	22
10	2018-7-13	6.69	4.66	1.727	11	7360	41117	2018-7-19	1.21	0.581	12	2167	34592	26
平均值		3.47	2.83	1.52	8.6	4150	33552		0.71	0.40	11.5	1498	34234	26

的 4 次沙峰调度实践为第 7～10 组，沙峰过程出库沙量分别为 1463 万 t、1333 万 t、2473 万 t、2167 万 t。随着金沙江中游及下游溪洛渡、向家坝水电站的陆续建成运行，三峡入库、出库泥沙大幅度减少，2013—2018 年年均出库沙量为 1640 万 t，其中 2014—2017 年的出库泥沙均小于或等于 1000 万 t。考虑到三峡入库泥沙大幅度减少，而入库泥沙主要集中在典型洪水期间的情况，结合出库沙峰过程平均为 11 天，本研究将沙峰过程出库持续 11 天、出库沙量不小于 1000 万 t 作为三峡水库沙峰排沙调度的目标，论证阶段三峡水库排沙比为 35%，入库沙峰平均为 7 天，则相应的寸滩站入库沙量不小于 3500 万 t。

除去第 4 组和第 6 组，其他几组沙峰过程均能满足出库沙量不小于 1000 万 t 的条件，2012 年的第 7 组、第 8 组不满足寸滩站入库沙量不小于 3500 万 t 的条件，虽然 2012 年进行了两次沙峰排沙调度，但入库沙峰为不间断的连续过程，如果两次过程视作一次，则 2012 年汛期的入库沙峰仍然满足沙峰过程排沙调度起动条件。如果入库沙峰过于瘦尖，虽然峰值较大，但整体入库沙量不足，则可认为不宜起动沙峰过程排沙调度，如 2019 年 8 月 25 日，入库日均含沙量达到了 2.14kg/m³，实测沙峰达到了 2.31kg/m³，但沙峰持续时间过短，含沙量大于 1.0kg/m³ 的仅为 2 天，沙峰过程输沙量仅为 1250 万 t，坝前最大含沙量小于 0.1kg/m³，未有明显沙峰过程，无法进行沙峰过程排沙调度。

6.3.3.2 起动沙峰调度入库沙峰条件研究

寸滩站能顺利传播至坝前的沙峰入库过程一般历时 8.6 天，峰平系数为 1.4～3.0，均值为 1.79，根据最小入库沙量不小于 3500 万 t 起动指标，可以推算相应沙峰过程入库平均含沙量为 1.4kg/m³，平均沙峰日均最大值为 2.5kg/m³，若考虑下限，沙峰日均最大值为 2.0kg/m³。黄陵庙站沙峰出库过程一般历时 11.5 天，峰平系数在 1.66～4.77，平均为 3.03，按最小出库沙量不应小于 1000 万 t 起动的指标，可以推算相应沙峰过程出库平均含沙量为 0.3kg/m³，平均沙峰日均最大值为 0.9kg/m³，若考虑下限，沙峰日均最大值为 0.5kg/m³。因此，在满足入库、出库沙量的同时，还应满足入库沙峰 2.0kg/m³、相应出库沙峰 0.5kg/m³ 为沙峰排沙调度的起动条件，与表 6.20 对照分析，除第 4、第 6 组外，其他几组均基本满足起动要求。

6.3.3.3 起动沙峰过程排沙调度所需入库流量条件研究

根据上述研究可知，入库寸滩站流量越大，则沙峰传播时间越短，沙峰库区衰减也就越小，沙峰出库率也就越大。同时坝前水位越低，则沙峰传播时间越短，沙峰出库率也越大。

研究得到起动沙峰排沙调度所需沙峰条件，入库寸滩站沙峰达到 2.0kg/m³，沙峰入库过程平均含沙量不小于 1.4kg/m³，出库黄陵庙站沙峰达到 0.5kg/m³，沙峰出库过程平均含沙量不小于 0.3kg/m³。

三峡水库试验性蓄水以来，汛期实施中小洪水调度，汛期水位有所上浮。根据实测资料统计，2009—2019 年汛期坝前水位变动范围为 145～162.95m，其中 2012 年、2010 年、2016 年最大入库流量分别达到了 71200m³/s、70000m³/s、50000m³/s，汛期最高洪水位分别达到 163.09m、161.01m、158.50m。因此，在入库流量条件研究中以汛期水位 145m 为下限、160m 为上限。

采用沙峰过程平均含沙量输移比公式 $\left(\dfrac{S_{\text{黄平}}}{S_{\text{寸平}}}=1.30\,e^{\frac{-0.0094V}{Q}}\right)$，代入入库、出库沙峰过程平均含沙量指标得到：

$$\frac{0.3}{1.4}=1.30\,e^{\frac{-0.0094V}{Q}}$$

当水位为 145m 时，$V=172$ 亿 m^3，$Q=24900 m^3/s$；
当水位为 150m 时，$V=197$ 亿 m^3，$Q=28500 m^3/s$；
当水位为 155m 时，$V=228$ 亿 m^3，$Q=33000 m^3/s$；
当水位为 160m 时，$V=262$ 亿 m^3，$Q=37900 m^3/s$。

采用沙峰过程沙峰峰值输移比公式 $\left(\dfrac{S_{\text{黄峰}}}{S_{\text{寸峰}}}=1.18\,e^{\frac{-0.0090V}{Q}}\right)$，代入入库、出库沙峰最大含沙量指标得到：

$$\frac{0.5}{2.0}=1.18e^{\frac{-0.0090V}{Q}}$$

当水位为 145m 时，$V=172$ 亿 m^3，$Q=27700 m^3/s$；
当水位为 150m 时，$V=172$ 亿 m^3，$Q=31700 m^3/s$；
当水位为 155m 时，$V=172$ 亿 m^3，$Q=36700 m^3/s$；
当水位为 160m 时，$V=262$ 亿 m^3，$Q=42200 m^3/s$。

综合上述结果，起动沙峰排沙调度的寸滩最小流量为 $25000 m^3/s$，即从沙峰入库至出库时间内，在汛期水位 145m 条件下应控制最小流量 $25000 m^3/s$ 来维持沙峰的输移，对于不同水位情况可按表 6.21 进行综合取值。

表 6.21　　　　　　　　不同水位条件下沙峰过程排沙调度起动入库流量条件

序号	沙峰传播期坝前平均水位/m	库容/亿 m^3	最小入库流量值/(m^3/s)
1	145	172	25000
2	150	197	30000
3	155	228	35000
4	160	262	40000

6.3.3.4　沙峰调度水库出库流量研究

根据前述沙峰调度计算结果，当沙峰将至坝前时加大下泄流量排沙，由于坝前水深较大，对坝前含沙量变化影响较小，出库流量是影响排沙效果的直接因素，出库流量越大越有利于排沙。

考虑沙峰从库尾演进至坝前调度，根据沙峰输移特点和调度情况，可分为拦洪削峰、库区拉沙和坝前排沙三个时期。重点考虑在拦洪削峰期和库区拉沙期加大下泄流量，增加库区流速同时降低库区运行水位，以减小沙峰在库区传播的衰减速度，而在坝前排沙期采用剩余水量进行排沙，沙峰排沙效果较好。

根据表 6.20 统计数据，除去出库沙量较小的第 4 组、第 6 组外，其余组均超过 $30000 m^3/$ s，即在沙峰出库期间出库流量均在 $30000 m^3/s$ 以上。考虑到沙峰峰形，黄陵庙站一般沙峰峰前时间为 4.1 天，峰后时间为 6.9 天，且 77% 的输沙量集中在峰前 50% 至峰后 50% 时间区段内。根据沙峰排沙调度的原则，沙峰到达坝前进行加大下泄量，以增加排沙。因此，在到沙峰达坝前 2 天至沙峰过后 3 天（共计 5 天）的时间区段内，下泄流量不应小于 35000m³/s。

但实际调度过程中往往需要综合考虑防洪、航运、洪水资源利用等多种因素确定出库流量。如汛期坝下游功率较小船舶难以抵御较大的泄洪量，航运方面希望能兼顾航运调度，在长时间大流量泄洪期间可适当留有几天控制下泄流量，以疏散限航积压的船舶。2018 年汛期，根据监测和预报分析，7 月 11—20 日三峡水库入库和坝前含沙量较大，三峡水库实施了兼顾排沙、航运调度的防洪调度。7 月 11 日 20 时起三峡水库下泄流量基本维持在 42000m³/s 左右，为疏散三峡江段因大流量下泄而滞留的中小船舶，7 月 19 日 8—18 时、20 日 8—24 时三峡出库按 33000m³/s 左右控制下泄流量。实测资料表明，7 月 18—20 日水库排沙效果仍然较好，日均出库沙量在 370 万 t 左右。

6.3.3.5 起动沙峰调度所需坝前水位研究

汛期洪水调度过程中，坝前水位受入库、出库流量调蓄的影响，是一个变动的过程。根据上述研究，沙峰入库至出库时间内，为维持库区沙峰的输移，不同坝前水位情况对应有不同的下限流量，因此当入库流量较小时，不同入库流量条件也需要不同的坝前水位下限，相应取值可按表 6.21 进行。

6.3.4 沙峰调度实践

6.3.4.1 2012 年汛期三峡水库沙峰排沙调度

2012 年 7 月，三峡水库实施两次典型的沙峰调度过程。

第一次调度过程：7 月 2 日寸滩站出现沙峰，日均含沙量为 1.98kg/m³。7 月 5 日，枢纽日均下泄流量增加至 38800m³/s 左右，7 月 6 日沙峰抵达庙河断面（坝前日均水位为 146.21m），黄陵庙断面平均含沙量明显增加。当沙峰过坝后，即使枢纽维持较高的下泄流量，黄陵庙断面平均含沙量仍维持较低的水平。

第二次调度过程：7 月 25 日，寸滩站出现沙峰，日均含沙量为 2.33kg/m³。7 月 28 日，沙峰抵达坝前（坝前日均水位为 161.52m）。7 月 23—31 日，枢纽日均下泄流量维持在 43000~45800m³/s，沙峰抵达坝前后，黄陵庙站含沙量明显增大，如图 6.19 及图 6.20 所示。

2012 年 7 月，三峡入库总沙量为 10830 万 t，出库总沙量为 3020 万 t，库区淤积泥沙 7810 万 t，水库排沙比为 28%。

6.3.4.2 2013 年汛期三峡水库沙峰排沙调度

2013 年 7 月上旬，嘉陵江和岷沱江流域普降暴雨，泥石流频发。10 日嘉陵江支流涪江小河坝出现 9860m³/s 的洪峰，受涪江上游泥石流暴发等影响，11 日 8 时小河坝站最大含沙量达到 26.2kg/m³，为 1951 年建站以来的第三大含沙量，嘉陵江北碚站同日 23 时出现了 14.5kg/m³ 的沙峰。岷江高场站 10 日出现 15100m³/s 的洪峰，沙峰含沙量达 4.09kg/m³。

受此影响，三峡上游朱沱站、寸滩站分别于 7 月 12 日、13 日出现 7.95kg/m³、6.29kg/m³ 的沙峰。根据泥沙预报，入库沙峰前峰预计于 7 月 19 日到达坝前，沙峰最大

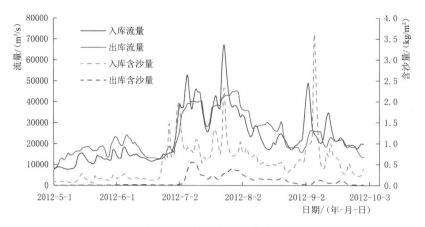

图 6.19 2012 年汛期三峡水库出入库流量及含沙量过程

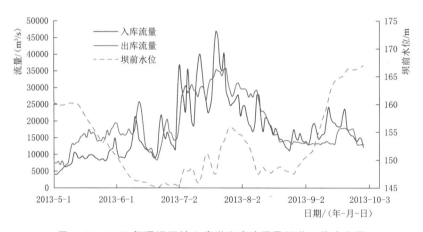

图 6.20 2012 年汛期三峡水库进出库流量及坝前水位变化图

含沙量在 $0.8\sim1.1\text{kg/m}^3$（实际沙峰峰值为 0.95kg/m^3，达到时间为 7 月 23 日）。为及时实施沙峰排沙调度，7 月 19 日调度三峡水库出库流量增加至 $35000\text{m}^3/\text{s}$，在三峡电站全部机组投入全力运行的情况下，开启 6 个排沙孔排沙、泄洪，直至 7 月 21 日超出其运行水位条件后关闭排沙孔，开启 2 个泄洪深孔。

实测资料表明，水库排沙效果明显。7 月 19 日，三峡水库出库含沙量为 0.34kg/m^3，至 23 日增大至 0.93kg/m^3，这也是三峡水库蓄水运行以来出库的实测最大含沙量，25 日出库含沙量降为 0.80kg/m^3。

据初步统计分析，7 月 11—18 日三峡水库入库沙量约为 5740 万 t，按照沙峰传播时间计算，7 月 19—26 日三峡水库排沙量约为 1760 万 t，排沙比约为 31%，有效减轻了水库泥沙淤积。

6.3.4.3 2018 年汛期三峡水库沙峰排沙调度

受持续强降雨影响，2018 年 7 月上中旬，岷江大渡河、沱江、涪江、嘉陵江的上游发生大或特大洪水，在长江上游形成两次编号洪水，先后出现较大沙峰过程。在金沙江、岷江、沱江及区间来水的共同影响下，长江上游干流朱沱站 7 月 13 日 16 时出现

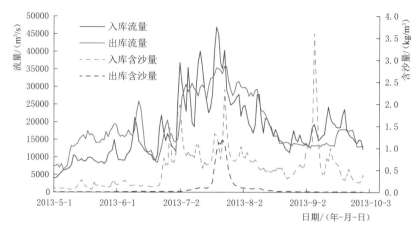

图 6.21　2013 年汛期三峡水库出入库流量及含沙量过程

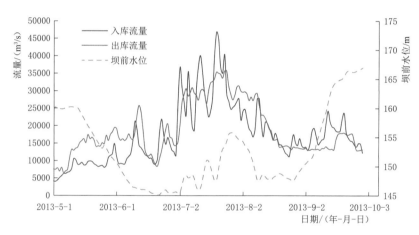

图 6.22　2013 年汛期三峡水库进出库流量及坝前水位变化图

29800m³/s 的洪峰，并于 14 日 11 时出现了 4.63kg/m³ 的沙峰，沙峰滞后洪峰 19h，寸滩站洪水由 8 日 8 时起涨，13 日 4 时流量涨至 50400m³/s，形成"长江 2018 年第 2 号洪水"，14 日 6 时出现洪峰流量 59300m³/s，13 日 8 时出现 4.47kg/m³ 的沙峰，排三峡水库蓄水以来含沙量最大值的第 3 位，沙峰峰现时间较洪峰提前了 1 天。

实测资料表明，"2018 年长江 2 号洪水"长江上游来水主要为嘉陵江、岷江和沱江，其中嘉陵江北碚站、岷江高场站和沱江富顺站来水分别占寸滩洪峰的 53%、25% 和 14%。2 号洪水期间（7 月 11 日 8 时至 17 日 8 时），三峡入库沙量达到了 7440 万 t，均大于 2014—2017 年全年入库输沙量，入库泥沙主要来自嘉陵江和沱江，北碚站、富顺站的输沙量分别为 5540 万 t、1490 万 t，分别占入库沙量的 74%、20%，其中：小河坝站、武胜站输沙量分别为 3940 万 t、1800 万 t，分别占北碚站沙量的 71%、32%。

根据监测和预报结果分析，7 月 11—20 日三峡水库入库和坝前含沙量较大，长江防总实施了兼顾排沙、航运调度的防洪调度。其调度过程简述如下：7 月 11 日 20 时起（三峡坝前水位为 146.97m），三峡水库下泄流量由 40000m³/s 加至 42000m³/s，并持续至 7 月 20 日 6 时。7 月 14 日 10 时出现 60000m³/s 的入库洪峰，之后缓退至 16 日 14 时的

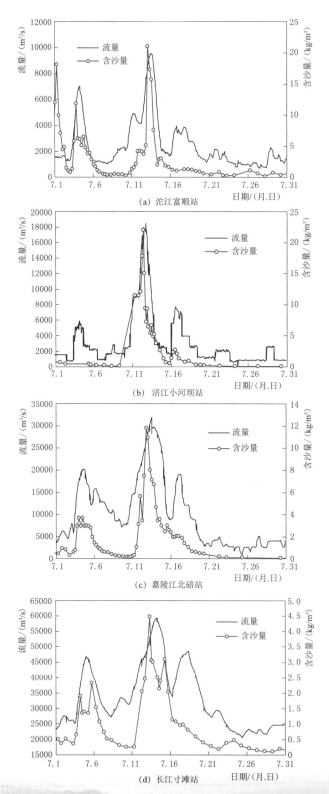

图 6.23 2018 年 7 月长江上游主要控制站流量和含沙量过程

39000m³/s，坝前水位快速上升至 153.38m，18 日 20 时入库流量复涨至 49500m³/s，之后快速减小至 29000m³/s，7 月 21 日 18 时三峡水库最高调度洪水位达到了 156.83m。为疏散三峡江段因大流量下泄而滞留的中小功率船舶，7 月 19 日 8—18 时、20 日 8—24 时三峡出库按 33000m³/s 左右控制下泄。之后，7 月 21 日起三峡水库按日均 30000m³/s（机组满发流量）下泄（7 月三峡水库调度过程如图 6.24 所示）。2 号洪水期间，三峡水库最大出库流量为 43300m³/s，削峰率为 27.8%，拦蓄洪量 62.75 亿 m³。

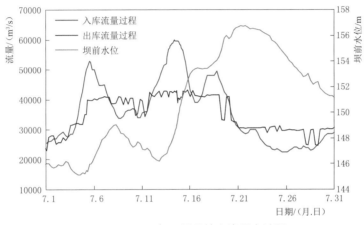

图 6.24　2018 年 7 月三峡水库调度过程

　　根据泥沙预报和计算成果，2 号洪水期间三峡水库沙峰将于 18 日到达巴东，同时，三峡水库下泄流量 42000m³/s 一直维持至 7 月 20 日，沙峰在到达坝前时能排出库外。实测资料表明，7 月 18—20 日水库排沙效果明显增强，出库含沙量在 0.50~1.20kg/m³，最大出库输沙率达到 34t/s，日均出库沙量在 370 万 t 左右，如图 6.25 所示。按沙峰输移过程统计，三峡入库沙峰过程为 7 月 11—17 日，对应入库沙量为 7440 万 t，7 月 15—25 日出库含沙量较大，对应出库沙量为 2144 万 t，沙峰过程排沙比达 29%。与往年场次洪水排沙比相比（表 6.22），2012 年、2013 年、2018 年沙峰排沙调度后，水库排沙比均有所提高。

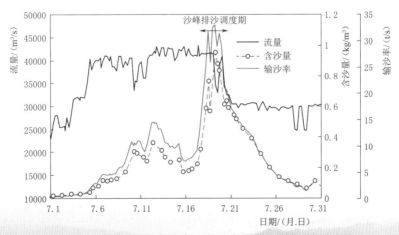

图 6.25　2018 年 7 月黄陵庙站流量、含沙量和输沙率过程线

表 6.22   2010—2018 年场次洪水排沙比统计

年份	沙峰入库统计时间	入库沙量 /万 t	入库平均流量 /(m³/s)	沙峰出库统计时间	出库沙量 /万 t	坝前平均 水位/m	排沙比 /%
2010	7 月 13 日至 8 月 4 日	10260	39800	7 月 16 日至 8 月 8 日	2050	156.20	20
2012	7 月 14—29 日	5530	45100	7 月 20 日至 8 月 12 日	1967	158.77	36
2013	7 月 11—18 日	5740	32000	7 月 19—26 日	1760	150.00	31
2018	7 月 11—17 日	7440	51400	7 月 15—25 日	2144	152.94	29

6.3.4.4 沙峰调度排沙效果分析

2012 年和 2013 年汛期，7 月坝前平均水位高于 2009—2011 年同期 4.2～9.5m，但水库排沙比（效果）却远超过 2010 年和 2011 年同期水平，2012 年、2013 年 7 月水库排沙比分别达到 28%、27%，超出 2009 年、2010 年、2011 年同期的 13%、17%、7%。

2018 年 7 月，三峡水库入库沙量为 10860 万 t，出库沙量为 3340 万 t，排沙比为 31%。从汛期水库排沙情况来看，2018 年汛期 7 月入库沙量与实施沙峰排沙调度的 2012 年、2013 年同期基本相当，坝前平均水位为 150.49m，比 2012 年低 4.77m，与 2013 年相当，但水库排沙比高达 31%，分别高于 2012 年、2013 年 3 个和 4 个百分点，与 2009—2011 年同期相比，排沙比偏高 14%～24%，与 2014—2017 年同期相比，排沙比偏高 2%～12%，同时入库、出库沙量是 2014—2017 年同期的 7 倍左右，见表 6.23。

表 6.23   2009—2018 年 7 月三峡水库入库、出库沙量及排沙比

时　间	入库沙量 /万 t	出库沙量 /万 t	水库淤积 /万 t	入库平均流量 /(m³/s)	坝前平均水位 /m	水库排沙比 /%
2009 年 7 月	5540	720	4820	21600	145.86	13
2010 年 7 月	11370	1930	9440	32100	151.03	17
2011 年 7 月	3500	260	3240	18300	146.25	7
2012 年 7 月	10833	3024	7809	40110	155.26	28
2013 年 7 月	10313	2812	7501	30630	150.08	27
2014 年 7 月	1529	289	1240	23640	147.62	19
2015 年 7 月	624	182	442	16580	145.90	29
2016 年 7 月	1680	418	1262	24000	153.32	25
2017 年 7 月	310	81	229	19000	151.45	26
2018 年 7 月	10860	3340	7520	38000	150.49	31

6.4 三峡水库库尾河段减淤调度技术研究

三峡工程泥沙问题涉及水库长期使用寿命、水库回水末端洪水位抬高，以及库尾河段泥沙冲淤对航道港区的影响、坝下游河床冲刷等一系列重大问题，而库尾河段航道港区泥沙问题又是重中之重。初步设计中关于库尾河段泥沙问题研究的主要结论为：在"60 水沙系列"和上游不建库的条件下，水库正常运行初期，对库尾河段航道和码头均有较大改

善。水库运行中期、后期，库尾河段因泥沙淤积将影响码头作业，航道出现不同程度碍航。但也指出，采取水库优化调度及河道整治、疏浚措施，库尾河段泥沙问题可以得到解决。175m 试验性蓄水后，三峡水库泥沙冲淤规律呈现了一些新特点，如库尾河段的走沙期从天然情况下的 9 月中旬至 12 月中旬逐渐推迟至次年汛前消落期的 4—6 月；库区泥沙淤积逐渐向上游发展；库尾河段虽然总体表现为冲刷，但局部河段出现了累积性淤积。为增加消落期走沙能力，减少库尾河段的泥沙淤积，开展库尾减淤调度方案，试图通过优化水库调度降低库尾泥沙局部性淤积对航运影响的风险。

6.4.1　库尾泥沙冲淤规律

对于三峡库尾河段，由于河段较长，直接受三峡水库蓄水影响，河段内水流条件、河床组成等变化较大。本次主要选取变动回水区上段的重庆主城区河段（大渡口至铜锣峡，CY40—CY01）和变动回水区中下段的铜锣峡至涪陵河段（S322—S269）开展三峡库尾河段走沙条件研究。对于其中的重庆主城区河段，分别进行卵石河床起动研究和沙质河床起动研究。

6.4.1.1　重庆主城区河段卵石河床走沙条件研究

根据对实测床沙资料的分析，重庆主城区为典型山区卵石河段，以卵石河床为主，重庆主城区河段卵石粒径较大，最大粒径为 171.75mm，中值粒径为 109.00mm，平均粒径为 100.97mm，且 95％以上的卵石粒径在 32～250mm。

以往研究表明，卵石推移质输移带与汛期主流带位置基本一致，即汛期主流挟带卵石运动。选取卵石河床近期主河槽自然冲刷较为剧烈的断面作为典型断面（重庆主城区河段有较为严重的河道采砂行为，选取断面时避开这些断面），分析河床粒径组成。各测量断面主流流速由断面平均流速推算而来，即 $u' = \lambda \bar{u}$。采用卵石推移质起动公式计算 2017—2019 年实测水力条件下各粒径卵石的起动流速，并与实际流速进行对比，得到卵石起动的时间及对应的水位流量条件。2017—2019 年三峡库区流量（以寸滩站为代表站）和坝前水位变化如图 6.26 所示。

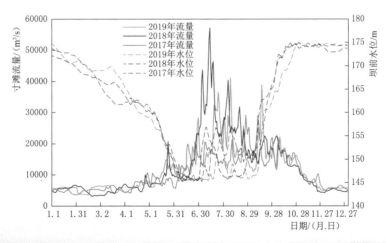

图 6.26　2017—2019 年三峡库区库尾河段水位流量过程线

　　重庆主城区河段非均匀卵石推移质起动时间主要与卵石粒径、当年水流条件有关。根据表 6.24 数据可以看出，对于汛期流量较大的 2018 年，卵石起动时间反而相对较晚，这是由于 2018 年汛前消落期内水流动力条件（来流量＋坝前水位组合）不如 2017 年和 2019 年。卵石颗粒粒径越大，起动发生的时间越晚，对于粒径为 250mm 的粗颗粒卵石，其起动时间较粒径为 8mm 的细颗粒卵石推迟半个月至 1 个月时间。对计算结果进行分析整理，得到重庆主城区河段非均匀卵石推移质起动条件，（表 6.25、图 6.27）。

表 6.24　　　　　　　　　　　　重庆主城区河段卵石起动条件计算结果

粒径/mm	断面编号	2017 年			2018 年			2019 年		
		起动时间	坝前水位/m	寸滩流量/(m³/s)	起动时间	坝前水位/m	寸滩流量/(m³/s)	起动时间	坝前水位/m	寸滩流量/(m³/s)
8	CY16	5 月 1 日	159	8050	5 月 17 日	155.08	8260	4 月 29 日	160.31	10700
	CY18	4 月 28 日	159.08	7150	5 月 5 日	159.53	7390	4 月 27 日	160.24	8100
	CY20	4 月 16 日	160.72	6750	3 月 24 日	161.64	5650	4 月 26 日	160.53	7270
	CY28	5 月 19 日	153.63	11800	5 月 23 日	152.96	15700	4 月 29 日	160.31	10700
	CY34	4 月 27 日	159.18	7140	3 月 30 日	161.64	6630	4 月 14 日	162.18	7800
16	CY16	5 月 20 日	153.18	13000	5 月 24 日	153.14	20700	6 月 18 日	146.15	19500
	CY18	4 月 29 日	159	7210	5 月 13 日	157.55	7040	4 月 28 日	160.17	10300
	CY20	4 月 28 日	159.08	7150	5 月 11 日	158.61	7220	4 月 28 日	160.17	10300
	CY28	5 月 21 日	152.85	14600	5 月 24 日	153.14	20700	6 月 18 日	146.15	19500
	CY34	4 月 30 日	158.94	7520	5 月 17 日	155.08	8260	4 月 28 日	160.17	10300
32	CY16	5 月 22 日	152.5	15000	6 月 6 日	146.8	9160	6 月 18 日	146.15	19500
	CY18	4 月 30 日	158.94	7520	5 月 16 日	155.78	7420	4 月 29 日	160.31	10700
	CY20	4 月 30 日	158.94	7520	5 月 13 日	157.55	7040	5 月 17 日	155.39	6500
	CY28	7 月 8 日	145.76	13800	6 月 28 日	145.51	23200	6 月 20 日	145.86	16600
	CY34	5 月 10 日	149.86	9030	5 月 18 日	154.44	9170	4 月 28 日	160.17	10300
64	CY16	5 月 22 日	152.5	15000	6 月 6 日	146.8	9160	6 月 18 日	146.15	19500
	CY18	4 月 30 日	158.94	7520	5 月 16 日	155.78	7420	4 月 29 日	160.31	10700
	CY20	4 月 30 日	158.94	7520	5 月 13 日	157.55	7040	5 月 17 日	155.39	6500
	CY28	7 月 8 日	145.76	13800	6 月 28 日	145.51	23200	6 月 20 日	145.86	16600
	CY34	5 月 10 日	149.86	9030	5 月 18 日	154.44	9170	4 月 28 日	160.17	10300
128	CY16	5 月 22 日	152.5	15000	6 月 6 日	146.8	9160	6 月 18 日	146.15	19500
	CY18	4 月 30 日	158.94	7520	5 月 16 日	155.78	7420	4 月 29 日	160.31	10700
	CY20	4 月 30 日	158.94	7520	5 月 13 日	157.55	7040	5 月 17 日	155.39	6500
	CY28	7 月 8 日	145.76	13800	6 月 28 日	145.51	23200	6 月 20 日	145.86	16600
	CY34	5 月 10 日	149.86	9030	5 月 18 日	154.44	9170	4 月 28 日	160.17	10300
250	CY16	5 月 22 日	152.5	15000	6 月 6 日	146.8	9160	6 月 18 日	146.15	19500
	CY18	4 月 30 日	158.94	7520	5 月 16 日	155.78	7420	4 月 29 日	160.31	10700
	CY20	4 月 30 日	158.94	7520	5 月 13 日	157.55	7040	5 月 17 日	155.39	6500
	CY28	7 月 8 日	145.76	13800	6 月 28 日	145.51	23200	6 月 20 日	145.86	16600
	CY34	5 月 10 日	149.86	9030	5 月 18 日	154.44	9170	4 月 28 日	160.17	10300

表 6.25　　　　　　　　　　　重庆主城区河段非均匀卵石推移质起动条件

粒径/mm	最早起动		最晚起动		平均起动条件	
	水位/m	对应寸滩流量/(m³/s)	水位/m	对应寸滩流量/(m³/s)	平均坝前水位/m	平均流量/(m³/s)
8	161.64	5650	152.96	15700	159.07	8606
16	160.17	10300	152.85	14600	155.56	11220
32	160.31	10700	145.51	23200	152.93	11497
64	160.31	10700	145.51	23200	152.93	11497
128	160.31	10700	145.51	23200	152.93	11497
250	160.31	10700	145.51	23200	152.93	11497

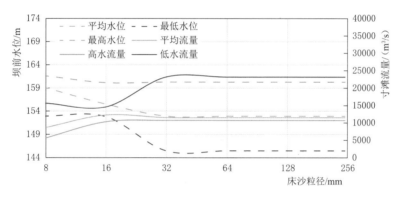

图 6.27　重庆主城区河段卵石河床起动条件

对于重庆主城区河段的卵石颗粒来说，颗粒越粗，起动所需要的水流动力条件越强。

（1）对于细颗粒的卵石（粒径在 16mm 以下），最早在水位为 161m、流量为 5600m³/s 左右时即可起动，平均起动条件为水位降至 155m 左右时流量达到 11000m³/s 左右。

（2）对于粒径大于 16mm 的粗颗粒卵石，最早在水位降至 160m 左右、流量大于 10000m³/s 条件时可以起动，平均起动条件为水位降至 153m 左右时流量在 11500m³/s 左右。

考虑到重庆主城区河段的河床组成，有 95% 以上的卵石粒径在 32～250mm，因此对于重庆主城区河段而言，保证水位在降至 153m 左右时流量条件大于 11500m³/s，即可起动河段内半数以上的卵石颗粒。从实际水位流量过程来看，2017—2019 年消落期内满足重庆主城区河段卵石起动条件的天数分别有 3 天、18 天、22 天。

6.4.1.2　重庆主城区河段沙质河床走沙条件研究

重庆主城区河段沙质河床冲淤变化一直以来是三峡库尾冲淤研究的重点内容，有丰富的研究基础和实测资料，尤其是河段内寸滩水文站有系统的资料可进行较为深入的水动力特性研究。本次对重庆主城区河段沙质河床走沙条件的研究，除了采用床沙起动公式以外，还从水流挟沙能力、水力条件等方面对其进行了研究。

　　三峡水库175m试验性蓄水后，重庆主城区河段出口边界水位抬高，改变一段时间内的水面比降、水流流速等，进而影响水流挟带泥沙的能力和冲淤规律。为了更为直观地反映这种变化过程，以175m蓄水前后的2007年和2012年为例，对比了2007年、2012年年内寸滩站水流挟沙力指标 u^3/h 与实测含沙量的对比关系，如图6.28所示。三峡水库175m试验性蓄水前，重庆主城区河段为天然河道，河道的水力特性主要受边界和来流、来沙的影响。在上游来流小于5000m³/s时，随着来流增大，水流挟带泥沙的能力迅速增大，此时上游来流的含沙量较小，河床往往处于冲刷状态，这种条件无论在汛前还是汛后都可以满足；当来流继续增大至5000m³/s以上时，河道的卡口形态开始发挥壅水作用，水深增大的速度较流速更快，水流挟带泥沙的能力缓慢下降，期间在来流不超过15000m³/s时，来流含沙量较小，水流仍有足够的挟带能力；当来流由15000m³/s进一步增大时，来流含沙量增大至超过水流挟带能力，泥沙开始在河床落淤。因此，在天然状态下，河段冲淤呈现"高水落淤、低水冲刷"的特征。2012年挟沙力与含沙量的关系发生改变，与2007年的区别集中体现在汛后蓄水期，尽管河道水流挟带泥沙的能力也随来流增大，但绝对值偏小，不足以挟带来沙，泥沙冲刷能力减小。汛期，水流挟沙力指标与来

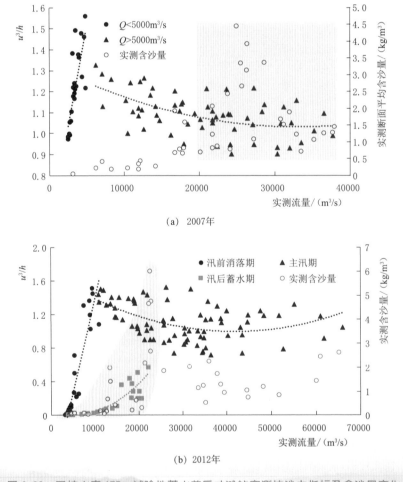

(a) 2007年

(b) 2012年

图6.28　三峡水库175m试验性蓄水前后寸滩站实测挟沙力指标及含沙量变化

流的关系得到保持，但来流含沙量显著下降，可能导致汛期泥沙不淤或者少淤。因此，三峡水库 175m 试验性蓄水后，重庆主城区河段必然会出现"汛期淤积减少，汛后走沙减弱"的现象。

河段河床组成以卵砾石为主，悬移质泥沙的断面较少。通过计算出河段沿程各粒径级的泥沙起动流速，并进一步与一维模型计算给出的断面平均流速进行对比，可初步统计确定各粒径级泥沙的起动所对应的水流条件。从实测资料来看，重庆主城区河段以粒径小于 1.0mm 的细沙为主。计算出这些断面的流速、水深等水力条件后，初步对比泥沙起动和止动条件，对于粒径大于 0.25mm 的粗颗粒，在寸滩流量超过 4000m³/s、坝前水位低于 167m 时能够满足起动条件，流量越大，坝前水位越低，起动越容易；对于粒径小于 0.25mm 的细颗粒，全时段基本都能够满足起动条件。

从水力条件角度来看（图 6.29），以 2012 年为例，在来流小于 5000m³/s 或者坝前水位高于 163m 时，典型沙质断面的平均流速虽然和来流及坝前水位都存在一定的相关关系，但绝对值较小，水流挟沙能力与流速的高次方成正比，可以认为在这种条件下水流挟带泥沙的能力很小。随着来流的进一步增大或坝前水位的下降，断面流速以较快的速度增大。但当流量增至一定范围或者坝前水位抬高至一定幅度后，河段出口会出现一定的卡口壅水增强现象，流速减小，因此，河段内的流速随来流和坝前水位的变化出现拐点。

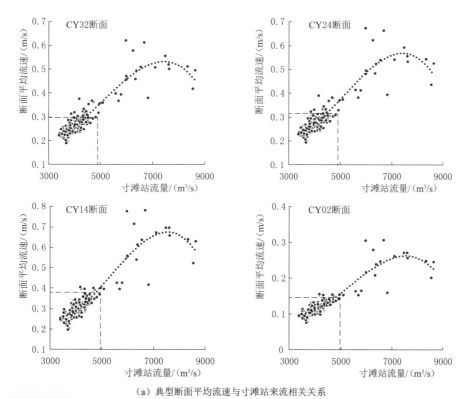

（a）典型断面平均流速与寸滩站来流相关关系

图 6.29（一） 2012 年消落期内重庆主城区河段典型断面平均流速与来流、
坝前水位相关关系图

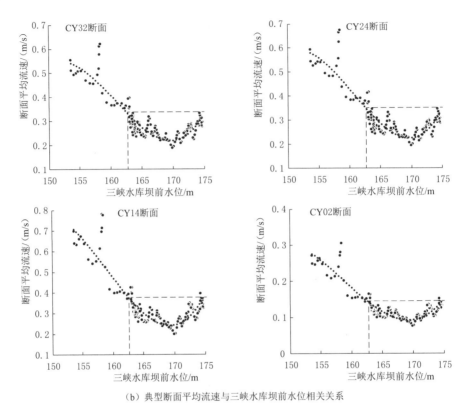

（b）典型断面平均流速与三峡水库坝前水位相关关系

图 6.29（二） 2012 年消落期内重庆主城区河段典型断面平均流速与来流、
坝前水位相关关系图

综合水力条件自身的变化和满足泥沙起动两个方面，可确定出满足泥沙走沙的初步条件为寸滩流量大于 4000m³/s，并且坝前水位低于 167m。当寸滩流量由 5000m³/s 逐步增大，而坝前水位由 163m 继续消落时，河段的流速快速增大，走沙强度也相应增强。从实际水位流量过程来看，2017—2019 年消落期内满足重庆主城区河段床沙起动条件的天数分别有 101 天、92 天、74 天。

6.4.1.3 铜锣峡至涪陵河段走沙条件研究

根据床沙实测资料分析，铜锣峡以下河段卵石河段较少，基本为沙质河床，且床沙粒径几乎都在 1mm 以下。三峡水库试验性蓄水以来，铜锣峡至涪陵河段各年消落期内河床冲刷主要集中在涪陵、北拱镇、青岩子、黄草峡、扇沱镇、洛碛、盐巴碛、明月沱、广阳坝等部位。因此，重点对铜锣峡至涪陵河段各典型冲淤部位（涪陵、北拱镇、青岩子、黄草峡、扇沱镇、洛碛、盐巴碛、明月沱、广阳坝）附近粒径小于 1.0mm（包括 0.5mm、0.25mm、0.062mm、0.031mm、0.016mm、0.008mm、0.004mm 和 0.002mm 八组粒径级）的泥沙进行研究。

研究采用宽级配河床非均匀沙起动基本理论，各断面平均流速和水深由长河段一维数学模型计算所得，采用非均匀床沙起动公式计算 2017—2019 年实测水力条件下各粒径床沙的起动流速，并与实际流速进行对比，得到床沙起动的时间及对应的水位流量条件（表6.26）。2017—2019 年三峡库区流量（以寸滩站为代表站）和坝前水位变化如图 6.26 所示。

表 6.26 铜锣峡至涪陵河段床沙起动时间

粒径 /mm	断面	2017 年			2018 年			2019 年		
		起动时间	坝前水位 /m	寸滩流量 /(m³/s)	起动时间	坝前水位 /m	寸滩流量 /(m³/s)	起动时间	坝前水位 /m	寸滩流量 /(m³/s)
0.002	S314	3 月 10 日	166.04	6030	3 月 13 日	163.22	4600	3 月 24 日	167.9	4860
	S304	4 月 13 日	162.19	7410	3 月 30 日	161.64	6630	4 月 18 日	160.16	6250
	S292	3 月 16 日	166.23	6630	3 月 22 日	161.75	5440	4 月 10 日	162.57	5570
	S282	4 月 29 日	160.31	10700	5 月 16 日	155.78	7420	5 月 9 日	156.51	8510
	S277+1	4 月 29 日	160.31	10700	5 月 15 日	156.42	7100	5 月 9 日	156.51	8510
	S270	4 月 12 日	162.25	6410	3 月 30 日	154.71	6630	4 月 14 日	161.27	5830
0.004	S314	3 月 15 日	166.09	6550	3 月 22 日	161.75	5440	4 月 10 日	162.57	5570
	S304	4 月 13 日	162.19	7410	4 月 25 日	161.34	7570	4 月 19 日	159.89	6880
	S292	4 月 11 日	162.32	6060	3 月 24 日	161.64	5650	4 月 12 日	161.91	5770
	S282	5 月 19 日	154.06	7120	5 月 17 日	155.08	8260	5 月 10 日	156.43	9030
	S277+1	5 月 5 日	159.78	10500	5 月 15 日	156.42	7100	5 月 9 日	156.51	8510
	S270	4 月 13 日	162.19	7410	4 月 25 日	161.34	7570	4 月 19 日	159.89	6880
0.008	S314	3 月 16 日	166.23	6630	3 月 24 日	161.64	5650	4 月 13 日	161.6	5880
	S304	4 月 14 日	162.18	7800	4 月 25 日	161.34	7570	4 月 20 日	159.78	7800
	S292	4 月 11 日	162.32	6060	3 月 25 日	161.66	6000	4 月 14 日	161.27	5830
	S282	5 月 21 日	153.45	7680	5 月 18 日	154.44	9170	5 月 10 日	156.43	9030
	S277+1	5 月 18 日	154.64	7440	5 月 16 日	155.78	7420	5 月 10 日	156.43	9030
	S270	4 月 13 日	162.19	7410	4 月 25 日	161.34	7570	4 月 20 日	159.78	7800
0.016	S314	4 月 11 日	162.32	6060	3 月 25 日	161.66	6000	4 月 14 日	161.27	5830
	S304	4 月 21 日	161.53	7700	4 月 26 日	161.52	10000	4 月 20 日	159.78	7800
	S292	4 月 12 日	162.25	6410	3 月 30 日	161.64	6630	4 月 14 日	161.27	5830
	S282	5 月 22 日	153	8740	5 月 18 日	154.44	9170	5 月 16 日	155.23	10400
	S277+1	5 月 19 日	154.06	7120	5 月 17 日	155.08	8260	5 月 10 日	156.43	9030
	S270	4 月 13 日	162.19	7410	4 月 25 日	161.34	7570	4 月 20 日	159.78	7800
0.031	S314	4 月 11 日	162.32	6060	3 月 25 日	161.66	6000	4 月 14 日	161.27	5830
	S304	4 月 27 日	160.24	8100	4 月 26 日	161.52	10000	4 月 21 日	159.85	8260
	S292	4 月 13 日	162.19	7410	3 月 30 日	161.64	6630	4 月 17 日	160.43	6360
	S282	5 月 22 日	153	8740	5 月 19 日	154.11	9930	5 月 16 日	155.23	10400
	S277+1	5 月 18 日	154.64	7440	5 月 17 日	155.08	8260	5 月 10 日	156.43	9030
	S270	4 月 13 日	162.19	7410	4 月 25 日	161.34	7570	4 月 20 日	159.78	7800

粒径/mm	断面	2017年			2018年			2019年		
		起动时间	坝前水位/m	寸滩流量/(m³/s)	起动时间	坝前水位/m	寸滩流量/(m³/s)	起动时间	坝前水位/m	寸滩流量/(m³/s)
0.062	S314	4月11日	162.32	6060	3月25日	161.66	6000	4月14日	161.27	5830
	S304	4月21日	161.53	7700	4月26日	161.52	10000	4月21日	159.85	8260
	S292	4月13日	162.19	7410	3月30日	161.64	6630	4月17日	160.43	6360
	S282	5月22日	153	8740	5月19日	154.11	9930	5月16日	155.23	10400
	S277+1	5月18日	154.64	7440	5月16日	155.78	7420	5月10日	156.43	9030
	S270	4月13日	162.19	7410	4月25日	161.34	7570	4月20日	159.78	7800
0.125	S314	4月11日	162.32	6060	3月24日	161.64	5650	4月13日	161.6	5880
	S304	4月20日	161.62	7640	4月26日	161.52	10000	4月20日	159.78	7800
	S292	4月12日	162.25	6410	3月30日	161.64	6630	4月14日	161.27	5830
	S282	5月22日	153	8740	5月19日	154.11	9930	5月16日	155.23	10400
	S277+1	5月22日	153	8740	5月19日	154.11	9930	5月17日	154.7	10900
	S270	4月28日	160.17	10300	4月27日	161.76	9000	5月1日	159	8050
0.25	S314	4月20日	161.62	7640	4月26日	161.52	10000	4月26日	159.31	7390
	S304	5月17日	155.39	6500	5月16日	155.78	7420	5月9日	156.51	8510
	S292	4月21日	161.53	7700	4月26日	161.52	10000	4月25日	159.46	7400
	S282	5月22日	153	8740	5月19日	154.11	9930	5月16日	155.23	10400
	S277+1	6月4日	147.06	7860	5月24日	153.14	20700	5月22日	152.5	15000
	S270	5月25日	151.6	8940	5月20日	153.9	10600	5月17日	154.7	10900
0.5	S314	6月6日	147.31	9230	5月22日	153.12	10100	5月17日	154.7	10900
	S304	5月26日	151.12	8970	5月23日	152.96	15700	5月21日	152.85	14600
	S292	5月18日	154.64	7440	5月17日	155.08	8260	5月10日	156.43	9030
	S282	6月7日	146.91	10200	5月24日	153.14	20700	5月29日	150.34	12900
	S277+1	6月10日	145.27	13100	6月12日	145.51	10000	6月6日	145.26	13500
	S270	6月9日	145.59	12500	5月24日	153.14	20700	5月22日	152.5	15000
1.0	S314	6月17日	146.01	19900	6月27日	145.6	20700	6月29日	145.92	26200
	S304	—	—	—	7月13日	146.85	53600	—	—	—
	S292	5月26日	151.12	8970	5月23日	152.96	15700	5月20日	153.18	13000
	S282	8月26日	147.47	24100	6月27日	145.6	20700	6月30日	145.76	28300
	S277+1	—	—	—	—	—	—	—	—	—
	S270	6月17日	146.01	19900	6月26日	145.56	16800	6月29日	145.92	26200

从计算结果来看，铜锣峡至涪陵河段床沙起动时间主要受来水条件、距坝里程及床沙粒径的影响。消落期水流动力条件（来流＋坝前水位组合）越强，泥沙起动时间越早；距离坝址越远，床沙起动时间越早；床沙粒径越小，起动时间越早（但受床沙隐暴效应影响，会出现大粒径泥沙比小粒径泥沙更早起动的情况）。从不同年份起动时间来看，在大水年份（2018 年），可以起动更大粒径的床沙，起动时间也较早，而在枯水年份（2017年），粗颗粒泥沙有时无法起动。

从起动所需的条件来看（表 6.27），由于铜锣峡至涪陵河段距离较长，河段内水深条件变化较大，因此不同区域床沙起动条件相差较大。因此，采用上下包线的方式分析河段走沙条件（图 6.30）。其中，高水起动为起动条件的上包线（一般是上游的断面泥沙起动条件），低水起动为起动条件的下包线（一般是下游断面泥沙起动条件）。

表 6.27　　　　　　　　　　　　铜锣峡至涪陵河段床沙起动条件

粒径 /mm	低水起动（下包线）		高水起动（上包线）	
	最低水位/m	对应寸滩流量/(m³/s)	最高水位/m	对应寸滩流量/(m³/s)
0.002	154.71	6630	167.9	4860
0.004	154.06	7120	166.09	6550
0.008	153.45	7680	166.23	6630
0.016	153	8740	162.32	6060
0.031	153	8740	162.32	6060
0.062	153	8740	162.32	6060
0.125	153	8740	162.32	6060
0.25	147.06	9560	161.62	7040
0.5	145.26	13500	156.43	9030
1.0	145.56	16800	153.18	13000

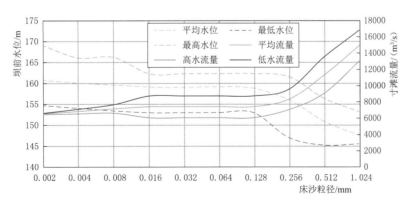

图 6.30　铜锣峡至涪陵河段床沙起动条件

（1）当坝前水位低于 168m、流量大于 4860m³/s 时，铜锣峡至涪陵河段内 0.002mm

的细颗粒泥沙即开始起动。

（2）对于粒径小于 0.016mm 的泥沙，上包线为坝前水位 162.32m、流量 6060m³/s 左右，下包线为坝前水位 153m、流量 8700m³/s 左右。

（3）对于粒径大于 1m 的泥沙，上包线为坝前水位 153.18m、流量 13000m³/s 左右，下包线为坝前水位 145.56m、流量 16800m³/s 左右。

从实测床沙级配来看，铜锣峡至涪陵河段床沙粒径大于 0.1mm 的占比和粒径小于 0.1mm 的占比基本相当，长寿以上粒径大于 0.1mm 的床沙略占优，长寿以下粒径小于 0.1mm 的床沙略占优。为使更多泥沙起动，取粒径小于 0.1mm 的泥沙起动条件作为本河段泥沙起动的基本条件，即坝前水位 162.3m，流量 6000m³/s 左右，河段内大部分泥沙可以起动。从实际水位流量过程来看，2017—2019 年消落期内满足本河段床沙起动条件的天数分别有 60 天、77 天、56 天。

关于三峡水库库尾河段走沙条件研究，其他单位也取得了较为丰富的研究成果。如长江科学院采用三峡水库干支流河道一维非恒定流水沙模型对不同寸滩来水来沙和坝前水位组合进行冲淤模拟计算，得到三峡库尾铜锣峡至涪陵河段走沙条件为：寸滩站流量大于 5000m³/s，坝前水位低于 163m；中国长江三峡集团有限公司将三峡水库坝前水位 162m、寸滩流量达到 7000m³/s 作为三峡水库消落期库尾减淤调度的起调基准。这些研究成果与本文中对于粒径小于 0.1mm 的泥沙确定的坝前水位 162.3m、流量 6000m³/s 左右的起动条件基本一致，说明本文采用非均匀沙起动公式计算得到的起动条件是适用的，也说明以往的研究成果在新的水沙条件和河床边界条件下仍然适用。

6.4.1.4　三峡库尾河段消落期冲淤变化影响因素研究

三峡库尾河段位于三峡水库变动回水区，受水库调度影响较大。影响库尾河段泥沙冲淤的因素十分复杂，总体来看，主要与三方面因素有较大关系：一是河段内前期泥沙冲淤量；二是水沙边界条件，主要包括入库流量、含沙量、坝前水位及其消落速率；三是河床组成的边界条件，如床沙级配等。

三峡水库 175m 试验性蓄水以来，铜锣峡至涪陵河段已成为三峡水库库尾河段。本次以铜锣峡至涪陵河段为库尾河段的典型代表，考虑到近年来本河段人为采砂较为严重，对河道的天然冲淤规律有较大影响，因此选取无采砂的 2010—2012 年作为研究年份，研究消落期冲淤变化的影响因素，本节主要分析河段前期冲淤量及水沙边界条件对消落期内河段冲淤变化的影响。

（1）河段前期冲淤量。三峡水库蓄水运行以来，水库一般在汛末 9 月中旬至 11 月初蓄水，坝前水位抬高，库区水流流速变缓，泥沙淤积。蓄水结束后，水库在消落期冲刷的泥沙绝大部分来自前期汛期和蓄水期河段内淤积的泥沙。根据实测资料计算，库尾铜锣峡至涪陵河段在各年水库消落之前的汛期泥沙冲淤量分别为：2009 年 4—9 月冲刷泥沙 900 万 m³；2010 年 5—11 月淤积泥沙 2522 万 m³，表现为沿程均匀淤积；2011 年 5—11 月淤积泥沙 535 万 m³，重点淤积部位位于涪陵、黄草峡、盐巴碛和桃花岛附近。

与前期淤积量相对应，2010—2012 年消落期铜锣峡至涪陵河段的泥沙冲刷量分别为197 万 m³、748 万 m³ 和 750 万 m³（表 6.28）。2010 年和 2011 年消落期，铜锣峡至涪陵河段对应的水沙条件相差不大，如 2010 年消落期内寸滩站的流量和含沙量分别为 3940m³/s 和 0.043kg/m³，2011 年消落期内寸滩站的流量和含沙量分别为 4570m³/s 和 0.043kg/m³，而 2010 年消落前期冲刷泥沙 900 万 m³，2011 年则大量淤积，淤积量达 2522 万 m³。由此说明，2011 年消落期出现的大量冲刷，很大程度上是由于 2011 年汛期泥沙淤积量较大造成的。

表 6.28 铜锣峡至涪陵河段年内冲淤量变化

项 目	2010 年消落期 （2009 年 11 月至 2010 年 4 月）	2011 年消落期 （2010 年 11 月至 2011 年 5 月）	2012 年消落期 （2011 年 11 月至 2012 年 5 月）
冲淤量/万 m³	−197	−748	−750
冲淤强度/（万 m³/d）	−1.18	−4.20	−3.87
前期汛期冲淤量/万 m³	−900	2522	535
寸滩站流量/（m³/s）	3940	4570	4730
寸滩站含沙量/（kg/m³）	0.043	0.043	0.041
寸滩站输沙量/万 t	346.6	302.4	344.0
断面最大流速/（m/s）	1.64	1.78	1.84
坝前水位/m	166.3	168.4	168.5
消落速率/（m/d）	0.077	0.112	0.107

（2）入库水沙条件。2012 年消落期铜锣峡至涪陵河段泥沙冲刷量与 2011 年消落期相当，期间两者的坝前水位也基本一致，但 2012 年前期泥沙的淤积量远小于 2011 年（表6.28），可见铜锣峡至涪陵河段的泥沙冲刷除了与前期淤积量有关，寸滩站的水沙条件也是影响铜锣峡至涪陵河段泥沙冲淤的重要因素。例如寸滩站 2012 年消落期的平均流量比 2011 年消落期大，而含沙量则基本相当。即 2012 年消落期寸滩站平均流量为 4730m³/s，平均含沙量为 0.041kg/m³，而 2011 年消落期寸滩站平均流量为 4570m³/s，平均含沙量为 0.043kg/m³，与此相应，2012 年铜锣峡至涪陵河段内各断面的平均流速也较大，2012 年消落期内断面平均最大流速为 1.84m/s（S320，广阳坝附近），在该水流条件下，河段走沙能力也较强。

（3）坝前水位消落速率。河段内的冲淤变化除了受前期冲淤量、入库水沙条件的影响外，坝前水位的高低及其变化速率对河段内的泥沙冲淤变化影响也较大。图 6.31 为2009—2012 年消落期坝前水位过程线，消落期的各统计时段内，2010 年、2011 年和 2012年消落期坝前水位的消落速率分别为 0.077m/d、0.112m/d 和 0.107m/d，相应时段内的泥沙冲刷强度分别为 1.2 万 m³/d、4.4 万 m³/d 和 3.9 万 m³/d。2010 年消落期坝前水位消落速率较小，相应库尾河段的泥沙冲刷强度也最小，2011 年消落期三峡水库坝前水位消落速率最大，库尾河段泥沙的冲刷强度也最大。可见，坝前水位的消落速率对水库库尾河段影响显著。综合以上分析，确定溪洛渡库区至三峡水库库尾河段床沙起动条件，见表 6.29。

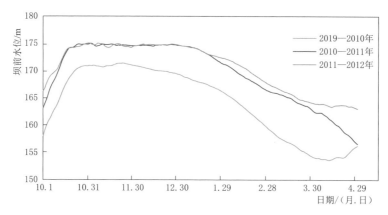

图 6.31 2019—2012 年消落期坝前水位过程线

表 6.29 溪洛渡库区至三峡水库库尾河段床沙起动条件汇总

序号	河段	床沙起动条件	备注
1	重庆主城区河段	当三峡水库坝前水位降至 153m 左右时流量条件大于 11500m³/s，河段内半数以上的卵石颗粒即可起动；当三峡水库坝前水位在降至 167m，寸滩流量大于 4000m³/s，河段内粒径大于 0.25mm 悬移质床沙开始起动	
2	铜锣峡至涪陵河段	对于粒径小于 0.1mm 的泥沙，在三峡水库坝前水位 162.3m，流量大于 6000m³/s 时即开始起动；对于粒径大于 0.1m 的泥沙，在三峡水库坝前水位 153m、流量大于 13000m³/s 左右时开始起动	与以往研究成果基本相符

6.4.2 库尾减淤调度方案研究

三峡水库库尾减淤调度的目标是增加消落期的库尾走沙能力，尽可能地将淤积的泥沙输送至常年回水区。减淤调度的目标区域主要是三峡水库库尾重庆主城区河段。减淤调度方案主要是研究调度时机和控制性指标，明确水库起调水位、控制站寸滩的流量、调度期内库水位日消落幅度等关键参数的取值。

6.4.2.1 调度起动时间

天然情况下，一般当寸滩站流量小于 5000m³/s 时，重庆主城区河段的走沙过程将逐步趋于停止。统计结果表明（表 6.30），库尾干流寸滩站 4 月下旬平均流量约为 5200m³/s，对应水位约在 160.9m，5 月上旬平均流量约为 6800m³/s，对应水位约在 161.6m。5 月上旬以后，根据来水情况适时将坝前水位消落至 162m 以下，有利于寸滩站水位流量关系的恢复。

表 6.30 1952—2010 年寸滩站 4 月上旬至 6 月中旬平均流量、水位及输沙量统计表

时段	4 月上旬	4 月中旬	4 月下旬	5 月上旬	5 月中旬	5 月下旬	6 月上旬	6 月中旬
水位/m	159.7	160.2	160.9	161.6	162.5	163.4	164.3	165.3
流量/(m³/s)	3860	4440	5230	6850	7580	8930	10400	12300
输沙量/万 t	3.80	4.65	9.65	21.8	28.6	55.7	70.9	109

水库消落期减淤调度主要考虑三方面的因素：一是有足够的走沙强度，三峡水库175m试验性蓄水后，4月下旬至6月上旬逐渐成为重庆主城区河段重要的走沙期，6月中下旬以后，随着入库含沙量的增大和坝前水位的抬高，该河段逐步转为淤积；二是不影响库区通航条件，4月下旬来水来沙均比较小，冲沙动力不足，库尾减淤效果有限，过早消落可能影响通航水深，对库区航运不利；三是不明显增大水库的消落压力，随着来水增加，要在满足库水位日降幅不超过0.6m条件下消落至汛限水位，消落起动时间越晚消落压力越大。综合考虑，建议消落期减淤调度的起动时间为5月上旬。

6.4.2.2 调度起动库水位和寸滩流量

为了确定减淤调度起动时的库水位和寸滩流量，针对不同寸滩流量与坝前水位组合，采用三峡水库干支流河道一维非恒定流水沙数学模型开展了泥沙冲淤模拟计算。模型计算范围为干流朱沱至三峡坝址，长约760km，考虑了库区嘉陵江、乌江等14条支流。拟定水位流量组合条件为：①寸滩流量分别为7000m³/s、9000m³/s、12000m³/s和15000m³/s；②坝前水位分别为155m、157m、160m、162m和165m；③减淤调度历时分别为1天、2天和3天。

为了便于比较，将计算方案分为基础方案和减淤方案两大类：①基础方案：水库保持进出库平衡，即三峡水库水位保持不变；②减淤方案：在满足库水位日降幅不超过0.6m（库岸稳定性要求）的前提下，水库下泄流量在基础方案的基础上增加5000m³/s，即坝前水位适当降低。

基础方案计算结果（图6.32）表明：库水位越低，寸滩流量越大，冲刷历时越长，冲刷效果越好。减淤方案计算结果表明：库水位越高，减淤历时越长，减淤方案的减淤效果较好，其中坝前水位165m、寸滩流量12000m³/s时减淤效果较好；坝前水位162m、寸滩流量7000m³/s时减淤效果较好；坝前水位160m和157m时，寸滩流量越小，减淤效果较好；坝前水位155m时，寸滩流量9000m³/s时减淤效果较好。

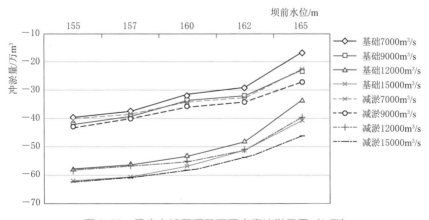

图6.32 重庆主城区河段不同方案冲淤量图（3天）

三峡水库坝前水位与对应的回水末端大致情况为：坝前水位145m对应库区回水末端为涪陵，坝前水位157m对应库区回水末端为铜锣峡，坝前水位160m对应库区回水末端为朝天门，坝前水位 162m 对应库区回水末端为九龙坡，坝前水位 165m 对应库区回水末端为大渡口。实测资料表明：库水位 157m 时，重庆主城区河段大部分仍接近于天然状态，此时库水位对重庆主城区河段走沙影响相对较小；当库水位达到 160～162m 时，水库回水末端已经上延到朝天门至九龙坡，水库回水范围开始逐步覆盖大部分重庆主城区河段；当库水位达到 165m 时，整个重庆主城区河段都已经受到水库回水影响，此时，库水位对重庆主城区河段走沙产生较大影响。选取 1991—2000 年 10 个典型年进行的冲淤计算研究表明，一般当库水位消落至 165m 附近，寸滩流量大于 3000m³/s，库水位日降幅达到 0.2m 时，重庆主城区河段可由缓慢淤积转变为缓慢冲刷；当库水位消落至 162m 附近，寸滩流量大于 5000m³/s 时，重庆主城区河段冲刷开始明显加快。由图 6.33 和表 6.31 可见，坝前水位 162m 时，寸滩站不同起动流量中，流量为 7000m³/s 时重庆主城区河段减淤效果相对较好。综合考虑各方面因素，库水位 162m 和寸滩流量 7000m³/s 为较优的调度起动库水位和寸滩流量。

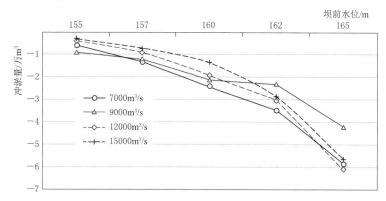

图 6.33　重庆主城区河段不同方案减淤效果图（3 天）

表 6.31　　　　　调度起动库水位 162m 对应寸滩站不同起动流量下重庆主城区

河段减淤效果统计　　　　　　　　　　　单位：万 m³

冲刷历时	流量 7000m³/s			流量 9000m³/s			流量 12000m³/s			流量 15000m³/s		
	基础方案	减淤方案	变化值	基础方案	减淤方案	变化值	基础方案	减淤方案	变化值	基础方案	减淤方案	变化值
1d	−11.9	−12.5	−0.6	−13.6	−14.2	−0.6	−18.4	−18.9	−0.5	−22.8	−23.3	−0.5
2d	−21.6	−23.3	−1.7	−24.1	−25.5	−1.4	−33.7	−35.5	−1.8	−40.5	−42.3	−1.8
3d	−29.3	−32.7	−3.4	−31.8	−34.1	−2.3	−48.1	−51.1	−3.0	−51.4	−54.2	−2.8

6.4.2.3　减淤调度方案拟定

1991—2000 年冲淤计算结果表明，库水位在 162m 以上，库水位消落日降幅小于 0.1m 时，不利于库尾走沙；库水位日降幅大于 0.2m 时，有利于库尾走沙。考虑到调度期内的来水来沙过程的随机性，为保留一定的调度灵活性以适应来水来沙情况，同时结合 2012 年、2013 年三峡水库消落期实际减淤的效果（日均库水位消落幅度分别为 0.46m 和 0.58m），建议减淤调度期间库水位日降幅宜在 0.4～0.6m。

综上研究，三峡水库库水位是重庆主城区河段消落期走沙能力的制约因素，在一定的入库水沙条件下，适时降低坝前水位是增大消落期库尾走沙能力的有效措施。初步拟定三峡水库消落期库尾减淤调度试验方案为：三峡水库坝前水位 162m，寸滩流量达到 7000m³/s 时，按三峡水库日均降幅 0.4～0.6m 进行 10 天左右的减淤调度试验。考虑到实际调度时来水来沙的随机性，当坝前水位和寸滩流量两者无法同时满足时，建议寸滩启调流量不变，将坝前启调水位放宽至 160～162m。后期还可考虑通过与上游溪洛渡、向家坝水库联合调度，来满足三峡水库消落期库尾减淤调度所需流量条件。

6.4.3　减淤调度实践

6.4.3.1　2012 年库尾减淤调度

2012 年 5 月 7—18 日，三峡水库首次实施了库尾减淤调度试验，总计历时 12 天。试验期间，寸滩站平均流量为 6850m³/s，三峡水库水位累计降幅达 5.21m（坝前水位从 161.97m 消落至 156.76m），日均水位降幅 0.43m。泥沙原型观测资料显示，三峡水库库尾重庆大渡口至涪陵段（含嘉陵江段，总长约 169km）整体呈沿程冲刷，冲刷量为 241.1 万 m³，其中重庆主城区河段冲刷 101.1 万 m³，铜锣峡至涪陵河段冲刷泥沙 140 万 m³。从冲淤分布看：重庆主城区干流段（大渡口至铜锣峡段，长 35.5km）冲刷量为 84.3 万 m³，嘉陵江（井口至朝天门，长 20km）冲刷 16.8 万 m³；铜锣峡至涪陵段，以青岩子河段的蔺市镇为界，表现为"上冲、下淤"，铜锣峡至蔺市镇段（长 86.2km）冲刷泥沙 293.9 万 m³，蔺市镇至涪陵河段（长 23.2km）则淤积泥沙 153.8 万 m³。

6.4.3.2　2013 年库尾减淤调度

2013 年汛前，三峡水库于 5 月 13 日 0 时至 20 日 12 时实施了库尾减淤调度试验，总计历时 7.5 天。试验期间，寸滩站平均流量为 6209m³/s，三峡水库水位累计降幅达 4.43m（坝前水位从 160.17m 逐渐消落至 155.74m），日均水位降幅 0.59m。实测资料表明，水库库尾大渡口至涪陵段（含嘉陵江段，总长约 169km）河床冲刷量为 441.3 万 m³（大于 2012 年减淤调度期间实测冲刷量 241.1 万 m³），其中重庆主城区河段冲刷泥沙 33.3 万 m³，铜锣峡至涪陵河段冲刷泥沙 408.0 万 m³。

与 2012 年减淤调度期间的观测成果相比，本次减淤调度铜锣峡至涪陵河段河床冲刷的效果更为明显，主要表现在：库尾河段河床冲刷量明显加大，2012 年同期铜锣峡至涪陵段冲刷量为 140.0 万 m³，本次调度期间其冲刷量为 408.0 万 m³，增加了 1.9 倍；2012 年减淤调度期间，铜锣峡至涪陵河段沿程有冲有淤，以青岩子的蔺市镇为界，表现为"上冲、下淤"，铜锣峡至蔺市镇段（长 86.2km）冲刷泥沙 293.9 万 m³，蔺市镇至涪陵河段（长 23.2km）则淤积泥沙 153.8 万 m³，而本次调度期间则表现为全线冲刷，如图 6.34 所示，特别是库尾重点淤沙河段洛碛和青岩子河段，本次调度期间均有一定的冲刷，其冲刷量分别为 18.2 万 m³、124.5 万 m³，而 2012 年调度期间洛碛河段冲刷 161.4 万 m³，青岩子河段则淤积泥沙 36.2 万 m³（主要集中在牛屎碛段，淤积量为 58.3 万 m³）。

6.4.3.3　2015 年库尾减淤调度

2015 年 5 月 4—13 日，三峡水库实施了库尾减淤调度试验，总计历时 10 天。试验期间，寸滩站平均流量为 6320m³/s，三峡水库水位累计降幅达 4.75m（坝前水位从 160.4m

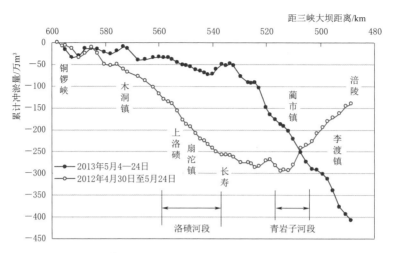

图 6.34　2012 年、2013 年减淤调度期间库尾河段沿程冲刷对比

逐渐消落至 155.65m），日均水位降幅 0.48m。

实测资料表明，水库库尾大渡口至涪陵段（含嘉陵江段，总长约 169km）河床冲刷量为 199.1 万 m^3，其中重庆主城区河段冲刷泥沙 70.1 万 m^3，铜锣峡至涪陵河段冲刷泥沙 129 万 m^3。与近年来减淤调度期间观测成果相比，此次消落期调度期间铜锣峡至涪陵河段河床冲刷量相对较小。

6.4.3.4　2019 年库尾减淤调度

2019 年减淤调度分为两个阶段：第一阶段为 2019 年 4 月 3—20 日，在此期间坝前水位以每天 0.3m 左右速度从 165.19m 消落至 159.87m，寸滩站流量变化较小，平均流量约为 5600m^3/s；第二阶段为 2019 年 5 月 2—9 日，在此期间坝前水位以每天 0.4m 左右速度从 159.01m 消落至 156.64m，期间寸滩站流量变化仍较小，平均流量约为 6300m^3/s，2019 年库尾减淤调度期间坝前水位、寸滩流量过程线如图 6.35 所示。

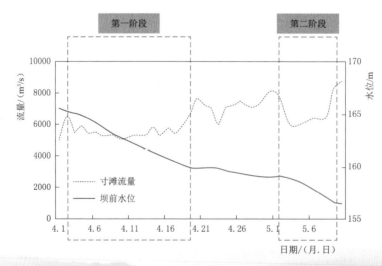

图 6.35　2019 年库尾减淤调度期间坝前水位、寸滩流量过程线

根据减淤调度前后固定断面观测资料成果，2019 年减淤调度期间，重庆主城区河段共冲刷泥沙 144.5 万 m^3，其中主槽冲刷 106.8 万 m^3，边滩冲刷 37.7 万 m^3；涪陵至铜锣峡河段冲刷泥沙 403.1 万 m^3，其中主槽冲刷 351.2 万 m^3，边滩冲刷 51.9 万 m^3。

6.4.3.5 库尾减淤调度效果

2012 年、2013 年、2015 年和 2019 年消落期，三峡水库在水文条件满足时，实施了库尾减淤调度试验。实测资料表明，2012 年、2013 年、2015 年和 2019 年四次库尾减淤调度取得了初步成功，三峡水库库尾均整体呈现冲刷状态。库尾大渡河至涪陵段（含嘉陵江井口至朝天门）分别冲刷泥沙 241.1 万 m^3、441.3 万 m^3、199.1 万 m^3 和 547.2 万 m^3，其中重庆主城区河段泥沙冲刷量分别为 101.1 万 m^3、33.3 万 m^3、70.1 万 m^3 和 144.1 万 m^3，减淤效果较好，避免了局部河段碍航问题。

表 6.32　　　　　　　　　　　近几年库尾减淤调度过程及其效果

年份	调度期间	水位 /m	日降幅 /m	寸滩站平均流量 /(m³/s)	冲淤量/万 m³ 重庆主城区	冲淤量/万 m³ 铜锣峡至涪陵
2012	5 月 7—18 日	161.97～156.76	0.43	6850	−101.1	−140
2013	5 月 13—20 日	160.17～155.74	0.59	6210	−33.3	−408
2015	5 月 4—13 日	160.4～155.65	0.48	6320	−70.1	−129
2019	4 月 3—20 日	165.19～159.87	0.30	5600	−144.1	−403.1
	5 月 2—9 日	159.01～156.64	0.40	6300		

注　"−"表示冲刷。

多年的库尾减淤调度实践表明，减淤调度达到了改善库尾局部淤积形态、缓解变动回水区泥沙淤积的目的，库尾减淤调度通过科学调控水库水位流量来促进库尾走沙，亦是一种生态调度方式，在改善变动回水区航道条件，推动长江黄金水道运能提升，改善水生态水环境等方面发挥着重要作用。

6.5 "蓄清排浑"新技术促进三峡水库综合效益发挥

三峡工程蓄水以来，围绕三峡入库水沙变化、水库淤积规律、坝下游冲刷及对长江中下游的影响、三峡水库试验性蓄水运行方案优化、优化调度等开展了大量的观测与研究，系统论证了"蓄清排浑"调度方式与长期有效库容保留的可靠性，有力促进了三峡水库提前 5 年进行 175m 试验性蓄水，推动了汛末提前蓄水、沙峰调度、减淤调度、中小洪水调度等一系列优化调度措施的实施，探索了三峡水库"蓄清排浑"新模式，为全面发挥三峡工程综合效益提供了重要技术支撑，取得了巨大的经济和社会效益。

6.5.1 促进 175m 试验性蓄水进程，三峡工程提前发挥综合效益

关于三峡水库何时进入 175m 蓄水运行，泥沙方面的观测与研究结论是至关重要的。通过全方面的研究，只有将蓄水位抬高至 172m 以上，才能实际观测到工程蓄水对重庆河段泥沙冲淤的影响，以及验证初步设计对泥沙问题的结论。水文泥沙原型观测结果也显

示，三峡入库沙量大幅度减少，为水库蓄水位提前抬升提供了有利条件。经充分研究并报主管部门批准，2008 年采取试验性蓄水的方式进行 175m 试验性蓄水，水库提前 5 年开始发挥最终规模的综合效益。

6.5.2　探索了水库"蓄清排浑"新模式，保障水库长期保持有效库容

2012 年、2013 年汛期，在削峰调度的基础上，结合实施的三峡水库泥沙实时监测与预报，利用三峡入库洪峰、沙峰在水库内传播时间的差异，提出"涨水面水库削峰，落水面则加大泄量排沙"的沙峰排沙调度模式，当洪峰过后沙峰到达坝前时，加大水库泄量，进行减淤调度试验，取得了较好的成效。2018 年以后，随着泥沙预报技术向上游拓展，试验性开展了溪洛渡、向家坝、三峡水库联合调度下的沙峰排沙试验，排沙效果更为显著。2018 年 7 月实施联合调度下的沙峰排沙调度，7 月水库的排沙比达到了 31%，远大于往年同期排沙比，分别高出 2012 年、2013 年同期 3%、4%。同时，通过方案对比计算，在 2018 年三峡水库沙峰排沙调度期间，金沙江梯级水库多增泄 4000m³/s（占同期三峡下泄流量的 11%），沙峰过程排沙比在原排沙效果上可增加 4%。在梯级水库间洪峰沙峰传递效应研究基础上，进行水库群联合调度下的三峡水库沙峰调度，可取得水库群防洪、排沙协同共赢的效果。

2012 年以来，在掌握库尾泥沙运动规律的基础上开展库尾减淤调度试验，有效地将库尾淤积泥沙带到了常年回水区，减缓了库尾的泥沙淤积速率。同时，当三峡水库消落期开展减淤调度时，通过上游溪洛渡、向家坝水库增加泄量，增加寸滩流量，可提高库尾河段走沙能力，尽可能多地将淤积的泥沙输移至常年回水区，优化库区淤积分布，改善航运条件，保证库区、航道的正常运行。2019 年 5 月，三峡水库库尾减淤调度期间，溪洛渡、向家坝水库下泄流量由平均 2740m³/s 增加至 4130m³/s，上游梯级水库的增泄大幅提高了库尾河段的走沙能力。2019 年减淤调度期间，重庆主城区河段和铜锣峡至涪陵河段分别冲刷了 139 万 m³ 和 403 万 m³，减淤效果明显。三峡水库蓄水运行以来，库尾整体呈冲刷状态，未出现原预测的累积性淤积，保证了航运安全。

6.5.3　促进中小洪水调度，实现汛期增发效益

在三峡工程论证和初步设计中，经过多方面论证，确定了三峡水库拦洪标准，即控泄流量为 56700m³/s。这个流量在当时是考虑得比较全面的，是完全正确的。但是，由于入库水沙条件变化和洪水预测预报技术的提高，控泄流量可以在一定程度上调整。泥沙研究表明，2010—2012 年由于三峡拦蓄中小洪水，进行洪水资源化利用调度，库区泥沙淤积量分别增加了 882 万 t、127 万 t、2289 万 t，分别占论证期间总淤积量的 2.6%、0.4% 和6.7%。然而，各年度实测库区总淤积量分别为 1.96 亿 t、0.95 亿 t 和 1.75 亿 t，仅为论证阶段"60 水沙系列"库区前 10 年年均淤积预测值的 57%、27% 和 51% 左右。上游溪洛渡水库、向家坝水库蓄水运行后，由金沙江下游进入三峡水库的泥沙大幅减少，2014—2018 年，三峡水库入库泥沙进一步减少，年均输沙量仅为 0.6 亿 t，仅相当于论证阶段的10%，由拦蓄中小洪水引起的泥沙淤积量进一步减少。同时，在汛期场次洪水入库泥沙集中期间，可开展沙峰调度加大水库排沙。

"蓄清排浑"新技术的研究与应用大大促进了中小洪水调度的实施。在中小洪水调度方面，与初步设计相比，2015—2018 年三峡水库汛期（6 月 10 日至 9 月 30 日）共增加发电量 79.8 亿 kW·h，按上网电价 0.25 元/（kW·h）计算，增加经济效益 19.95 亿元。

参 考 文 献

[1]　郑守仁. 三峡水库实施中小洪水调度风险分析及对策探讨 [J]. 人民长江，2015，46（5）：7-12.

[2]　胡春宏. 我国多沙河流水库"蓄清排浑"运用方式的发展与实践 [J]. 水利学报，2016，47（3）：283-291.

[3]　胡春宏. 三峡水库和下游河道泥沙模拟与调控技术研究 [J]. 水利水电技术，2018，49（1）：1-6.

[4]　胡春宏，方春明，许全喜. 论三峡水库"蓄清排浑"运用方式及其优化 [J]. 水利学报，2019，50（1）：6-15.

[5]　蔡其华. 三峡水库科学调度应准确把握三个重要前提 [J]. 中国水利，2012，14：4-6.

[6]　张曙光，周曼. 三峡枢纽水库运行调度 [J]. 中国工程科学，2011，13（7）：61-65.

[7]　杨成刚，许全喜，袁晶，等. 长江重庆主城区河段卵石推移质走沙条件研究 [J]. 人民长江，2020（7）：1-6.

[8]　杨国录. 河流数学模型 [M]. 北京：海洋出版社，1993.

[9]　闫金波，代水平，刘天成，等. 三峡水库泥沙作业预报方案研究 [J]. 水利水电快报，2012（7）：71-74.

[10]　李记泽，叶守泽. 三峡建库后库区洪水波动力特性初步分析 [J]. 水电能源科学，1991，9（4）：265-273.

[11]　张地继，董炳江，杨霞，等. 三峡水库库区沙峰输移特性研究 [J]. 人民长江，2018，49（2）：23-28，68.

[12]　董炳江，乔伟，许全喜. 三峡水库汛期沙峰排沙调度研究与初步实践 [J]. 人民长江，2014，45（3）：7-11.

[13]　董炳江，陈显维，许全喜. 三峡水库沙峰调度试验研究与思考 [J]. 人民长江，2014，45（19）：1-5.

[14]　陈力，段唯鑫. 三峡蓄水后库区洪水波传播规律初步分析 [J]. 水文，2014，（34）：30-34.

[15]　李玉荣，闵要武，邹红梅. 三峡工程蓄水水文特性变化浅析 [J]. 人民长江，2009，4：37-39.

[16]　陈桂亚，董炳江，姜利玲，等. 2018 年长江 2 号洪水期间三峡水库沙峰排沙调度 [J]. 人民长江，2018，49（19）：6-10.

[17]　王党伟，吉祖稳，邓安军，等. 絮凝对三峡水库泥沙沉降的影响 [J]. 水利学报，2016，47（11）：1389-1396.

[18]　董年虎，方春明. 三峡水库不平衡泥沙输移规律 [J]. 水利学报，41（6）：653-658.

[19]　李秋平，胡琼方，邹涛，等. 三峡水库 2018 年 7 月洪水期间泥沙输移特性分析 [J]. 水利水电快报，2019，40（2）：70-76.

[20]　徐涛，徐杨. 三峡水库库尾泥沙减淤调度研究与实践 [C]. 中国水力发电工程学会梯级调度控制专业委员会，2014.

[21]　袁晶，许全喜，董炳江，等. 消落期三峡水库库尾泥沙冲淤特性研究 [J]. 泥沙研究，2015，40（3）：15-20.

[22]　朱玲玲，李俊，袁晶. 三峡水库库尾重庆主城区河段冲淤特性 [J]. 长江科学院院报，2018，35（5）：142-146.

第7章

主 要 认 识 与 展 望

7.1 主要认识

7.1.1 三峡水库上游来水来沙变化

在三峡工程初步设计阶段，三峡水库入库年均水量、沙量（寸滩站＋武隆站）分别为4196亿 m^3 和5.09亿 t，宜昌站年均水量、沙量分别为4510亿 m^3 和5.3亿 t。20世纪90年代以来，受上游水库拦沙、水土保持工程、降雨变化和河道采砂等的影响，长江上游径流量变化不大，但输沙量减少趋势明显。三峡水库蓄水运行以来，2003—2019年三峡入库主要控制站——朱沱站、北碚站、武隆站年平均径流量、悬移质输沙量之和分别为3667亿 m^3 和1.42亿 t，较1990年以前的数据分别减小5％和69％，较1991—2002年的数据分别减少了2％和58％。

受上游水库拦沙等影响，三峡水库入库泥沙地区组成也发生明显变化。2003—2012年，金沙江屏山（向家坝）站年均沙量占寸滩站沙量的比例为79.5％（1956—1990年、1991—2002年分别为53.4％、83.4％），横江（横江站）、岷江（高场站）、沱江（富顺站）和嘉陵江（北碚站）来沙量分别占寸滩站的2.9％、15.7％、1.1％和15.6％（1956—1990年分别为2.9％、11.4％、2.5％、29.1％，1991—2002年分别为10.2％、1.1％、11.0％）。特别是近年来，受溪洛渡、向家坝等水电站蓄水拦沙的影响，2013—2019年金沙江来沙量占寸滩沙量的占比减少为2.3％，而横江站、高场站、富顺站和北碚站来沙量占寸滩沙量的占比分别增大为9.6％、26.7％、14.6％和38.0％。

近年来的观测资料表明，受三峡水库上游干支流水库建设、水土保持、河道采砂，降雨等因素的综合影响，三峡水库上游来沙量（悬移质和推移质总和）大幅度减少，进入重庆河段的砾卵石推移质数量极少，未出现一些专家担忧的三峡库尾推移质严重淤积的局面。随着上游干支流水电站的建设与运行，三峡入库沙量将继续维持较低水平。因此，论证与初步设计阶段关于"随着长江上游水土保持工作的开展和水库的陆续兴建，三峡水库入库沙量将呈减少趋势"的结论是符合实际的。但值得注意的是，在三峡水库总体来沙量减少的同时，地震、滑坡等地质灾害产沙进入河道的潜在威胁依然存在，流域内基本建设的产沙也不能忽视，个别年份一些支流仍有可能出现特大洪水并携带大量泥沙入库的情况。

7.1.2 水库淤积与库容长期使用

论证和初步设计预测，按 175m—145m—155m 方式运行 100 年，三峡水库的静防洪库容还能保存 85%，调节库容保存 91.5%。三峡水库运行以来，由于入库泥沙的大幅度减少，三峡水库泥沙淤积速率较预测大幅度减缓。

2003 年 6 月至 2019 年 12 月，三峡水库淤积泥沙 18.325 亿 t，年均淤积泥沙约 1.099 亿 t，仅为论证阶段（数学模型采用 1961—1970 系列年预测成果）的 33%，水库排沙比为 23.8%，水库淤积主要集中在常年回水区。从淤积部位来看，库区干流、支流 92.8% 的泥沙淤积在 145m 高程以下，淤积在 145~175m 的泥沙为 1.291 亿 m³，占总淤积量的 7.2%，占水库静防洪库容的 0.58%，且主要集中在奉节至大坝库段。今后，随着三峡水库上游梯级水库的陆续兴建，三峡水库入库泥沙将会在相当长的时期内继续维持在较低水平，水库淤积进一步减缓，水库采用"蓄清排浑"的运行方式，水库大部分有效库容可长期保留的目标是可以实现的。

7.1.3 重庆主城区河段的冲淤变化及对防洪的影响

自然条件下，重庆主城区河段的冲淤演变规律总体上表现为洪淤枯冲，冲淤规模和当年的来水来沙有关。初步设计认为三峡工程 175m 蓄水运行后，重庆主城区河段汛末冲刷走沙时间缩短，预计港区前沿汛期淤积的泥沙无法冲完，在次年水库水位消落时港区前沿有边滩出露，可能会影响九龙坡等港区的正常作业。

随着三峡入库沙量显著减少，重庆主城区河段的泥沙淤积问题得到很大程度上的缓解。三峡工程蓄水前的 1980—2003 年，重庆主城区河段冲刷泥沙为 1247.2 万 m³。三峡水库围堰发电期和初期运行期，重庆主城区河段尚未受三峡水库壅水影响，围堰发电期冲刷泥沙 447.5 万 m³，初期蓄水期则淤积泥沙 366.8 万 m³。试验性蓄水以来至 2019 年，重庆主城区河段虽然受到了三峡水库蓄水影响，但仍然冲刷了 2267 万 m³（含河道采砂影响）。在消落期，当坝前水位降至 165m 以下而来流量又较小时，局部地带曾出现航深不足、航槽移位等现象，通过适时疏浚和水库优化调度措施，保证了航道畅通。

同时，由于三峡工程运行后重庆主城区河段总体表现为冲刷，汛期同流量条件下水位还没有出现明显变化。由于水库泥沙淤积影响是一个长期发展的过程，未来水库泥沙淤积对重庆洪水位的影响需要跟踪观测与分析。

7.1.4 坝区泥沙淤积及其影响

三峡水库蓄水运行以来，坝前河段 2003—2019 年累计淤积泥沙 1.75 亿 m³，175m（吴淞高程）以下河床深泓平均淤厚为 36.7m，最大淤厚 65.8m。淤积主要发生在围堰发电期，之后呈逐渐下降趋势。坝体前沿河床目前低于左、右电厂进水口底高程 108m，对左、右电厂取水未造成影响。右岸地下电站运行以来，地下电站坝前取水区域泥沙淤积较为明显，目前河床平均高程为 104.8m，高出地下电厂排沙洞洞口底板高程 2.8m，其发展趋势值得关注。永久船闸上引航道泥沙淤积较少，表明"全包"方案的防淤措施是有效的。下引航道存在一定的泥沙淤积，经疏浚保持了航道畅通。坝下近坝段河床发生局部冲刷，未危及枢纽建筑物安全。

7.1.5 宜昌枯水位变化

宜昌枯水位是保证船队安全通过葛洲坝枢纽船闸下闸槛和下引航道的关键,初步设计确定在三峡工程 175m 运行后,保证下泄流量 5500m³/s 以上,确保庙咀站最低水位达到 39m(吴淞)。三峡水库蓄水运行后,宜昌至杨家脑河段河床冲刷强烈,2002 年 10 月至 2019 年 10 月,该河段平滩河槽共冲刷 3.647 亿 m³(含河道采砂影响)。由于坝下游河道冲刷,宜昌站同流量下枯水位下降,2019 年宜昌站 6000m³/s 流量相应水位为 39.38m(庙咀站水位 39.00m 对应宜昌站水位为 39.19m),较 2002 年下降了 0.72m,较 1973 年设计累积下降 2.11m;5000m³/s 流量进行外延估算后相应水位为 38.87m,较 1973 年设计线累积下降了 1.80m。宜昌下游 100 余 km 长河段的枯水控制节点河段河床高程下降是枯水位下降的主要原因。

三峡水库 175m 试验性蓄水后,通过增大枯期下泄流量,基本满足了葛洲坝枢纽下游最低通航水位 39.0m(庙咀站吴淞基面,对应宜昌站水位冻结吴淞基面为 39.19m)的要求。今后随着长江上游水库群的建成运行,三峡水库入库、出库沙量在未来相当长时期内将维持在较低水平,坝下游河床仍将继续冲刷下切,宜昌枯水位仍有可能下降,需要继续加强监测研究,同时密切关注坝下游控制节点的冲刷情况并加强节点治理,尽早制定和实施宜昌至杨家脑河段的综合治理方案,并禁止非法采砂,以免宜昌枯水位进一步下降。

7.1.6 坝下游河床冲刷及其影响

在三峡工程修建前的数十年中,长江中下游河道在自然条件下的河床冲淤变化虽较为频繁,但宜昌至湖口河段总体上是接近冲淤平衡的,1966—2002 年年平均冲刷量仅为 0.011 亿 m³。

2003 年三峡水库蓄水运行以来,受长江上游输沙量持续减少、河道采砂、局部河道(航道)整治等因素的影响,长江中下游河道总体呈现从上游向下游发展的态势,目前河道冲刷已发展到湖口以下。2002 年 10 月至 2019 年 10 月,宜昌至湖口河段平滩河槽冲刷 25.59 亿 m³,年均冲刷量 1.47 亿 m³,明显大于水库蓄水前 1966—2002 年的 0.011 亿 m³。冲刷主要集中在枯水河槽,占总冲刷量的 91%。从冲淤量沿程分布来看,宜昌至城陵矶段河道冲刷强度最大,其冲刷量占总冲刷量的 53%,城陵矶至汉口、汉口至湖口河段冲刷量分别占总冲刷量的 20%、27%。

三峡工程蓄水运行后,虽然长江中下游河道冲刷强度较大,但是河形没有发生变化,局部河段河势出现了一定的调整。随着河势调整,崩岸时有发生,出现崩岸的岸段大部分仍在蓄水运行前的崩岸段和险工段范围内,未发生重大险情,经过修护和加固,近年来崩岸强度逐渐减弱。

7.2 展望

7.2.1 坚持长期水文泥沙监测与科学研究

泥沙原型观测是研究三峡工程泥沙问题的基础,今后要充分利用观测资料,进一步开展上游来水来沙变化、水库淤积及数学模型验证与改进、重庆主城区河段和变动回水区淤积、坝区淤积、宜昌枯水位变化、下游河道冲刷演变及数学模型验证与改进、河口泥沙问题等研究。随着上游来沙的减少和人类活动影响的加剧，除密切注意重庆主城区河段与变动回水区河段的冲淤变化外，还应加强坝下游河道冲淤演变及其影响的研究，对长江中下游河道未来的演变趋势、泄洪能力、堤防影响、通航条件、江湖关系、环境影响等做出科学预测。此外，还要十分重视河道采砂、沿岸开发、岸线利用等对上下游河道演变叠加的影响研究。

7.2.2 加强上游水库群联合优化调度研究

随着以三峡水库为核心的水库群的建成运行，今后乌东德、白鹤滩等在建水库逐步纳入调度范围，梯级水库群在长江流域联合调度体系中的作用将更加突出和显现。在今后的研究中，除继续重视应对丰水多沙条件外，还应充分考虑在枯水少沙和上游建库的情况下如何实施优化调度，使得在各种情况下三峡水库都能发挥最大的综合效益。从充分利用水资源和尽量减少淤积出发，研究三峡水库运行调度方式对上下游河道冲淤演变的长远影响。

加强水库群联合调度技术研究，拓展联合调度范围和规模，提高水文气象预测预报水平，提升联合调度信息化水平，持续推进长江流域水库群联合调度工作，完善长江中下游地区防洪、抗旱、减灾体系，保障流域防洪安全，促进水资源高效利用，不断完善长江上游水库群联合调度方案。

7.2.3 开展泥沙冲淤与河流健康发展问题研究

在共抓大保护，不搞大开发的新形势下，坚持走生态优先、绿色发展的道路，需要深入研究梯级水库群调度运行与长江流域生态环境的关系，在开展水库群优化调度提质增效的同时，促进流域生态环境修复与保护，积极探索水库群优化调度在长江大保护中的实践意义。上游梯级水库蓄水运行减少了下游河道的泥沙来源，也减少了细颗粒泥沙中有机营养成分的来源，将对长江中下游生态环境产生较大影响，应对此开展全面系统的研究。